石油高职高专规划教材

城市燃气安全管理

陈利琼　黄　坤　主编

石油工业出版社

内 容 提 要

本书介绍了事故基本理论、危险源的辨识方法、系统安全分析方法和风险管理方法等系统安全技术基础知识和火灾爆炸防护技术知识。根据城市燃气的生产和使用环节，分别介绍了城市燃气管网和天然气储配站、LNG站、LPG站和CNG站等典型场站及城市燃气终端用户的事故特点、故障排除及安全。本书还介绍了城市燃气HSE管理技术，并给出了燃气事故应急预案示例。

本书可作为城市燃气工程专业高职高专学生专业教材，也可作为相关从业人员培训和学习参考资料。

图书在版编目(CIP)数据

城市燃气安全管理/陈利琼，黄坤主编.
北京：石油工业出版社，2015.1(2020.4重印)
(石油高职高专规划教材)
ISBN 978-7-5183-0488-2

Ⅰ.城…
Ⅱ.①陈…②黄…
Ⅲ.城市燃气-安全管理-高等职业教育-教材
Ⅳ.TU996.9

中国版本图书馆CIP数据核字(2014)第256418号

出版发行：石油工业出版社
(北京安定门外安华里2区1号 100011)
网 址：www.petropub.com
编辑部：(010)64523612 图书营销中心：(010)64523633
经 销：全国新华书店
排 版：北京密东文创科技有限公司
印 刷：北京中石油彩色印刷有限责任公司

2015年1月第1版 2020年4月第2次印刷
787×1092毫米 开本：1/16 印张：13.75
字数：352千字

定价：26.00元
(如出现印装质量问题，我社图书营销中心负责调换)

《城市燃气安全管理》编审人员名单

主　编：陈利琼　西南石油大学

　　　　　黄　坤　西南石油大学

副主编：何凤鸣　天津城市建设管理职业技术学院

　　　　　田　欣　西南石油大学

主　审：穆　剑　中国石油勘探与生产分公司

　　　　　姚安林　西南石油大学

编　者：（以姓名拼音为序）

　　　　　陈利琼　西南石油大学

　　　　　高秋菊　天津工程职业技术学院

　　　　　何凤鸣　天津城市建设管理职业技术学院

　　　　　黄　坤　西南石油大学

　　　　　马剑林　中国石油西南管道公司

　　　　　蒲　欢　西南石油大学

　　　　　田　欣　西南石油大学

　　　　　闫玉玉　天津工程职业技术学院

前　言

近年来，随着我国城市燃气事业的迅速发展，城市燃气设施迅猛增加，由此带来的城市燃气安全问题尤显突出，对城市燃气进行有效的安全管理具有重要意义。

本书详细介绍了系统安全技术基础知识和火灾爆炸防护技术；根据城市燃气的生产和使用环节，分别介绍了城市燃气管网、典型场站、终端用户安全分析与管理技术，并介绍了城市燃气 HSE 管理技术。

旨在使本书使用者系统掌握安全管理基本知识、了解和部分掌握城市燃气各环节的安全管理的基本要求及安全管理措施，了解油气储运安全管理技术的发展趋势，同时自觉树立安全意识，掌握一定的生产过程中的基本安全知识，并具备一定的理论联系实际解决生产中的安全问题的能力，为从事相关工作打下基础。

本书由陈利琼、黄坤担任主编，何凤鸣、田欣担任副主编。全书编写分工如下：第一章和第七章由高秋菊、陈利琼编写；第二章由闫玉玉、陈利琼编写；第三章由陈利琼编写；第四章由陈利琼、马剑林编写；第五章由黄坤、田欣、蒲欢编写；第六章由何凤鸣编写；附录部分由黄坤和陈利琼编写。全书编排、统稿和修改完善工作由陈利琼和黄坤完成。穆剑教授、姚安林教授担任本书主审。

本书在编写过程中，得到石油工业出版社相关领导与专家的合理安排与建议，得到各有关院校鼎力支持，西南石油大学许培林、李云云、党美娟、韩晓瑜、吴世娟、刘博、李南等也做了大量的资料调研和整理工作，另外，本书还参考了众多学者的优秀论著与论文，在此，一并表示感谢！

限于各种原因，书中疏漏、欠妥之处在所难免，敬请读者批评指正。

编　者

2014 年 9 月

目　　录

第一章　绪　　论

第一节　城市燃气的分类

燃气是指所有的天然和人工的气体燃料的总称。城市燃气按燃烧特性及燃烧热性指数可分为天然气、液化石油气、人工燃(煤)气。按热值可分为高热值、中等热值、低热值燃气。

一、按燃烧特性分类

(一)天然气

天然气是一种多组分的混合气体,主要成分是烷烃,其中甲烷占绝大多数,另有少量的乙烷、丙烷和丁烷。此外,一般还含有硫化氢、二氧化碳、氮和水汽,以及微量的惰性气体,如氦和氩等。在标准状况下,甲烷至丁烷以气体状态存在,戊烷以上为液体。天然气在燃烧过程中产生的能影响人类呼吸系统健康的物质极少,产生的二氧化碳仅为煤的40%左右,产生的二氧化硫也很少。天然气燃烧后无废渣、废水产生,相较于煤炭、石油等能源,具有使用安全、热值高、洁净等优势。

从能量角度出发定义"天然气",是指天然蕴藏于地层中的烃类和非烃类气体的混合物,主要存在于油田气、气田气、煤层气、泥火山气和生物生成气中。根据来源不同,天然气主要分为以下四类。

1.气田气

气田气即纯气田天然气,气藏中的天然气以气相存在,通过气井开采出来,其中成分主要是甲烷(含量约为80%～90%)、乙烷,丁烷含量一般不大,戊烷及戊烷以上的重烃含量甚微。其热值约为36MJ/m^3。我国四川省天然气甲烷体积分数一般不少于90%,就属于这一类。

2.油田伴生气

油田伴生气伴随原油共生,是在油藏中与原油呈相平衡接触的气体,伴随石油开采过程而析出。它包括游离气(气层气)和溶解在原油中的溶解气。气相游离气中,除含有甲烷、乙烷、丙烷、丁烷外,还含有戊烷、已烷,甚至还有C_9、C_{10}组分。其主要成分也是甲烷,体积分数为80%左右,另外还含有一些其他烷烃类,占15%,所以热值很高。液相溶解气中,除含有重烃外,仍含有一定量的丁烷、丙烷,甚至甲烷。我国大港、大庆等地生产的是石油伴生气。

3.凝析气田气

凝析气田气是指含有少量石油轻质馏分(如汽油、煤油成分)的天然气。当凝析气田气由气田开采出来后,经减压降温,可分离为气液两相。凝析气田气中甲烷含量约为75%。

4.煤层气

煤层气是从煤矿矿井中抽出来的燃气。其主要成分也是甲烷,其含量根据抽气方式不同而变化。一般氮含量很高,所以热值较低。抚顺、鹤壁等矿区城镇将煤层气作为城镇燃气使用已有多年历史。

城市燃气使用的天然气主要包括:通过管道和运输车输送来的商品天然气、液化天然气和压缩天然气。

1)商品天然气

商品天然气即管输天然气作为商品而应用于居民生活、工业及商业。据预计,在用作城市燃气的天然气中,50%将用于居民生活,30%供工业窑炉,20%供城市商业及其他用户。

2)液化天然气

液化天然气(Liquefied Natural Gas,简称 LNG),是天然气经净化(脱水、脱烃、脱酸性气体)后,采用节流、膨胀和外加冷源压缩、冷却至其沸点(-161.5℃)温度后变成液体,通常液化天然气储存在-161.5℃、0.1MPa 左右的低温储存罐内。其主要成分为甲烷,用专用船或油罐车运输,使用时重新气化。LNG 被公认是地球上最干净的能源。其无色、无味、无毒且无腐蚀性。其体积约为同量气态天然气体积的 1/600,液化天然气的重量仅为同体积水的 45%左右。其制造过程是先将生产的天然气净化处理,经一连串超低温液化后,利用液化天然气船运送。LNG 燃烧后对空气污染非常小,且热值高。

20 世纪 70 年代以来,世界液化天然气产量和贸易量迅速增加,2005 年 LNG 国际贸易量达 $1888.1\times10^8 m^3$,最大出口国是印度尼西亚,出口 $314.6\times10^8 m^3$;最大进口国是日本,进口 $763.2\times10^8 m^3$。国内在天然气的利用中 LNG 只占到很少一部分,但由于 LNG 的绝对性优点,可以预见,在未来 10~20 年的时间内,LNG 将成为中国天然气市场的主力军。

3)压缩天然气

压缩天然气(Compressed Natural Gas,简称 CNG)指压缩到压力大于或等于 10MPa 且不大于 25MPa 的气态天然气,是天然气经过脱水、过滤、除尘、脱硫,再经压缩机加压成 20MPa 以下的气体形成 CNG 储存在容器中。压缩天然气与管道天然气的组分相同,主要成分为甲烷(CH_4)。CNG 可作为车辆燃料使用。LNG(Liquefied Natural Gas)可以用来制作 CNG,这种以 CNG 为燃料的车辆称为 NGV(Natural Gas Vehicle)。压缩天然气是一种最理想的车用替代能源,其应用技术经数十年发展已日趋成熟。它具有成本低、效益高、无污染、使用安全便捷等特点,正日益显示出强大的发展潜力。压缩天然气还应用于城市燃气事业,特别是居民生活用燃料。随着人民生活水平的提高及环保意识的增强,大部分城市对天然气的需求明显增加。天然气(管道天然气)作为民用燃料的经济效益也大于工业燃料。

(二)液化石油气

液化石油气(Liquefied Petroleum Gas,简称 LPG),是由石油炼厂或天然气加压降温液化过程中得到的一种无色挥发性液体,由多种低沸点气体组成。是石油开采、加工过程中的副产品。其来源主要有两种:一种是在油田或气田开采过程中获得的,称为天然石油气;另一种来源于炼油厂,是在石油炼制加工过程中获得的副产品,称为炼厂石油气。液化石油气的主要成分是丙烷、丙烯、丁烷和丁烯,并含有少量戊烷、戊烯和微量硫化物杂质。液化石油气作为一种烃类混合物,具有常温加压或常压降温即可变为液态进行储存和运输、升温或减压即可气化使用的显著特性。液化石油气的供应方式多种多样,既可以瓶装供应,也可以集中气化(瓶组站、气化站)后管道供应。同时,液化石油气(气态)还可以按一定比例与空气混合,成为液化石油气混空气(也称代天然气)供应用户,或作为城市主气源的备用气源和调峰气源。由于液化石油气运输、储存和供应方便,热值高(标准状态下气态液化石油气的热值约为 92100~

121400kJ/m^3，密度在1.9～2.35kg/m^3之间；液态液化石油气的热值约为45200～46100kJ/kg)，可完全燃烧，因此已成为我国绝大多数城市燃气的主要气源之一。

（三）人工燃（煤）气

人工燃气是指以固体或液体可燃物为原料加工生产的气体燃料。一般将以煤为原料加工制成的燃气称为煤制气，简称煤气；用石油及其副产品（如重油）制取的燃气称为油制气。我国常用的人工燃气主要有以下六种。

1.干馏煤气

在以煤为原料的干馏过程中逸出的煤气，称为干馏煤气。干馏是指固体燃料（如煤）隔绝空气受热时，分解产生可燃气体（如煤气）、液体（如焦油）和固体（如焦炭）等产物的化学加工过程。煤干馏的目的是充分利用煤中所含的有机质，除煤气外，还得到焦炭和多种有价值的化学产品。干馏煤气是最早用作城市燃气的传统气源，干馏煤气的生产工艺成熟。在天然气和油制气未广泛开发的地区，它仍是城市燃气的主要气源。

2.高压气化气

高压气化气是以煤为原料，以氧和蒸汽为气化剂，在高压下进行完全气化而产生的燃气。气化压力随不同的制气工艺而异，通常为2.0～3.0MPa。这种方法产气率高，是合理利用劣质煤的有效途径。这种燃气本身具有较高的压力，便于输送，是城市供气中有发展前途的气源。它的主要成分是氢气、一氧化碳和甲烷，标准状态下热值约为16700kJ/m^3。

3.高炉煤气

高压鼓风机（罗茨风机）鼓风，通过热风炉加热后进入了高炉，这种热风和焦炭助燃，产生二氧化碳和一氧化碳，二氧化碳又和炙热的焦炭产生一氧化碳，这时候在高炉的炉气中含有大量一氧化碳的这种混合气体，就是高炉煤气。高炉煤气中不燃成分多，可燃成分较少（约30%左右），热值低，一般为3344～4180kJ/m^3；无色、无味、无臭的气体，因CO含量很高，所以毒性极大。这种含有可燃一氧化碳的气体，是一种低热值的气体燃料，可以用于冶金企业的自用燃气，如加热热轧的钢锭、预热钢水包等。也可以供给民用，如果加入焦炉煤气，就称为混合煤气，这样就提高了热值。

4.发生炉煤气

发生炉煤气是指煤与被水蒸气饱和的空气反应生成的煤气。其产生方法是将煤在发生炉中燃烧后，将炉底的空气加以限制，使煤不能完全燃烧，因而产生大量的一氧化碳，就是发生炉煤气，主要成分为一氧化碳、氢、氮、二氧化碳等。发生炉煤气分为空气煤气和混合煤气两种。前者由煤和空气作用制得；后者由煤用空气和蒸汽作用制得，热值高于前者。发生炉煤气用于金属加热炉、玻璃窑炉、炼焦炉的加热，也可作高热值煤气的掺混用气。

5.水煤气

水煤气是水蒸气通过炽热的焦炭而生成的气体，主要成分是CO_2占5%、H_2占50%，CO占40%，N_2占5%，燃烧后排放水和二氧化碳，有微量CO、HC和NO_x。煤气厂常在家用水煤气中特意掺入少量难闻气味的气体，目的是CO和H_2为无色无味气体，当煤气泄漏时能闻到以及时发现。水煤气可作为燃料，或用作合成氨、合成石油、有机合成、氢气制造等的原料。它可用喷射式无焰烧嘴进行燃烧，空气和煤气不用预热。

但水煤气存在着许多隐患，水煤气发生炉长期运行后极易产生大量硫化氢、焦油、酚水等污染物，影响半径达500m，对农作物、空气环境和人体等都有较大的损害。它产生的多种废气和恶臭，会引起人头痛、头晕，居民难以承受。此外，由于水煤气主要由一氧化碳、氢气等易燃气体组成，一旦泄漏，则极可能发生爆炸和中毒，造成群死群伤事件。

近几年来，我国正在开发高温气冷堆的技术，用氦为热载体，将核反应热转送至气化炉作为热源，以生产水煤气。

6. 油制气

油制气是以石油及其副产品(如重油)为原料，经过高温裂解而制成的可燃气体。它可分为重油制气和轻油制气两种。目前，我国主要采用重油为原料，制气方法有:热裂解法、催化裂解法和部分氧化法。油制气无论组分还是热值，以及燃烧性能都与炼焦煤气相似，因此可以作为城市燃气的气源，也可以与低热值燃气掺混，增加燃气供应量，或作为城市的调峰气源。

人工燃气(尤其是焦炉煤气)生产历史较长，工艺成熟，但是，由于生产人工燃气有一定的污染，而且经济效益较差。所以，目前人工燃气正逐步被天然气和液化石油气所取代。

总之，城市燃气气源可采用天然气、煤制气、油制气、液化石油气等，其中天然气是最理想、最优质的城市燃气气源。从燃料特性和综合效益上分析，天然气具有经济、安全、洁净、方便等特点。天然气经过净化处理，除去油、水和机械杂质后输入集气站，经过加压加臭，即可输入城市供气管网，输进千家万户。经过净化处理后的天然气无毒、无色，正常燃烧后不产生有害气体或杂质。一般情况下，不达到爆炸极限(空气中含量超过20%)不会发生危险。所以，城镇燃气首推天然气。

人工燃气、天然气、液化石油气的沃伯指数及燃烧势见表1-1。

表1-1　城镇燃气的沃伯指数和燃烧势

类别		沃伯指数 W(MJ/m^3)		燃烧势 C_p	
		标准	范围	标准	范围
人工燃气	5R	22.7	21.1～24.3	91	55～96
	6R	27.1	25.2～29.0	108	63～110
	7R	32.7	30.4～34.9	121	72～128
天然气	4T	18.0	16.7～19.3	25	22～57
	6T	26.4	24.5～28.2	29	25～65
	10T	43.8	41.2～47.3	33	31～34
	12T	53.5	48.1～57.8	40	36～88
	13T	56.5	54.3～58.8	41	40～94
液化石油气	19Y	81.2	76.9～92.7	48	42～49
	22Y	92.7	76.9～92.7	42	42～49
	20Y	84.2	76.9～92.7	46	42～49

1)沃伯指数

在燃气工程中，对不同类型燃气间互换时，要考虑衡量热流量大小的特性指数。当燃烧器喷嘴前压力不变时，燃具热负荷 Q 与燃气热值 H 成正比，与燃气相对密度的平方根成反比，而燃气的高热值与燃气相对密度的平方根之比称为沃伯指数(W)。若两种燃气的热值和密度均不相同，但只要它们的沃伯指数相等，就能在同一燃气压力下和同一燃具上获得同一热负荷。如果其中一种燃气的沃伯指数较另一种大，则热负荷也较另一种大。

2)燃烧势

燃烧势(C_p)，燃气燃烧速度指数，是反映燃烧稳定状态的参数，即反映燃烧火焰产生离焰、黄焰、回火和不完全燃烧的倾向性参数，是反映预混火焰内焰高度的指数。两种燃气若能互换，其燃烧势应在一定范围之内波动。

二、按热值分类

燃气按其热值分类，是燃气应用上一种较为简易的分类方法。

燃气热值的分类习惯上分为三个等级，即高热值燃气(HCV gas)、中等热值燃气(MCV gas)、低热值燃气(LCV gas)。气化煤气多数属于低热值燃气，热值在标准状态下大致在12～13MJ/m^3之间或更低。中等热值燃气以城镇燃气(主要为干馏煤气)为代表，热值在标准状态下为20MJ/m^3左右。高热值燃气则指热值在标准状态下为30MJ/m^3以上的燃气。天然气、部分油制气和液化石油气都是高热值燃气。低热值燃气的可燃组分主要为氢气和一氧化碳，同时含有相当数量的不可燃惰性组分，其含量有时甚至达到半数。中等热值燃气除含有氢气和一氧化碳外，还含有甲烷和其他烃类，或者主要可燃组分为甲烷，但伴有大量非可燃组分(如一些生物气)。高热值燃气的组分以烃类为主。

第二节　城市燃气安全技术

城市燃气安全技术旨在事故发生前采取措施，避免事故发生；事故发生中采取相应技术，防止意外释放的能量达及人、物，减轻其对人和物的作用；事故后采取相应技术，能迅速控制局面和事故规模，防止引起二次事故而释放出更多的能量或危险物质。

目前，城市燃气安全技术主要采取以下六种方法。其中，燃气成分控制技术、超压预防技术及静电消除技术属于事故发生前采取的预防措施，将在第三章第三节介绍，安全切断技术、爆炸泄压技术及火焰隔离技术属于事故中、后的处理技术。

一、安全切断技术

当事故发生时，与事故现场相邻的管道或设备会处于危险状态，或者管道和设备本身是可以使事故扩大的一种源头，那么采用安全切断的方法可以使事故扩散的可能性减少。因此，在许多系统中，采用安全切断技术作为系统的安全保证是必要的。

(一)紧急切断系统

高压管路的紧急切断系统由紧急切断装置和危险参数感应装置构成，系统中使用的主要设备是紧急切断阀和易熔合金塞。图1-1是油压式紧急切断阀的结构示意图。

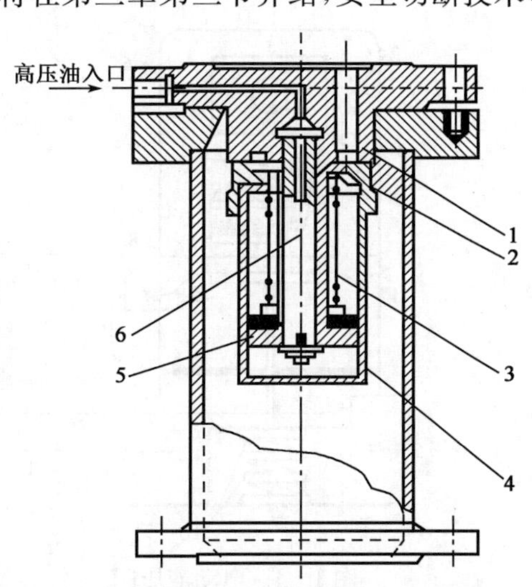

图1-1　油压式紧急切断阀结构示意图

1—阀座；2—阀芯；3—弹簧；4—油缸；5—活塞；6—活塞杆

油压式紧急切断阀在正常状态下依靠高压油的压力使阀口开启，油泵将加压的油沿油管送到紧急切断阀上部的油孔并进入油缸中。加压的油在阀内油缸中克服弹簧力，推动带阀芯的缸体下降，使阀芯与带活塞杆的固定阀座离开，阀门开启，液体由下而上流出。

当发生事故时，使油缸泄压，这时阀芯在弹簧力的作用下向上移动，恢复到原来的位置，阀芯也紧紧地压在阀座上，起到紧急切断的作用。

危险参数的感应装置通常使用易熔合金塞，它设置在危险场所的紧急切断阀的油路上，用来感应危险场所的温度。易熔合金塞的安装如图 1－2 所示。

通常将熔点在 200℃以下的金属称作低熔点合金、易熔合金或可熔合金。利用易熔合金的这种性质，当火灾导致温度上升时，将金属熔化而使紧急切断阀的高压油路泄压，实现紧急切断。图 1－3 是液化石油气的储罐上设置紧急切断系统的例子。

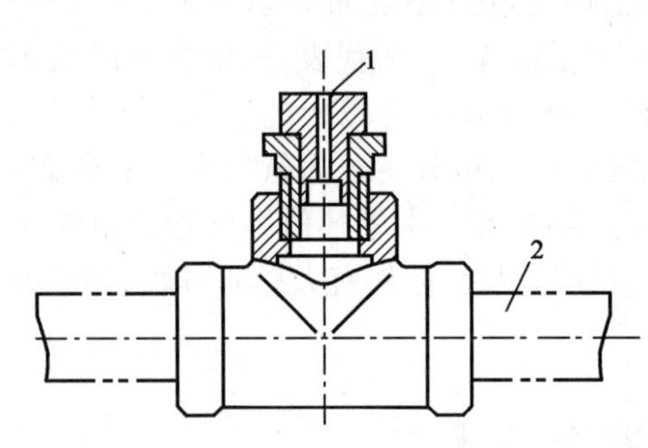

图 1－2　易熔合金塞的安装示意图

1—易熔合金塞；2—油管

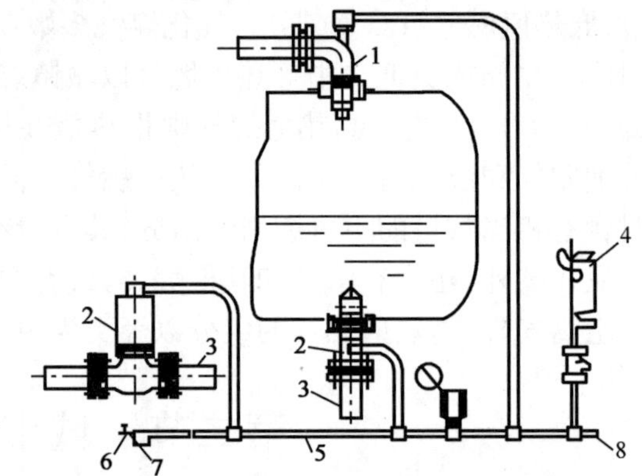

图 1－3　油压式紧急切断阀安装示意图

1—气相紧急切断阀；2—液相紧急切断阀；3—液化石油气液相管；4—油泵；5—油管；6—泄压阀；7—易熔合金；8—泄压阀

在需要紧急切断的系统中，采用电磁阀和电动液压阀的情况也有，图 1－4 是一种电动液压阀的结构示意图，图 1－5 则是直接作用式电磁阀的结构示意图。

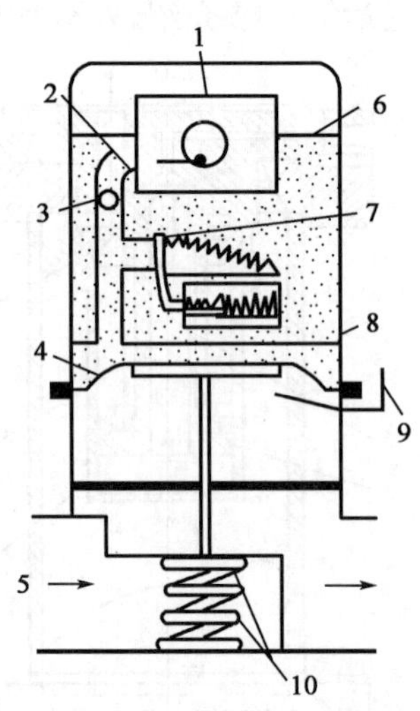

图 1－4　电动液压阀

1—电动机；2—液泵；3—止回阀；4—膜片；5—燃气；6—油槽；7—电弹簧；8—高压油；9—行程限位开关；10—弹簧

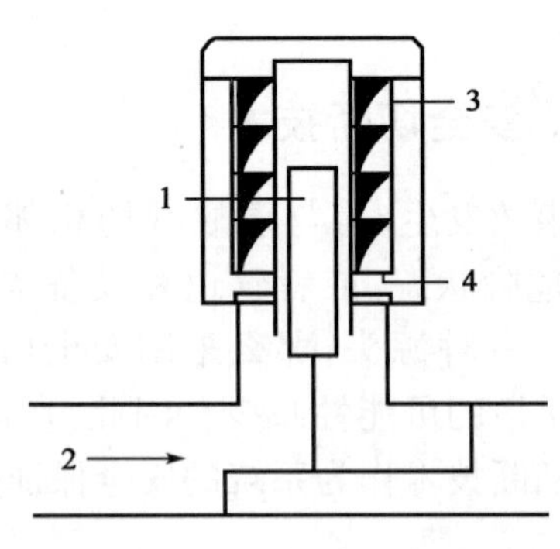

图 1－5　直接作用式电磁阀

1—软铁芯；2—燃气；3—螺纹管；4—压管弹簧

(二)安全切断系统

1. 非工作状态的燃气切断

在类似于工业加热装置的燃烧系统中,燃气通路的安全关闭是需要绝对可靠的,必须尽量地减少关断的失败。减少关断失败可能性的最简单方法是在需要关断的管路上设置2个串联起来的阀门。如果1个阀门失效的可能性是P,则2个阀门失效的可能性则为P^2,这可以明显地提高可靠性。但如果不及时对阀门的情况进行检查,就可能发生2个阀门连续失效的可能性。为了消除制造误差产生的影响,可采用不同批次生产的2个阀门进行串联,也可使2个阀门按不同的方式工作。

小股漏气的最常见原因是阀面肮脏或受损造成闭合不严。在2个安全切断阀之间加装一个放散阀,可以大大减少进入燃烧室的漏气量。也可以对阀门的开关状态进行检查,必要时将燃烧器进行镇定,从而避免阀位不当时试点火。

2. 低压关断装置

当燃气压力低于某一数值的时候,有必要对燃烧器前的燃气进行切断。

图1-6是一种低压断流开关的结构示意图。它通常安装在压缩机的进口,用于在进气压力低于某一数值时,切断压缩机的电源。

图1-7则是一种典型的低压关断阀。由于膜片的辅助补偿作用,当此间处于关闭状态时,单靠恢复进口的压力不能使之开启,必须手动复位,这是所有起保护作用的阀门所必须具备的特点。为恢复向燃烧器供气,需要满足三个条件:燃气压力到达某一正确值,关闭下游所有的阀门,手动复位阀门。

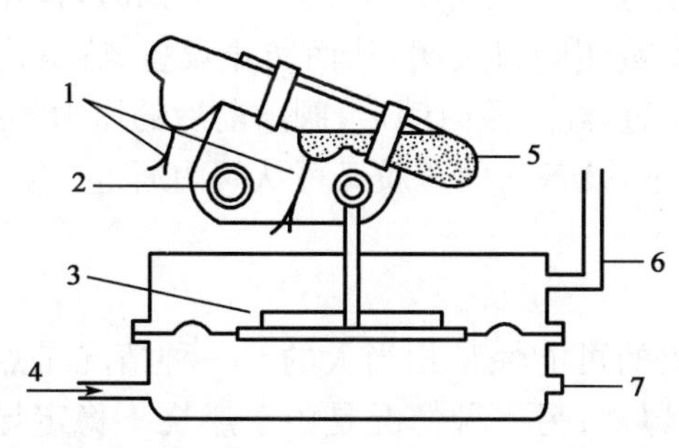

图1-6　低压断流开关

1—电引线;2—支轴;3—重块;4—接燃气管道;
5—汞;6—呼吸口;7—测试点

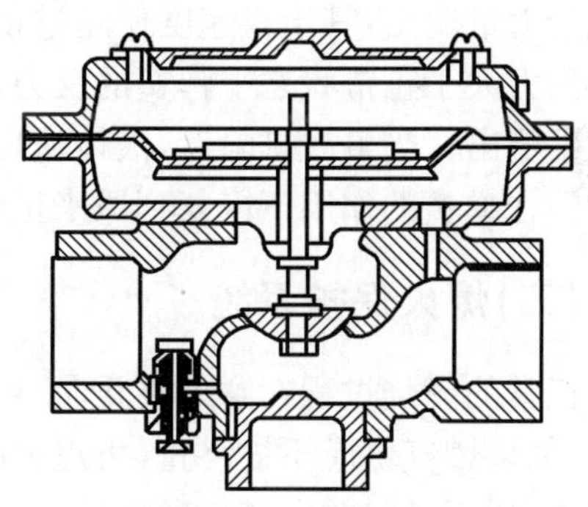

图1-7　低压关断阀

对于图1-7所示的低压关断阀,如果下游的阀门刚处于关闭状态,此阀出口处的压力就会逐渐积聚起来,直到膜片上产生足够的压力使阀门开启。重新开启的时间随着下游管路容积的增加而增加,实用最多考虑长30m的管路。

低压关断阀可防止产生使未燃气体进入燃烧器的可能性,但并不能用来代替火焰保护系统,也可以把安全切断阀和压力开关结合起来替代这种低压关断阀。

3. 止回阀

止回阀的主要作用是防止介质倒流。在某些工艺过程中,介质倒流会酿成重大事故。

在燃烧系统中，止回阀安装在为高压燃烧器供气的管路中，以防止助燃空气或氧气流进燃气输配管道。安装在空气管道中，可以防止燃气进入空气管路或风机中。

在液化石油气储配站的许多工艺中，止回阀也是必不可少的，如在液化石油气储罐、容器的入口管以及泵的出口管处。

图1－8是一种膜片式止回阀的结构示意图。在存在背压的情况下，膜片就会向阀头靠紧，阻止逆向气流通过。如果背压继续增大，阀座就会克服支撑弹簧的作用而向阀座靠紧，从而有更大的受压面积来承受较高的背压。

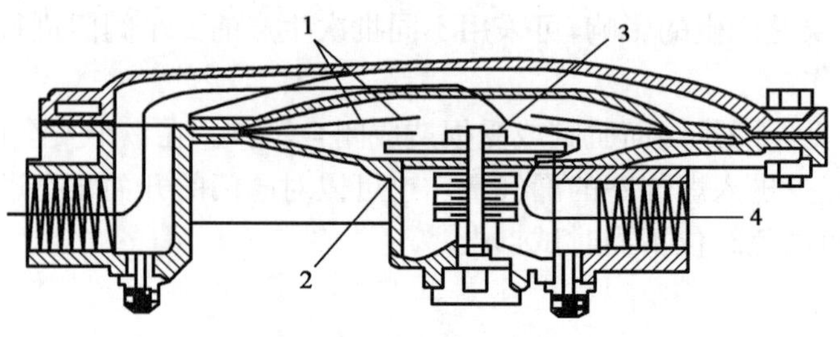

图1－8　膜片式止回阀

1—膜片；2—阀底；3—阀头；4—烟气气流

4.过流阀

过流阀也称为快速阀，一般安装在液化石油气储罐的液相管和其相关出口或汽车槽车、铁路槽车的气液相出口上。

在正常工作状态下，管道中通过规定流量时，弹簧使过流阀开启，此时设备内的流体就从阀中通过。当发生事故时，如出现管道或附属设备断裂、填料脱落等情况，管道或容器内的介质就会大量泄出，其出口速度便超过正常流速，当达到规定流量的150％～200％时，作用在阀瓣上的力大于正常状态下弹簧的反力，阀瓣压缩弹簧使阀口关闭，从而防止设备、容器内的液体大量流出。当事故排除后，液体从均压孔慢慢流过，经一段时间后，阀瓣前后的压力相接近，阀瓣便在弹簧的作用下恢复到原来正常开启的状态，设备内的介质又可从阀内通过。

(三)熄火保护系统

正常的燃烧过程在意外终止时，产生爆炸事故的可能性是相当大的。一种情况是点火失败后，如果燃气供应不被终止，再点火时便会发生爆炸；另一种情况是由于燃烧不稳定导致火焰熄灭，如不及时关闭燃气通路，燃气在燃烧室的积聚会导致爆炸事故的发生。因此，许多的燃烧设备或燃烧系统都必须安装熄火保护系统。

对于熄火保护系统中使用的熄火保护装置，一般应符合下列要求：

(1)保证燃烧器正确的点火程序。

(2)在小火点燃以前，确保燃气不流向主燃烧器。

(3)在主燃烧器点燃之前，确保燃气不以满负荷流向主燃烧器。

(4)不存在任何固有的缺陷，只要正确地组装，就不会失效而造成危险。

(5)在火焰意外熄灭时，中断向燃烧器全部供气，然后要求手动复位(在装有熄火保护装置的任何燃烧设备中，不宜使用不加保护的小火点火器)。

(6)只对小火焰为主火进行点火的部分进行检测。也就是说，火焰检测器不因不为直接为主火点火的火焰的存在而动作，也不因某些模拟火焰条件的存在而发生动作。

(7)除热电式和热胀式装置外，都应具有安全启动检查程序，只要点火前处于“火焰—开”的状态，就应制止烟气阀门和电点火装置动作。热电式装置在小火确实点燃前，都应确保能手动切断主火燃气。

(8)机械和电气构造都应便于维修，并适应燃气特性和供电电压等因素的变化。

(9)对于不同的安全保护对象，熄火保护装置的动作时间要求并不一样，最短的动作时间要达到 1～2s，而最长的时间也不会超过 60s。

1. 热控式熄火保护装置

热控式熄火保护装置常用于家用燃具，可以是热胀控制的，如双金属片型、液体膨胀型、蒸汽膨胀型等，也可以是热电控制式的，如热电磁阀和热电偶继电装置、直流电磁阀等。

热电式装置的优点是价格便宜，不用电，但只能用于热负荷低的燃具。几乎没有任何热胀控制式装置完全满足熄火保护的有关要求，因此工业上更多的用热电控制式装置。

图 1－9 是最常用的一种直接作用式热电熄火保护装置。按压复位键使辅助阀关闭通向主燃烧器的燃气通路，并继续运动使主阀升高，燃气流向小火燃烧器并在那里被点燃。复位键按到头，衔铁放电磁铁吸引，只要热电偶足够热，电磁铁就通电励磁，使主燃气阀保持开启。放松复位键，辅阀打开，燃气流向主燃烧器。如果主火熄灭，热电偶变冷，电磁铁就会失去磁性，主阀立即关闭。

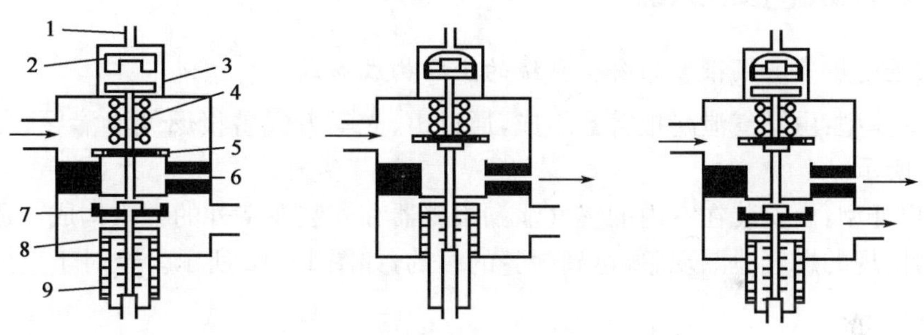

图 1－9　直接作用式电磁阀

1—热电偶引线；2—电磁铁；3—衔铁；4—主阀弹簧；5—主阀；6—小火接头；7—辅阀；8—辅阀弹簧；9—复位键弹簧

2. 紫外线火焰检测器

灼热的炉壁是不会发出紫外线的，因此检测火焰紫外辐射是判断火焰存在的确证。紫外线的唯一来源是点火用的火花，因而必须将连续发出电火花的点火器屏蔽起来。紫外线会被某些蒸气特别是芳香烃蒸气吸收，因此必须把检阅器安装于靠近火焰的适当位置。

这种检阅器包括一个对于火焰敏感的电极和一个电子放大器。它检测的是火焰而不是热量，响应速度快，且适合于较高的温度，因而这种熄火保护装置广泛使用于工业加热系统中。

图 1－10 是安装于工业炉上的紫外线火焰检测装置。

3. 火焰电离检测器

火焰中存在电离微粒，因此可以将火焰作为导电体或用火焰离子把交流电整流来对火焰进行检测。现在已经有了利用火焰电离原理进行检测的实用电子电路。但无论是把火焰作为导体还是利用火焰离子整流，都必须把探头放入火焰中，因此应在探头上覆盖一层耐高温的材料，通常使用铂。但还是有可能在探头上积累炭黑或灰分，产生短路电流。

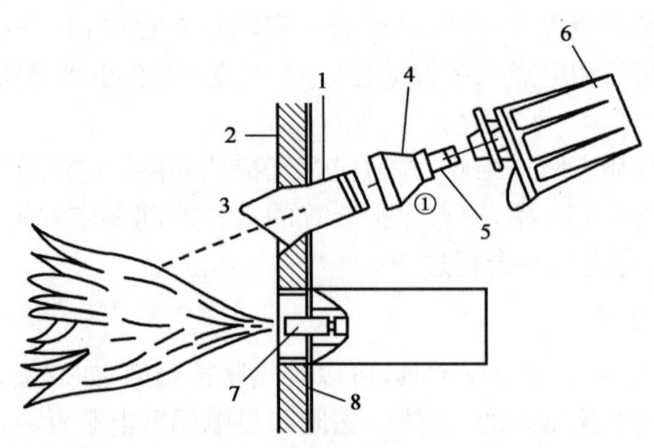

图 1-10　紫外线火焰检测器

①处需要进行气体净化时,可采用吸管供给空气

1—较短的监视管;2—断火材;3—锥形监视孔;4—大小头管筒;5—连接螺纹;

6—紫外线火焰检测器;7—燃烧喷嘴;8—燃烧室隔板

这种检测器包括一个置入火焰的探头(探针)和一个电子放大器。一般使用于民用燃气用具的熄火保护系统中。在燃气热水器和燃气灶上可以广泛见到。

(四)建筑物燃气安全系统

1. 仅进行燃气泄漏报警的安全系统的主要构成形式

(1)单体型:由燃气泄漏报警器组成,通过声、光等方式警报燃气泄漏导致的危险状态,如图 1-11 所示。

(2)户外型:由安装在室内的燃气泄漏报警器和安装在室外的喇叭构成。通过户外的喇叭监视室内出现的燃气泄漏现象,达到报警的目的,如图 1-12 所示。这对于室内经常无人的情况是很合适的。

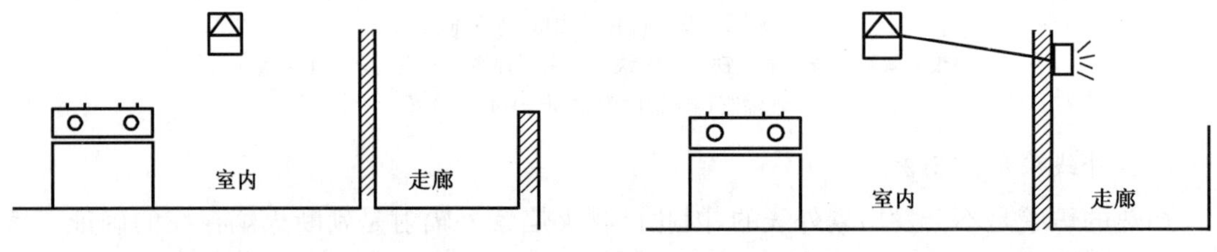

图 1-11　单体型燃气安全系统　　图 1-12　户外型燃气安全系统

(3)集中型:由分别安装在各个用气地点的燃气泄漏报警器和燃气泄漏集中监视器构成,如图 1-13 所示。燃气泄漏集中监视器安装在管理人员的值班室,在所管辖的范围内,任何一个用气地点发生燃气泄漏,都可以得到监视,防止出现事故。

2. 燃气通路自动切断的安全系统的构成方式

其构成的方式主要是智能燃气表和报警器联动自动切断装置。

1)智能燃气表

在燃气流量表上组装传感器、控制器和切断阀,主要在燃气系统的过大流量以及过长时间的使用时切断燃气通路。这种装置能有效地防止由于表后的管道破裂和连接软管脱落所导致的燃气泄漏事故,如图 1-14 所示。当异常发生后,系统要恢复供气状态,必须用人工复位,而

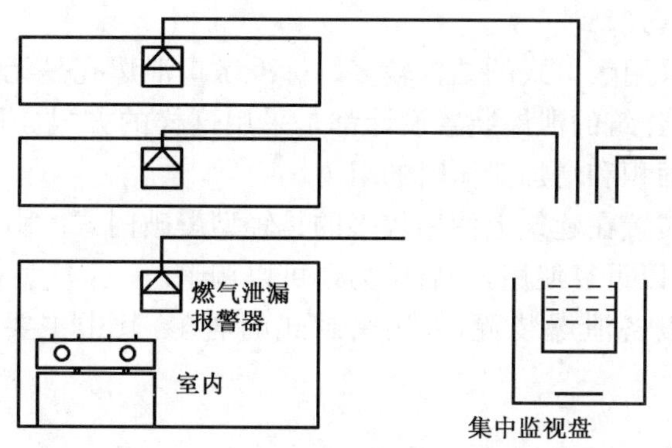

图 1-13　集中型燃气安全系统

且要确认异常已经解除。

2)报警器联动切断装置

它由燃气泄漏报警器、控制器和燃气切断阀构成。当燃气发生泄漏并达到一定的浓度时，燃气泄漏报警器便开始报警，同时控制器指挥燃气切断阀切断燃气通路，如图 1-15 所示。这种系统通过切断阀与燃气泄漏报警器的联动，可以有效解除由于燃气泄漏可能带来的事故危险。该系统同时还具有手动复位的功能和复位安全确认功能。

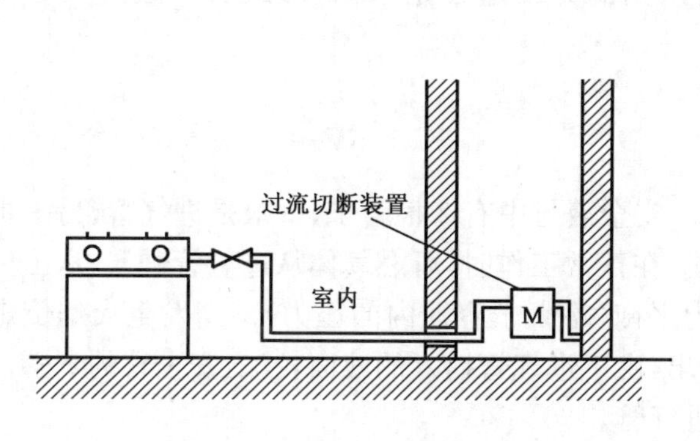

图 1-14　智能燃气表过流自动切断系统

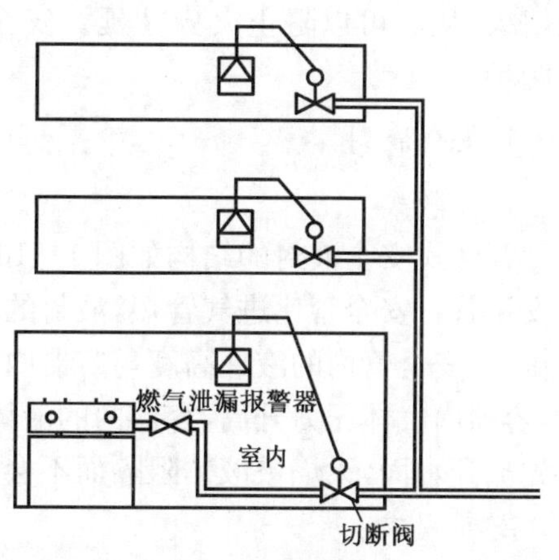

图 1-15　燃气泄漏报警器联动切断装置

二、爆炸泄压技术

爆炸泄压技术是一种对于爆炸的防护技术，其目的是减轻爆炸事故所产生的影响。爆炸泄压对于爆轰的防护是不起作用的。在许多工程领域，意外的爆炸有时不可避免，但可以将爆炸产生的危害控制在最小的范围之内。

在密闭或半敞开空间内产生的爆炸事故，包围体的破坏会引起更大的危害。所谓泄压防爆就是通过一定的泄压面积，释放在爆炸空间内产生的爆炸升压，保证包围体不被破坏。例如，在燃气工程中，区域调压室、压缩机房等燃气设施都建在建筑内，尽管在发生爆炸的情况之下，室内设施的保全是难以完成的，但可以通过泄压防爆的方法保护建筑物本身的安全。

泄爆装置既用来封闭设备或包围体，又可以用来泄压。封闭设备或包围体不会使其因漏气而不能正常工作，泄压时又可以在爆炸产生时降低爆炸空间的压力，保证包围体的安全。泄爆装置与设施通常分为敞口式和密封式。敞口式包括全敞口式、百叶窗式和飞机库门式；密封式则有爆破门式和爆破膜式。

非设备的泄爆装置采用敞口式的结构较多。标准敞口泄爆孔是无阻碍、无关闭的孔口，通常是最有效的，许多危险建筑的泄爆装置设计都是采用这样的方式。而采用百叶窗式的结构无疑会减少实际的泄压面积和增加泄压时的阻力。

非敞口结构的泄爆装置在建筑上使用较多的是轻型爆破门式。由于这种门式结构泄爆装置开启非常容易，而且可以重复使用，开启压力还可以调整。

特殊生产工艺中的设备泄爆装置，采用密封式的居多，其中主要是泄爆膜、爆破片和爆破门。

三、火焰隔离技术

火焰隔离技术通常是采用一些火焰隔断装置，防止火焰窜入有爆炸危险的场所，如输送、储存和使用可燃气体或液体的设备、管道、容器等，或者防止火焰向设备或管道之间扩展。这些装置有安全液封、水封井、阻火器、单向阀等。

(一)安全液封与水封井

安全液封采用液体作为阻火介质，在液封的两侧任何一侧着火之后，火焰都会在液封处熄灭，从而可以阻止火势蔓延。安全液封采用的介质通常是水，其形式有开敞式和封闭式两种。

1.安全液封

1)开敞式

开敞式安全液封的结构如图1-16所示。安全液封中有2根管子，一根是进气管，另一根是安全管。安全管比进气管短，液封的深度浅，在正常工作时，可燃气体从进气管进入，从出气管排出，安全管内的液柱高度与容器内的压力平衡(略大于容器内的压力)。当发生火焰倒燃时，容器内气体压力升高，容器内的液体被排出，由于进气管插入的液面较深，安全管的下管口首先离开水面，火焰被液体阻隔而不会进入进气管。

2)封闭式

封闭式安全液封的结构如图1-17所示。正常工作时，可燃气体由进气管进入，通过逆止阀、分水板、分气板和分水管从气管流出。发生火焰倒燃时，容器内压力升高，压迫水面使逆止阀关闭，进气管暂时停止供气。同时，倒燃的火焰将容器顶部的防爆膜冲破，燃烧后的烟气散发到大气中，火焰便不会进入进气管。

开敞式和封闭式安全液封通常使用于操作压力低的场合，一般不会超过0.05MPa。

安全液封在使用时应特别注意保持液位的高度，如果是用水作为液封的介质，还应该防止冻结。

在封闭式安全液封工作时，可能由于使用的介质中含有的黏性油质，使阀门的阀座污染并影响其关闭性能，因此应经常检查阀门的气密性。

2.水封井

排放液体中如果含有可燃气体或可燃液体的蒸气，则在管路的末端应该设置水封井，这样可以防止着火或爆炸蔓延到管道系统中。水封井的结构如图1-18所示。

为保证水封井的阻火效果，水封高度不宜小于250 mm，如果管道很长，可每隔250m设1

个水封井。水封井应加盖，但为防止加盖导致气体积聚而产生事故，可采用图 1－19 的结构形式。

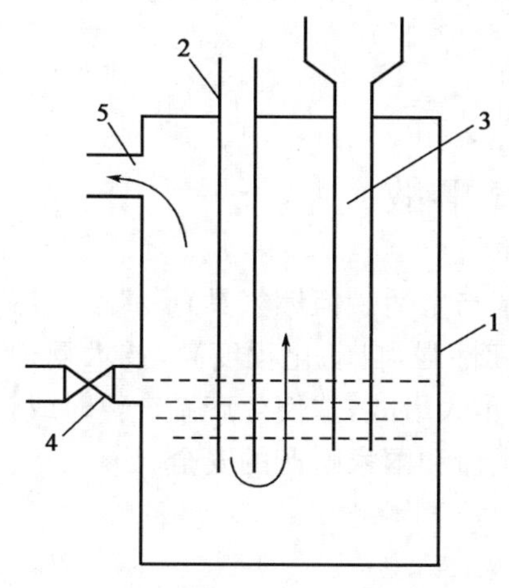

图 1－16　开敞式安全液封示意图

—罐体；2—进气管；3—安全管；4—水位阀；5—出气管

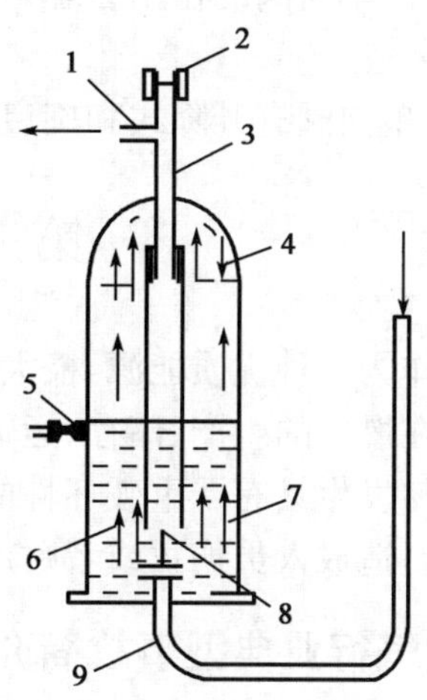

图 1－17　封闭式安全液封示意图

1—出气管；2—防爆管；3—分水管；4—分水板；5—水位阀；6—罐体；7—分气板；8—逆止阀；9—进气管

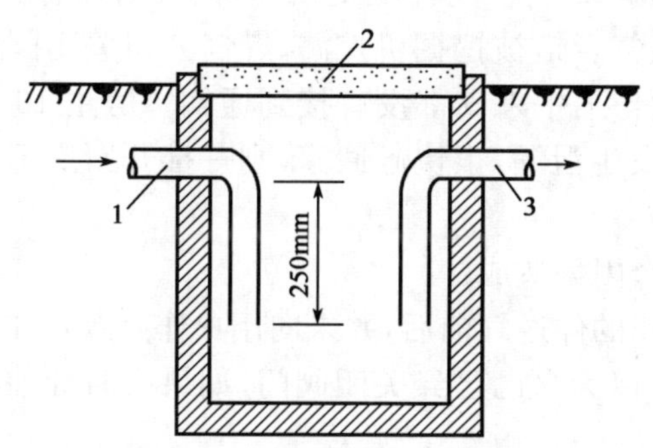

图 1－18　水封井示意图

1—污水进口管；2—井盖；3—污水出口管

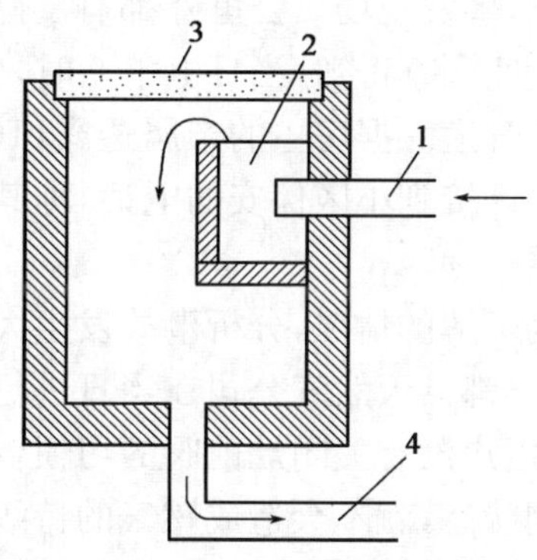

图 1－19　增修溢水槽示意图

1—污水进口管；2—增修的溢水槽；3—井盖；4—污水出口管

(二)阻火器

阻火器广泛用于输送可燃气体的管道、有爆炸危险系统的通风口、油气回收系统以及燃气加热炉的供气系统等。阻火器的设计充分利用了燃气的淬熄原理，火焰通过狭小的孔口或缝隙时，由于散热和器壁效应的作用使燃烧反应终止，起到火焰隔离的作用。

阻火器根据形成狭小孔隙的方法和材料的差别，大致有以下种类：金属网阻火器、波纹金属片阻火器、充填型阻火器等。

(三)单向阀

单向阀又称止回阀或逆止阀，用于液压系统中防止油流反向流动，或者用于气动系统中防止压缩空气逆向流动(当产生倒流时,阀瓣自动关闭)。单向阀一般用在天然气设备出口管道上,在停机或突然停电时防止管内的高压气体倒流,这种倒流往往会引起压缩机发生反转,形成机械事故。单向阀的作用原理是依靠介质本身的流动自动开闭阀门,用来防止管道中气流倒流。

常用的单向阀有升降式和旋启式两大类。

第三节　城市燃气事故

燃气,作为一种优质能源,极大地方便了人类的生产与生活。但燃气具有易燃、易爆、有毒等危害性,在燃气的生产、储存、运输过程中,工艺的连续性强,自动化程度高,技术复杂,设备种类繁多,易发生具有严重破坏性的泄漏、火灾、爆炸等重大事故,迫使生产系统暂时或较长期地中断运行,造成人员伤亡或者财产损失,威胁职工的生命和国家财产的安全。

一、燃气行业典型事故简介

(一)天然气用户泄漏爆炸事故

2010 年 1 月 16 日下午 2 点左右,重庆市丰都县三合镇滨江路 6 号楼一住户家发生天然气泄漏爆炸事故,导致 1 人被严重烧伤。爆炸使防盗门被炸开,房内一片火海,整栋楼的玻璃也遭震飞,事发现场 1 公里外都有震感。单元内共有 32 户不同程度受损坏,损失估计有 100 万元。后经调查得知,当日上午 9 时,楼下一根天然气管道被挖掘机挖漏,燃气公司关闭阀门维修好了管道。据房主的亲属透露,16 日上午停气与下午来气都没有接到通知。房主 16 日下午 2 时许接到小区保安的电话,称其家中天然气发生泄漏,很快赶回家,刚一推开厨房门就发生了爆炸。

根据了解的情况,分析事故发生大概由以下几个因素造成:

(1)丰都县天然气公司在当日进行管道泄漏抢修的停送气前后,并未向用户作有效告知。

(2)用户没有关闭灶前阀的习惯,看见灭火就误以为自己已经关闭阀门,如果平时灶前阀处于关闭状态,就不会造成燃气的持续、大量泄漏。

(3)用户家没有安装使用燃气报警器及切断装置,致使燃气发生大量泄漏后未能及时切断阀门。

(4)用户没有燃气安全常识,在知道已发生燃气泄漏后,未及时采取正确的解决方法。

为了预防城镇用户天然气事故的发生应采取以下措施:

(1)作为专业的燃气公司,在处理紧急停送气事件时,一定要对用户进行有效告知,采取语音告知、短信告知、小区广播、张贴通知等多种方式同时交叉进行,避免遗漏用户。

(2)应多向用户进行安全宣传,让用户养成正确使用燃气设施的习惯。如定期检查胶管连接情况、定期自行检查阀门及连接处是否存在泄漏、使用燃气设施后关闭灶前阀门等,减少燃气事故发生的可能性。

(3)在有条件的情况下,一定要加装报警器,如果用户安装并正确使用燃气报警器及切断装置,就可以避免这次事故。报警器及切断装置的全天时正常工作状态,也是避免事故的重要措施。

(4)应教育并教会用户处理燃气泄漏的正确程序。发现燃气泄漏后,应在安全的地方切断电源、关闭阀门、开窗通风，严禁动用明火、启闭电器开关等，应及时向燃气公司报修，严禁在泄漏现场打电话报警。

(5)安检人员在每年一次的安检时，要对相关书面存证记录详细，在发生事故时才能明确责任。

(二)煤气泄漏中毒事故

2010年1月4日，河北省武安市普阳钢铁公司南平炼钢分厂的2号转炉与1号转炉的煤气管道完成了连接后，未采取可靠的煤气切断措施，使转炉气柜煤气泄漏到2号转炉系统中，造成正在2号转炉进行砌炉作业的人员中毒。事故造成21人死亡、9人受伤。经分析得知事故原因主要为：

(1)在2号转炉回收系统不具备使用条件的情况下，割除煤气管道中的盲板；

(2)U型水封排水阀门封闭不严，水封失效，导致此次事故的发生；

(3)U型水封未按图纸施工，未装补水管道，存在事故隐患。

(三)液化石油气爆炸事故

2010年7月2日15时20分左右，福清市魁星石油气有限公司发生一起液化气钢瓶爆炸事故，造成1人死亡、1人受伤。事故经过如下：7月2日14时40分左右，一辆运载液化石油气钢瓶(共38只YSP-50型液化石油气钢瓶，均为空瓶)的厢式货车(车牌号为：闽A68982，该车为非危险化学品运输专用车辆)停靠在福清市魁星石油气有限公司充装台旁，15时10分左右工人开始卸车，当卸下第8个气瓶时，车内一只YSP－50型、液相双头液化石油气钢瓶(15时20分左右)突然发生爆炸，爆炸的气瓶从车厢内飞出撞到现场搬运工身上，导致现场搬运工一人死亡、一人受伤。发生爆炸的气瓶瓶体破裂分为三部分(钢瓶底座、钢瓶瓶体、钢瓶底部一块碎片)，爆炸造成钢瓶底部鼓包变形，另外运载该爆炸气瓶的厢式货车厢体严重受损。经初步调查，该气瓶并不是福清市魁星石油气有限公司的自有气瓶，厢式货车属于闽侯县金顺危化品运输有限公司，车上没有危险化学品运输专用车辆的标志，车上气瓶均无检验合格标志。

这起事故反映出该省瓶装液化气违法充装倒瓶、使用不合格气瓶等违法现象仍屡禁不止。为做好城镇燃气的安全管理工作，加强监督检查，消除安全隐患，对加强瓶装液化气市场及安全管理提出以下要求：

(1)大力查处液化石油气非法经营行为。各地燃气主管部门要会同当地综合执法、公安、消防、质检、交通、工商等相关部门重点打击擅自充装、非法设点、倒罐、无证经营液化石油气等违法、违规行为。凡未取得《瓶装燃气供应许可证》和其他法定证照的燃气供应企业、站点，要坚决依法予以取缔；对证照不全的要责令停业整顿，限期办齐相关证照后方可允许经营。同时，要认真做好液化气供应站点布点规划，有条件的地方要推行直接配送，方便居民换气。

(2)坚决杜绝充装不合格或超期未检钢瓶。燃气经营企业要加强液化石油气钢瓶的灌装、使用、周转等环节管理，对不合格或超过检验期限的气瓶，一律不得充装；没有经营企业本企业气瓶标志、充装标签、警示标志的钢瓶不得出站。发现违法充装和运输的，燃气主管部门要会同有关部门坚决予以查处，直至吊销经营许可证和相关证照。

(3)开展燃气设施安全隐患排查工作。各地燃气主管部门要组织燃气企业集中力量对燃气设施，尤其是天然气门站、液化气储灌站、气化站、燃气管网和调压站等重点部位进行一次安全生产大检查，消除各种安全事故隐患。

(4)加大安全宣传教育力度。要布置和督促燃气企业加强员工安全教育，提高员工的安全操作和自我保护意识。要充分利用媒体，向用户宣传燃气安全生产工作的有关法律法规、政策文件，宣传辨识不合格液化气钢瓶、器具的常识，曝光燃气安全事故，使广大群众了解燃气安全知识，增强自我防范意识，自觉抵制不合格气瓶。

二、城市燃气事故的特点

(一)地点的一般性

城市燃气管道及相关设施布置范围广，任何有燃气管道或设施的地方都有可能发生事故。某些行业的事故多发生在生产场所，如矿山、危险化学品生产等，但城市燃气事故不论在生产、输送，还是应用场所，只要有燃气存在的地方，都是可能的事故点。

(二)突发性

城市燃气事故往往是在人们毫无察觉时就发生了燃气的泄漏，继而快速引起火灾或爆炸。设备及管道因外力破坏、腐蚀及管道材质问题而造成的损坏，一般都在没有先兆的情况下发生，从而导致燃气事故的突发性。

(三)不可预见性

有些事故是可以根据环境等因素作出预测的，如在恶劣的天气里，航空及公路交通事故可能会较多发生。但城市燃气事故一般与气候等原因无关，任何季节、任何天气、任何管段都有可能发生事故，因此无法预见事故多发的时间及管段，以至于不能提前作出准备。

(四)影响范围广

燃气事故一旦发生，影响范围一般比较大，不但影响生产、输送及使用，还会对周围的一定区域产生影响。如居民楼中一户发生燃气爆炸，可能会使整栋楼都受到影响。

(五)后果严重

一般燃气事故都会造成人员伤亡和巨大的财产损失。近些年，发生了多起恶性燃气事故，死亡人数达几十人、受伤达上百人之多，造成经济损失多至上千万元。

(六)可引起次生灾害

燃气事故本身可以形成主灾害；在地震、山体滑坡、地层变化、洪水等情况下，燃气设施的破坏可能会引起二次破坏。在以往的多次地震中，燃气管道断裂、泄漏以后，引发的大火，不仅会造成比地震本身的破坏更严重的损害，而且给灾后的救援工作带来困难，使救援人员无法进入现场。

三、城市燃气事故的危害

(一)燃爆危害

燃气的易燃易爆性使得燃气一旦泄漏，就可能在泄漏点附近与空气混合形成爆炸性气体。

当遇到明火、高温、电磁辐射、无线电及微波时，就可能引起火灾、爆炸。此危害的规模大小是衡量燃气事故后果严重性的主要标准。

(二)健康危害

1. 中毒窒息

城市燃气的毒性属低等，但浓度大时仍会使人窒息或中毒。特别是人工燃气中含有无色、无味、有剧毒的CO，尽管在城市燃气质量要求中限制了CO的含量，但泄漏量大时，中毒后果可能还会比较严重。由于燃气的有毒性，在到达城市之前，都要经过净化处理(如除去硫化氢等有毒气体)，必须达到规范要求才能进入管道系统。如果净化不过关，在发生燃气事故时会使得周围人群因有毒气体而受到伤害。

燃气完全燃烧后生成 CO_2 和 H_2O，因为烟气温度高，水会以水蒸气的形式随烟气一起排出；燃气不完全燃烧时，烟气中就会含有燃气的成分、CO等。当烟气不能顺利排出，在狭小的空间聚集时也会使人窒息，甚至死亡。大部分燃气热水器中毒、死亡事故都是由于热水器燃烧时消耗了室内空气、燃烧后的烟气又聚集在室内，缺氧、中毒共同作用的结果。

2. 低温冻伤

大量液态液化石油气泄漏时，在液化石油气急剧气化过程中还会迅速吸收周围的热量，局部形成低温状态，可能造成人员冻伤或设备、阀门关闭失灵。

3. 职业危害

燃气属于低毒性气体，一般情况下不会对从业人员造成职业危害。但在燃气生产、储存及液化石油气灌装等场所，还是应根据燃气浓度监测情况，注意对员工的劳动保护。

由于城市燃气事故具有极大的危害性，这就需从大量事故案例中，找出事故发生的一般规律，分析事故原因，寻求应对事故的基本对策，并从安全生产法律法规、行业技术规范以及各项安全管理制度上强化燃气安全管理。对于一线员工，需要牢记相关规章制度并严格要求自己按照要求进行相应的操作，还需掌握基本的自救和救援能力。只有由上而下人人重视、从制度到实践人人遵守，才能将燃气事故降到最低，将损失控制到最少。

第四节　城市燃气安全管理的方法及意义

近年来，我国城市燃气迅速发展，城市燃气设施的迅猛增加，使城市燃气安全问题越来越突出，因此对城市燃气进行有效的安全管理是必要、急需且具有重要意义的。

一、城市燃气安全管理的方法

(一)采取“安全第一、预防为主、综合治理”的方法

“安全第一、预防为主、综合治理”是我国安全生产的根本方针，燃气安全管理是我国安全生产体系中的一个组成部分，为了贯彻落实这一方针，一方面需要各级领导有高度的安全责任感和自觉性，千方百计实施防止事故和职业危害的对策；另一方面需要广大职工提高安全意识，自觉贯彻执行各项安全生产的规章制度，不断增强自我防护意识。所有这些都有赖于良好的安全管理工作。多年来，各级政府和有关部门加强燃气安全管理，进行多次燃气市场的清理

整顿，取得了明显的效果，各地燃气安全法规进一步完善，执法力度进一步加强。但是，目前仍然有一些单位和个人法规意识淡薄，野蛮施工，违章占压燃气管线和设施等行为屡禁不止；有些城市燃气管网老化，形成许多事故隐患，严重威胁城市燃气管网设施安全运行，甚至造成严重的燃气事故。因此，各级建设、公安、工商行政管理部门必须进一步提高对燃气安全管理工作重要性和复杂性的认识，从讲政治、促发展、保稳定的思想认识出发，以对人民群众高度负责的态度，切实加强对燃气安全管理工作的领导，采取强有力的措施，坚决清除事故隐患，遏制和杜绝各类燃气事故的发生。

(二)安全技术、劳动卫生措施与安全管理相结合的方法

安全技术是指各专业有关安全的专门技术，如防电、防水、防火、防爆等安全技术。劳动卫生是指对尘毒、噪声、辐射等各方面物理及化学危害因素的预防和治理。毫无疑问，安全技术和劳动卫生措施对于从根本上改善劳动条件，实现安全生产具有巨大作用。然而这些纵向单独分科的硬技术，基本上是以物为主的，是不可能自动实现的，需要人们计划、组织、督促、检查，进行有效的安全管理活动，才能发挥它们应有的作用。再者，单独某一方面的安全技术，其安全保障作用是有限的。硬技术的发挥，有赖于软科学的保证。“三分技术，七分管理”，这已经成为当代社会发展的必然趋势。安全领域当然也不能例外。

二、城市燃气安全管理的意义

(一)防止伤亡事故和降低职业危害

任何事故的发生不外乎四个方面的原因，即人的不安全行为、物的不安全状态、环境的不安全条件和安全管理的缺陷。而人、物和环境方面出现问题的原因常常是安全管理出现失误或存在缺陷而导致的。因此，可以说安全管理缺陷是事故发生的根源，是事故发生的深层次的本质原因。生产中伤亡事故统计分析也表明，80％以上的伤亡事故与安全管理缺陷密切相关。因此，要从根本上防止事故和降低职业危害，必须从加强安全管理做起，不断改进安全管理技术，提高安全管理水平。由于燃气属于易燃、易爆和压力输送气体，其在生产、储存、输配、使用过程中的任何一个环节都可能藏有隐患，可能发生燃气泄漏、爆炸等事故。对于城市燃气来讲，如何加强对燃气安全的管理，防患于未然，是摆在所有燃气供应企业面前的首要问题。

(二)促进燃气企业自身的发展

加强燃气的安全管理，有助于改进企业管理，全面推进企业各方面工作的进步，促进经济效益的提高。安全管理是企业管理的重要组成部分，与企业的其他管理密切联系、互相影响、互相促进。安全管理混乱，事故不断，职工无法安心工作，领导也经常要分散精力去处理事故，在这种情况下，就无法建立正常、稳定的工作秩序，企业管理就较差。燃气企业经营的商品具有易燃易爆的特性，如果公众对燃气企业的经营和服务无安全感，企业自身的价值就无法体现出来，在市场竞争中就没有企业的发展空间，也就没有企业的社会经济效益。燃气企业作为肩负着重大社会责任的公用单位，一旦发生事故，必然导致灾难性的后果，且在运行过程中，一个重特大的事故就可能导致企业的破产。为此，燃气供应企业必须建立安全检查、维修维护、事故抢修等制度，及时报告、排除、处理燃气设施故障和事故，确保正常供气。

(三)维护公共安全,促进城市燃气事业发展

城市燃气事业作为城市公用事业的重要组成部分,服务的对象广泛,涉及面广、服务性强、管理技术要求高,对城市的运行和社会稳定起着提供基本保障的作用。由于城市人口密度大,燃气行业的安全管理不仅直接影响城市燃气事业的发展,更涉及国家和人民生命财产的安全。燃气行业历来是国家和地方各级政府重特大安全事故防范的重点行业之一。近年来,随着我国城市燃气事业的不断发展,燃气的生产、储存、运输和使用量越来越多,范围也越来越广,在城市燃气系统中发生的泄漏、火灾与爆炸等事故的数量和等级也在不断上升。这些事故给国家和人民群众的生命与财产造成了极大的损失,也给社会的公共安全与稳定带来了极大的负面影响,从一定程度上影响了燃气事业的推进与发展。

总之,加强城市燃气的安全管理,切实有效地消除隐患,预防事故的发生,有着十分重要的意义。

◇ 思考题 ◇

1. 城市燃气按不同标准分为哪些种类?
2. 如何理解沃伯指数和燃烧势?
3. 城市燃气安全技术有哪些?每一种举出至少一种应用实例。
4. 加强城市燃气安全管理有什么意义?
5. 城市燃气事故有什么特点?

参 考 文 献

[1] 彭世尼. 燃气安全技术. 重庆:重庆大学出版社,2005.
[2] 白世武. 城市燃气实用手册. 北京:石油工业出版社,2008.
[3] 袁宗明,等. 城市配气. 北京:石油工业出版社,2003.
[4] GB 50028—2006 城镇燃气设计规范.
[5] SY 5985—2007 液化石油气安全管理规程.

第二章　系统安全技术基础知识

第一节　事故基本理论

一、伤亡事故总论

(一)事故的定义

事故是指人们在进行有目的的活动过程中，突然发生的、违反人们意愿的，并可能使生产活动发生暂时性或永久性终止，造成人员伤亡和财产损失的意外事件。简单来讲，凡是引起人身伤害、导致生产中断或财产损失的所有事件统称为事故。

(二)事故特性

1. 因果性

事故的因果性是指一切事故的发生都是由一定原因引起的，这些原因就是潜在的危险因素。事故本身只是所有潜在危险因素或显性危险因素共同作用的结果。在生产过程中存在的许多危险因素，既有人的因素，也有物的因素，这些被称为隐患，它们在一定的时间和地点下相互作用就可能导致事故的发生。

因果关系具有继承性，第一阶段的结果可能是第二阶段的原因，第二阶段的原因会引起第二阶段的结果。因果关系的继承性说明事故的原因是多层次的，有的和事故有直接关系，有的则是间接关系，绝不是某一个原因就能促成事故，而是许多因素相互作用、共同作用的结果。

2. 偶然性与必然性

事故的偶然性是指事故的发生是随机的，同样的前因事件随时间的进程导致的后果不一定完全相同。但偶然中有必然，统计规律告诉我们，在进行同一项活动中，无数次意外事件必然导致重大伤亡事故的发生，而防止重大伤亡事故必须减少或消除无伤害事故。所以，要重视隐患和未遂事故，把事故消灭在萌芽状态。

3. 潜伏性

事故的潜伏性是指从表面上看，事故是一种突发事件，但是事故发生之前有一段潜伏期。事故发生之前，系统(人、机、环境)所处的这种状态是不稳定的，也就是说系统存在着事故隐患，具有危险性。如果这时有一触发因素出现，就会导致事故的发生。

4. 可预防性

事故的可预防性是指尽管事故的发生是必然的，但仍可以通过采取控制措施来预防事故的发生或延缓事故发生的时间间隔。

(三)伤亡事故分类

1. 根据人员受到伤害的严重程度和伤害后的恢复情况分类

(1)暂时性失能伤害。

(2)永久性部分失能伤害。

(3)永久性全失能伤害,即使受伤者或中毒者完全残废的伤害。

(4)死亡。

2. 根据受伤害者的伤害分类

(1)轻伤:损失工作日低于105天的失能伤害。

(2)重伤:损失工作日等于或大于105天的失能伤害。

(3)死亡:死亡损失工作日为6000天。

3. 根据致害原因分类

国标(GB 6441—1986)《企业职工伤亡事故分类》按致害原因将事故分为20类:物体打击、车辆伤害、机械伤害、起重伤害、触电、淹溺、火灾、灼烫、高处坠落、坍塌等等。

4. 按事故严重程度分类

《生产安全事故报告和调查处理条例》将事故划分为特别重大事故、重大事故、较大事故和一般事故四个级别。

(1)特别重大事故:死亡30人以上,或者100人以上重伤,或者1亿元以上直接经济损失的事故。

(2)重大事故:死亡10~30人,或者50~100人重伤,或者5000万~1亿元直接经济损失的事故。

(3)较大事故:死亡3~10人,或者10~50人重伤,或者1000万~5000万元直接经济损失的事故。

(4)一般事故:死亡3人以下,或者10人以下重伤,或者1000万元以下直接经济损失的事故。

二、事故致因理论

事故是违背人的意志而发生的意外事件,而且事故具有明显的因果性和规律性。这类阐明事故为什么会发生、是怎样发生的,以及如何预防事故发生的理论,被称为事故致因理论,或事故发生及预防理论。

(一)事故频发倾向理论

事故频发倾向理论是阐述企业工人中存在着个别人容易发生事故的、稳定的、个人的内在倾向的一种理论。在1919年格林伍德和1926年纽伯尔德,都曾认为事故在人群中并非随机地分布,某些人比其他人更易发生事故,因此,就用某种方法将有事故倾向的工人与其他人区别开来。这种理论的缺点是过分夸大了人的性格特点在事故中的作用,而且不能解释何以在同等危险暴露情况下,人们受伤害的概率并非都不相等。

1939年,法默和凯姆伯斯又提出:一个有事故倾向的人具有较高的事故率,而与工作任务、生活环境和经历等无关。

（二）事故因果链锁理论

事故因果链锁理论又称海因里希模型或多米诺骨牌理论。1936年，美国人海因里希在《工业事故预防》一书中提出了事故因果链锁理论，认为伤害事故是一连串事件按一定因果关系依次发生的结果，用多米诺骨牌来形象地说明了这种因果关系。这种理论建立了事故致因的事件链的概念。

海因里希借助多米诺骨牌形象地描述了施工的因果连锁关系，即事故的发生是一连串事件按一定顺序互为因果、依次发生的结果。如一块骨牌倒下，则将发生连锁反应，使后面的骨牌依次倒下。海因里希模型的五块骨牌依次是遗传及社会环境、人的缺点、人的不安全行为和物的不安全状态、事故、伤害。

这种理论和事故频发倾向一样，仅仅关注人的因素，把大多数的工业事故归因于工人的不注意等方面，具有时代的局限性。

（三）能量转移理论

能量转移理论认为不希望异常的能量转移是伤害事故的致因，即人受伤害的原因是某种能量向人体的转移，而事故则是一种能量的不正常或不期望的释放。

能量按其形式可分为动能、势能、热能、电能、化学能、原子能、辐射能（包括离子辐射和非离子辐射）、声能和生物能等。人受到伤害都可归结为上述一种或若干种能量不正常或不期望地转移。能量转移理论把能量引起的伤害分为两类：第一类伤害是由于施加了超过局部或全身性的损伤阈值的能量而产生的（人体各部分对每一种能量都有一个损伤阈值）；第二类伤害是由于影响局部或全身性能量交换引起的，如机械因素或化学因素导致的窒息、溺水、一氧化碳中毒。

能量转移理论把各种能量对人体的伤害归结为伤亡事故的直接原因，从而决定了以对能量源及能量输送装置加以控制，作为防止和减少伤害发生的最佳手段这一原则。依照该理论建立的对伤亡事故的统计分类，是一种可以概括、阐明伤亡事故类型和性质的统计分类方法。但是能量转移理论不适用于研究、发现和分析与能量无关的事故致因，如人失误。而且，在生产实践中，机械能是工业伤害的主要能量形式，按能量转移的观点对伤亡事故进行统计分类的方法，尽管具有理论上的优越性，而实际应用却存在困难。

三、事故预防及控制

事故的预防与控制包括事故预防和事故控制两部分内容。事故预防是指采用各种技术和管理手段使事故不发生。事故控制是指事故发生后不造成严重的后果，使事故造成的损失尽可能减小。例如，火灾的预防与控制，通过一系列的规章制度和技术手段，避免火灾的发生，而火灾的报警、喷淋装置、应急救援计划则是控制火灾和损失的手段。

建立事故处理及预防管理程序，及时调查、确认事故或未遂事件发生的根本原因，制定相应的纠正和预防措施，确保事故不会再发生。在事故处理过程中，需要与上述的职责分配相关联，相应的事故由相应的部门负责。如燃气生产系统、城市燃气管网等，由于设备失效、偏离正常操作条件、人的失误、外部事件介入、自然力量破坏等，会导致燃气生产中断或管道泄漏等事故，有可能会对人民生命和财产造成损失。管理者可以根据实际损坏情况，采取相应的技术和组织控制措施，如设备设计改造、装置安装与过程控制、安全监测系统、定期检查维护、变更管理、工人培训与监督等。

(一)"3E"对策

从宏观的角度,对于意外事故的预防原理称为"3E"对策,即事故的预防具有三大预防技术和方法。

1. 安全技术对策(Engineering)

安全技术可以划分为预防事故发生的安全技术及防止或减轻事故损失的安全技术。

技术对策和安全工程学的对策是不可分割的。当设计机械装置或工程以及建设工厂时,要认真地研究、讨论潜在危险之所在,预测发生危险的可能性,从技术上解决防止这些危险的对策。为了实施这样根本的技术对策,应该知道所有有关的化学物质、材料、机械装置和设施,了解其危险性质、构造及其控制的具体方法。为此,不仅有必要归纳整理各种已知的资料,而且要测定性质未知的有关物质的各种危险性质。为了得到机械装置的安全设计所需要的其他资料,还要反复进行各种实验研究,以收集有关防止事故的资料。而且,这样已经实施了安全设计的机械装置或设施,还要应用检查和保养技术,切实保障安全计划的实现。

2. 安全教育对策(Education)

安全教育包括安全意识教育、安全知识教育及安全操作技能教育等方面。

作为教育的对策,不仅在产业部门,而且在教育机关组织的各种学校,同样有必要实施安全教育和训练。安全教育应当尽可能从幼年时期就开始,从小就灌输对安全的良好意识和习惯,还应该在中学及高等学校中,通过化学试验、运动竞赛、远足旅行、骑自行车、驾驶汽车等实行具体的安全教育和训练。作为专门教育机构的高等工程技术学校,对将来担任技术工作的学生,更应该按照具体的业务内容,进行安全技术及管理方法的教育。而安全操作技能的教育一般由专业技术培训机构完成。

安全教育应不断重复、多次强化,并注重教育的科学性、系统性和有效性。

3. 安全管理对策(Enforcement)

管理对策是依据国家法律规定的各种标准,学术团体、行业的安全指令和规范、操作规程,以及企业、工厂内部的生产、工作标准等,对生产及运营进行安全管理。一般把强制执行的称为指令性标准,劝告性的非强制的标准称为推荐标准。法规必须具有强制性、原则性和适用性,如果规定过于详细,就很难把所有可能的情况都包含在里面,势必妨碍法规的执行。当然除指令式法规外,还可以通过制定行业、地方标准,将国家标准具体化。

管理的对策一般包括安全审查,可行性研究、初步设计、竣工验收,安全检查,安全评价,辨识危害、评价风险、提出风险控制,安全目标管理等。

选择防止事故的对策时,如果没有选择最恰当的对策,效果就不会好;而最适当的对策是在原因分析的基础上得出来的。

(二)燃气事故预防

运用各种管理手段,按照国家法律、法规和各类标准建立起来的管理程序和措施,进行事故的预防与控制是非常重要的一个方面,如对作业场所进行危险、危害识别及张贴标志,在化学品包装上粘贴安全标签,危险化学品运输、经营过程中附产品安全技术说明书,从业人员的安全培训和资质认定,采取接触监测、医学监督等措施均可达到管理控制的目的,为了有效地预防事故的发生，安全管理必须实现法制化。

随着我国城镇燃气事业的不断发展，燃气的生产、储存、运输和使用的量越来越多，范围越来越广，如何对城镇燃气进行有效的安全管理，预防、遏制灾害和事故的发生，已经成为我们面临的重大课题。因此，在借鉴发达国家的安全管理经验的同时，吸收其他行业先进的事故预防与控制的管理理念，健全体制，充分利用现代信息技术，同时研究适合我国国情的城镇燃气事故防控管理方法，为进一步提高城镇燃气安全管理工作水平提供可靠的科学依据。

针对预防与控制城镇燃气生产、储存、运输和使用场所中的危险与危害，为有效防止火灾、爆炸、中毒与职业病的发生，在安全管理过程中我们应该提倡系统化、科学化、制度化、信息化、区域化、动态化、集成化理念等先进的管理理念。

四、事故调查及处理

为了掌握事故情况，查明原因，分清责任以及所要采取的防范措施，必须对每一起伤亡事故进行调查分析。

(一)事故调查程序

事故调查的一般程序如下:发生伤亡事故后，首先要保护好事故现场，并及时向上级和有关部门报告。在保护好事故现场的同时，要积极抢救受伤者。发生事故的单位和有关上级主管单位要及时派出事故调查组赴事故现场调查，调查组成员原则上应包括单位行政领导，工会负责人，人事劳动部门、医务部门和安全管理部门的代表。调查组在现场收集有关事故各方面的情况与人证、物证，召开有关人员座谈会、分析会。在掌握全部情况的基础上，明确原因，分清责任，提出事故处理意见，最后填写伤亡事故调查报告书，将事故的全部资料汇总、归档、结案、上报。

事故调查组应按照管理权限组织事故发生单位，在调查组调查之前，应尽可能保持事故现场原貌，为调查事故原因提供第一手的资料。对于重大事故，现场进行抢修前，应留有音像等资料，为事故调查提供依据。

进行事故调查时，发生事故的单位要积极配合调查组进行事故原因调查，提供事故发生点的地理位置、发生的时间、当时的生产工艺参数、运行流程等资料。事故发生现场的当事人应写出书面的汇报材料，就当时的信息来源、确认、事发现场、应急处理措施等进行详细说明。

在事故后，应及时组织有关生产技术人员对现有生产情况摸底排查，并尽快恢复生产。对于管道泄漏事故，应对所采取的抢修措施进行评估。根据评估结果，从场地、设施、人员等方面，以及工艺流程、试压、稳压、管道防腐绝缘、地貌恢复等方面进行事故后的处理工作。对于更换的管段，应进行再投用前的检查和试运行，达到运行条件后才能使用。

在事故抢修过程结束后，应组织落实对抢修环境的恢复，尽量减少对当地生态环境的影响。对抢修施工现场的污染源进行清理，避免造成对周围环境的次生污染。

事故发生是由于人们违背了劳动和生产过程的客观规律，但事故本身的发生、发展过程也有它的必然规律，所以事故调查是很必要的。

事故调查时，事故调查人员必须实事求是，根据事故现场的实际情况进行调查，按物证作出结论。调查人员必须掌握事故调查技术，懂得原料产品的性能、工艺条件、设备结构、操作技术等知识。事故不论大小，都应该按照事故的调查程序进行。

调查工作程序一般不得省略或跨越。例如，只有在确定了事故原点之后，才能确定发生事故的原因和事故扩大的原因；只有在查清事故原因的基础上，才能进行事故性质和责任的分析。

（二）事故现场勘查方法和步骤

（1）首先要保护事故现场。事故现场是保持事故发生后原始状态的地点，包括事故所涉及的范围和与事故有关联的场所。只有现场保持了原始状态，现场勘查工作才有实际意义。在事故原点和事故初步原因未完全确定以及拍摄、记录工作未结束以前，事故现场不能废除和破坏，也不准开放。

（2）勘查事故现场的目的。查明事故造成的破坏情况（包括物资损失、设备和建筑物的破坏、防范措施的功能作用和破坏、人员伤亡等）；发现或确定事故原点和事故原因的物证，以确定事故的发生和发展过程；收集各种技术资料，为研究新的防范措施提供依据。

（3）勘查工作的准备。安全部门要经常做好事故现场勘查的准备工作，最好备有事故勘查箱，箱内存放摄影、录像设备、测绘用的工具仪器，备好有关图纸、记录和资料。应事先培训好事故调查人员，以便在发生事故时能迅速进行勘查工作。

（4）勘查工作步骤是要根据现场的实际情况，划定事故现场范围，制定勘查计划，并对现场的全貌和重点部位进行摄影、录像和测绘。然后，按调查程序，从现场中找出可供证明事故发生和发展过程的各种物证。首先要查证事故原点的位置，在初步确定事故原点之后，再查证事故原点处事故隐患转化为事故的原因（即第一次激发）和造成事故扩大的原因（即第二次激发）。必要时，要对事故原点和事故原因进行模拟试验，加以验证。

（三）对事故前劳动生产情况的调查

1.调查对象和内容

调查主要内容有生产过程中人员的活动情况和设备运行情况；生产的进行状态，原材料、成品的储存状态；工艺条件和操作情况，技术规定和管理调度等；生产区域环境和自然条件，如雷电、晴雨、风向、温湿度、地震等，以及其他有关的外界因素；生产中出现的异常现象和判断、处理情况；有关人员的工作状态和思想变化等。

2.调查方式和时机

在进行事故调查时，凡是与形成事故隐患有关和发生事故时在场的人员以及目击者、报警者都在调查范围之内，并要注意他们对调查分析事故的心理状态和他们向调查人员提供事故线索的态度；事故前情况的调查工作应比现场勘查工作早一步进行；对负伤人员要抓紧时机调查并核实他们的负伤部位；要查清死亡人员的伤痕部位、状态及致死原因；要注意现场勘查和事故前情况调查两者互通情况，互相配合提供线索和依据；在调查中要注意用物证证实人证，用物证来揭示事故的事实真相，避免被表面现象所迷惑。

（四）人证材料的可靠性

调查结论必须以物证为基础，不能仅凭某些人的推理和判断。但人证材料仍不可缺少，有时一句话就能说明事故发生的关键。特别在事故刚出现时有关人员的证实材料较为真实，应充分注意最初的个别谈话材料。

(五)事故原因的分析

事故原因是指事故原点处危险因素转化为事故的激发条件和技术条件。危险因素转化为事故的技术条件，是指物质条件本身(性质、能量、感度)向事故转化的物理或化学变化。激发条件是指错误操作和外界条件促使危险因素转化为事故的作用。

事故原因(直接原因)可分为一次事故原因和二次事故原因。一个单元事故的事故原因一般只有一个，难于准确判断的事故原因最多不应超过三个。一般来讲，分析出了多个事故原因，可能说明引起事故的真正原因还没有找到。

(六)模拟试验

在事故调查中，模拟试验是检验事故原点和事故原因准确性的定量标准。因此，在判定事故原点和事故原因之后，都要根据事故的实际情况进行模拟试验。在一些物证充分、事故原点和事故原因明显、调查人员认识一致的条件下也可以不作模拟试验。

(七)事故的性质和责任分析

事故性质解析在事故原点和事故原因查清以后，就要对事故的性质进行定性分析。事故性质一般分为责任事故和非责任事故两类。无论是什么性质的事故，都要对事故隐患的形成原因进行全面分析，从中体现出人的责任，以便真正吸取教训。

事故责任分析就是追查事故原因的责任，在许多事故原因中，不但有操作者的责任，而且有组织者和指挥者的责任。只有分清了责任，才能正确进行事故处理，吸取事故教训，制定防范措施，防止同类事故再次发生。

第二节　危险源的辨识方法

一、危险源的分类

危险源是指一个系统中具有潜在能量和物质释放危险，且在一定的触发因素作用下可转化为事故的部位、区域、场所、空间、岗位、设备及其位置。也就是说，危险源是能量、危险物质集中的核心，是能量传出来或者爆发的地方。根据危险源在事故发生、发展中的作用，把危险源划分为两大类，即第一类危险源和第二类危险源。

(一)第一类危险源

根据能量意外释放理论，能量或危险物质的意外释放是伤亡事故发生的物理本质。于是，把生产过程中存在的，可能发生意外释放的能量(能源或能量载体)或危险物质称作第一类危险源。为了防止第一类危险源导致事故，必须采取措施约束、限制能量或危险物质，控制危险源。

一般地，能量被解释为物体做功的本领。能量做功的本领是无形的，只有在做功时才显示出来。因此，实际工作中往往把产生能量的能量源或拥有能量的能量载体视为第一类危险源来处理，如带电的导体、奔驰的车辆等。

第一类危险源的危险性主要表现为导致事故在造成后果的严重程度方面，第一类危险源危险性的大小主要取决于以下几方面情况：

1. 能量或危险物质的量

第一类危险源导致事故的后果严重程度，主要取决于发生事故时意外释放的能量或危险物质的多少。一般地，第一类危险源拥有的能量或危险物质越多，则发生事故时可能意外释放的量也多。当然，有时也会有例外的情况，有些第一类危险源拥有的能量或危险物质只能部分地意外释放。

2. 能量或危险物质意外释放的强度

能量或危险物质意外释放的强度是指事故发生时单位时间内释放的量。在意外释放的能量或危险物质的总量相同的情况下，释放强度越大，能量或危险物质对人员或物体的作用越强烈，造成的后果越严重。

3. 能量的种类和危险物质的危险性质

不同种类的能量造成人员伤害、财物破坏的机理不同，其后果也很不相同。危险物质的危险性主要取决于自身的物理、化学性质。燃烧爆炸性物质的物理、化学性质决定其导致火灾、爆炸事故的难易程度及事故后果的严重程度。工业毒物的危险性主要取决于其自身的毒性大小。

4. 意外释放的能量或危险物质的影响范围

事故发生时意外释放的能量或危险物质的影响范围越大，可能遭受其作用的人或物越多，事故造成的损失越大。例如，有毒有害气体泄漏时，可能影响到下风侧的很大范围。

(二)第二类危险源

在生产、生活中，为了利用能量，让能量按照人们的意图在生产过程中流动、转换和做功，就必须采取屏蔽措施约束、限制能量，即必须控制危险源。约束、限制能量的屏蔽措施应该能够可靠地控制能量，防止能量意外地释放。然而，实际生产过程中绝对可靠的屏蔽措施并不存在。在许多因素的复杂作用下，约束、限制能量的屏蔽措施可能失效，甚至可能被破坏而发生事故。导致约束、限制能量屏蔽措施失效或破坏的各种不安全因素称作第二类危险源，它包括人、物、环境三个方面的问题。

在安全工作中涉及人的因素问题时，采用的术语有“不安全行为(Unsafe Act)”和“人失误(Human Error)”。不安全行为一般指明显违反安全操作规程的行为，这种行为往往直接导致事故发生。例如，不断开电源，就带电修理电气线路而发生触电等。人失误是指人的行为的结果偏离了预定的标准。例如，合错了开关，使检修中的线路带电，误开阀门使有害气体泄放等。人的不安全行为、人失误可能直接破坏对第一类危险源的控制，造成能量或危险物质的意外释放；也可能造成物的不安全因素问题，进而导致事故。例如，超载起吊重物，造成钢丝绳断裂，发生重物坠落事故。

物的不安全因素问题可以概括为物的不安全状态(Unsafe Condition)和物的故障(或失效)(Failure or Fault)。物的不安全状态是指机械设备、物质等明显地不符合安全要求的状态。例如，没有防护装置的传动齿轮、裸露的带电体等。在我国的安全管理实践中，往往把物的不安全状态称作“隐患”。物的故障(或失效)是指机械设备、零部件等由于性能低下而不能实现预定功能的现象。物的不安全状态和物的故障(或失效)可能直接使约束、限制能量或危险物质的措施失效而发生事故。例如，电线绝缘损坏发生漏电；管路破裂使其中的有毒有害介质泄漏等。有时一种物的故障可能导致另一种物的故障，最终造成能量或危险物质的意外释放。例如，压力容器的泄压装置故障，使容器内部介质压力上升，最终导致容器破裂。物的不安全因素问题有时会诱发人的因素问题；人的因素问题有时会造成物的因素问题，实际情况比较复杂。

环境因素主要指系统运行的环境，包括温度、湿度、照明、粉尘、通风换气、噪声和振动等物理环境，以及企业和社会的软环境。不良的物理环境会引起物的不安全因素问题或人的因素问题。例如，潮湿的环境会加速金属腐蚀而降低结构或容器的强度；工作场所强烈的噪声会影响人的情绪，分散人的注意力而发生人失误。企业的管理制度、人际关系或社会环境影响人的心理，可能造成人的不安全行为或人失误。

第二类危险源往往是一些围绕第一类危险源随机发生的现象，它们出现的情况决定事故发生的可能性。第二类危险源出现得越频繁，发生事故的可能性越大。

(三)危险源与事故

一起事故的发生是两类危险源共同作用的结果。第一类危险源的存在是事故发生的前提，没有第一类危险源就谈不上能量或危险物质的意外释放，也就无所谓事故；另一方面，如果没有第二类危险源破坏对第一类危险源的控制，也不会发生能量或危险物质的意外释放。第二类危险源的出现是第一类危险源导致事故的必要条件。

在事故的发生、发展过程中，两类危险源相互依存、相辅相成。第一类危险源在发生事故时释放出的能量是导致人员伤害或财物损坏的能量主体，决定事故后果的严重程度；第二类危险源出现的难易决定事故发生的可能性的大小。两类危险源共同决定危险源的危险性。

第二类危险源的控制应该在第一类危险源控制的基础上进行，与第一类危险源的控制相比，第二类危险源是一些围绕第一类危险源随机发生的现象，对它们的控制更困难。

对于城市燃气管网系统而言，燃气、燃气生产设备、燃气管网、燃气储存设施以及燃气应用装置等，都属于第一类危险源。燃气易燃易爆，燃气泄漏后与空气混合，当其浓度处于一定范围时，遇火即发生着火或爆炸。爆炸浓度极限范围越宽，爆炸下限浓度越低，则着火或爆炸危险性就越大。燃气为烃类混合物，属低毒性物质，但长期接触可导致神经衰弱综合症状。燃气中的甲烷属“单纯窒息性”气体，高浓度时人会因缺氧而引起中毒。燃气如果燃烧不完全，会产生一氧化碳剧毒物质，人吸入后，造成人体组织缺氧，神志不清，甚至危及生命。而作为燃气生产、输配和应用的设备或装置，如果控制或使用不当就会引发事故。燃气及其应用设备或装置的危害危险性是固有的，只有通过采用先进的安全管理措施和安全控制装置，防止燃气泄漏，保证各类与燃气有关的设备或装置安全运行，才能避免燃气事故的发生。而所有会导致燃气事故发生的不安全因素，都属于第二类危险源。对于城市燃气管网系统的第二类危险源与城市燃气管网系统风险管理密切相关。

二、危险源辨识

危险源辨识是识别系统中危险源的工作，是进行危险源评价和控制的基础，只有辨识了危险源之后，才能有的放矢地考虑如何采取措施控制危险。危险源辨识方法可以粗略地分为两大类：对照法和系统安全分析法。对照法是将实际值与有关的标准、规范、规程或经验进行对比来辨识危险源，是在大量实践经验的基础上编制而成的。系统安全分析师从安全角度进行系统分析，利用系统原理辨识中能导致系统故障或事故的各种因素及其相互关联，经常用来辨识可能带来严重事故后果的危险源，也可用来辨识没有事故经验的系统的危险源。例如，拉氏姆逊教授在没有核电站事故先例的情况下预测了核电站事故，辨识了危险源，并被以后发生的核电站事故所证实。系统越复杂，越需要利用系统安全分析法来辨识危险源。

(一)第一类危险源辨识

第一类危险源辨识要认真考察系统中能量的利用、产生和转换情况，弄清系统中出现的能量或危险物质的类型，研究它们对人或物的危害，在此基础上来辨识危险源。

并非所有的能量或危险物质都作为危险源控制，只有其危险性超过一定限度的危险源才作为危险源。对于许多种类的危险源，已经确定了危险源辨识的标准，例如我国规定 42V 或 42V 以下的电压为安全电压，超过 42V 的电源、电气设备或带电体为触电事故的危险源。

(二)第二类危险源辨识

第二类危险源辨识是在第一类危险源的辨识基础上，找寻可能使第一类危险源控制措施失效的不安全因素，主要通过系统安全分析来辨识第二类危险源。目前常用的方法有预先危害分析、故障类型及影响分析、事件树分析、事故树分析等。

(三)危险源辨识的程序与内容

1.分析系统的调查

在进行危险源调查之前首先确定所要分析的系统，例如，是对整个社会还是对某个分厂或者某个生产工艺过程。

2.危险源的调查

调查的内容有：

(1)生产工艺设备及材料情况：工艺布置、设备名称、容积、温度、压力、工艺设备的固有缺陷，所使用的材料种类、性质、危害等。

(2)作业环境情况：安全通道情况，生产设备的结构、布局、作业空间布置等。

(3)操作情况：操作过程中的危险，工人接触危险的频率等。

(4)操作事故：过去事故及危害状况，事故处理应急方法，故障处理措施。

(5)安全防护：危险场所有无安全防护措施，有无安全标志，煤气、物料使用有无安全措施。

3.危险区域的界定

危险区域的界定即划定重大危险源点的范围。在确定危险源区域时，可按以下方法界定：

(1)按危险源是固定还是移动界定。如运输车辆、车间内的搬运设备是移动式，其危险区域应随着设备的移动空间而定，而锅炉、压力容器、储油罐等则是固定危险源，其区域范围也是固定的。

(2)按危险源是点源还是线源界定，一般线源引起的危险范围较点源的大。

(3)按危险作业场所来划分危险源的区域。

(4)按危险设备所处位置作为危险源的区域，如锅炉房、油库、氧气站、变配电站等。

(5)按能量形式界定危险源，如化学危险源、电气危险源、机械危险源、辐射危险源和其他危险源等。

4.存在条件及触发因素的分析

一定数量的危险物或者一定强度的能量，由于存在条件不同，所显示的危险性也不同，被触发转化为事故的可能性大小也不同。存在条件分析包括：储存条件（堆放方式、通风等），物理状态参数（温度、压力），设备状况（设备完好程度、设备缺陷），管理条件等。

触发因素可分为人为因素和自然因素。人为因素包括个人因素（如操作失误、不正确操作、粗心大意等）和管理因素（不正确管理、不正确的训练、指挥失误、错误安排等）。自然因素，如气候条件参数（气温、气压、湿度）变化、雷电、雨雪、地震等。

5.潜在危险性分析

危险源转化为事故，其表现是能量和危险物质的释放，因此危险源的潜在危险性可用能量的强度和危险物质的量来衡量。具体分析可根据使用的危险物质量来描述危险源的危险性。

6.危险等级的划分

危险源分级一般按危险源在触发因素作用下转化为事故的可能性大小与发生事故的后果的严重程度划分。危险源分级实际上是对危险源的评价。等级划分的原则是突出重点，便于控制管理。

第三节　系统安全分析方法

一、安全系统工程概述

安全系统工程就是应用科学和工程原理、标准和技术知识，分析、评价和控制系统中的危险。系统安全分析的目的是为了保证系统安全运行，查明系统中的危险因素，以便采取相应措施消除系统故障或事故。

（一）系统安全分析的内容和方法

系统安全分析是从安全角度对系统中的危险因素进行分析，主要分析导致系统故障或事故的各种因素及其相关关系，通常包括如下内容：

（1）对可能出现的初始的、诱发的及直接引起事故的各种危险因素及其相互关系进行调查和分析；

（2）对与系统有关的环境条件、设备、人员及其他有关因素进行调查和分析；

（3）对能够利用适当的设备、规程、工艺或材料，控制或根除某种特殊危险因素的措施进行分析；

（4）对可能出现的危险因素的控制措施，及实施这些措施的最好方法进行调查和分析；

（5）对危险因素一旦失去控制，为防止伤害和损害的安全防护措施进行调查和分析。

目前，系统安全分析方法有许多种，可适用于不同的系统安全分析过程。这些方法可以按实行分析过程的相对时间进行分类，也可按分析的对象、内容进行分类。按处理方法，可分为定性分析和定量分析；按逻辑方法，可分为归纳分析和演绎分析。

简单地讲，归纳分析是从原因推论结果的方法，演绎分析是从结果推论原因的方法，这两种方法在系统安全分析中都有应用。从危险源辨识的角度，演绎分析是从事故或系统故障出发，查找与该事故或系统故障有关的危险因素，与归纳分析相比较，可以把注意力集中在有限的范围内，提高工作效率；归纳分析是从故障或失误出发，探讨可能导致的事故或系统故障，再来确定危险源，与演绎方法相比较，可以无遗漏地考察、辨识系统中的所有危险源。实际工作中可以把两类方法结合起来，以充分发挥各自的优点。

在危险因素辨识中得到广泛应用的系统安全分析方法主要有安全检查表、预先危害分析、故障类型和影响分析、危险性和可操作性研究、事件树分析、事故树分析等。

(二)系统安全分析方法的选择

在系统寿命不同阶段的危险因素辨识中，应该选择相应的系统安全分析方法。例如，在系统的开发、设计初期，可以应用预先危险性分析方法；在系统运行阶段，可以应用危险性和可操作性研究、故障类型和影响分析等方法进行详细分析，或者应用事件树分析、事故树分析或因果分析等方法，对特定的事故或系统故障进行详细分析。

在进行系统安全分析方法选择时，应根据实际情况，并考虑以下几个问题：

1.分析的目的

系统安全分析方法的选择应该能够满足对分析的要求。系统安全分析的最终目的是辨识危险源，而在实际工作中要达到一些具体目的。例如，对系统中所有危险源，查明并列出清单；掌握危险源可能导致的事故，列出潜在事故隐患清单等。

在进行系统安全分析时，某些方法只能用于查明危险因素，而大多数方法都可以用于潜在的事故隐患或确定降低危险性的措施，但能提供定量数据的方法并不多。

2.资料的影响

关于资料收集的多少、详细程度、内容的新旧等，都会对选择系统安全分析方法有着至关重要的影响。

一般来说，资料的获取与被分析的系统所处的阶段有直接关系。例如，在方案设计阶段，采用危险性和可操作性研究或故障类型和影响分析的方法就难以获取详细的资料。随着系统的发展，可获得的资料越来越多、越详细。为了能够正确分析，应该收集最新的、高质量的资料。

3.系统的特点

针对被分析系统的复杂程度和规模、工艺类型、工艺过程中的操作类型等影响来选择系统安全分析方法。对于复杂和规模大的系统，由于需要的工作量和时间较多，应先用较简捷的方法进行筛选，然后根据分析的详细程度选择相应的分析方法。

对于某些工艺过程或系统，应选择恰当的系统安全分析方法。例如，对于分析化工工艺过程可采用危险性和可操作性研究；对于分析机械、电气系统可采用故障类型和影响分析。因此，应该根据分析对象的类型，选择相应的分析方法。

对于不同类型的操作过程，若事故的发生是由单一故障(或失误)引起的，则可以选择危险性与可操作性研究；若事故的发生是由许多危险因素共同引起的，则可以选择事件树分析、事故树分析等方法。

4.系统的危险性

当系统的危险性较高时，通常采用系统、严格、预测性的方法，如危险性与可操作性研究、故障类型和影响分析、事件树分析、事故树分析等方法。当危险性较低时，一般采用经验的、不太详细的分析方法，如安全检查表等方法。

对危险性的认识，与系统无事故运行时间和严重事故发生次数，以及系统变化情况等有关。此外，还与分析者所掌握的知识和经验、完成期限、经费状况，以及分析者和管理者的喜好等有关。

5.其他

影响选择系统安全分析方法的其他因素包括分析者的知识和经验、完成期限、经费支持、分析者和管理者的喜好等。

(三)安全系统工程的特点

(1)运用安全系统工程可以预测、预防事故发生。预测、预防事故发生是现代安全管理的中心任务。它改变了传统安全管理方法那种事故后处理的被动局面，通过安全分析和安全评价，预测事故发生的可能性和事故后果的严重程度，从而可以事先采取预防措施，预防事故发生。

(2)它适用于复杂的大系统的安全管理，适应现代化大型工业系统、大型工程的特点。现代工业及工程项目的特点是大规模、连续化和自动化程度高，其生产关系日趋复杂，各个环节和生产工序、流程之间相互联系、相互制约。安全系统工程通过系统分析，全面系统地、彼此联系地、预防性地改善系统安全性，而不是孤立地、就事论事地解决问题。在安全管理上运用了系统工程的理论和方法，能够着眼于系统整体状态和全过程，来优化系统的安全性，达到最经济合理、最为有效的预期目标。

(3)可使系统达到最佳安全效果，社会、经济效益巨大。安全系统工程运用了定性、定量安全分析、风险评价和优化技术，可以为事故预测提供科学依据，可以根据评价结果选择最佳安全决策。这使我们能减少各种事故，用最少投入取得最佳安全效果，从而获得巨大的社会、经济效益。

(4)可以促进各种标准、规范的制定及有关数据、资料的收集。要进行定性或定量的风险评价，需要有各种资料和数据，除了工程项目本身的设计、施工、运行、维护和事故抢修等资料以外，还需要各种标准、规范以及故障率、许可安全值等。需要大量收集、整合有关资料并建立数据库，促进有关标准、规范的制定。

(5)安全系统工程的开发和应用，可以迅速提高安全技术人员、管理人员、工程技术人员和操作人员的安全管理水平。

二、预先危险性分析

预先危险性分析主要用于新系统设计、已有系统改造之前的方案设计和选址阶段，在人们还没有掌握该系统详细资料的时候，用来分析、辨识可能出现或已经存在的危险因素，并尽可能在付诸实施之前找出预防、改正、补救措施，消除或控制危险因素。

预先危险性分析的特点是在系统开发的初期就可以识别、控制危险因素，用最小的代价消除或减少系统中的危险因素，从而为制定整个系统寿命期间的安全操作规程提出依据。

(一)预先危险性分析程序

进行预先危险性分析时，一般是利用安全检查表、经验和技术先查明危险因素存在方位，然后识别使危险因素演变为事故的触发因素和必要条件，对可能出现的事故后果进行分析并采取相应的措施。

预先危险性分析包括准备、审查和结果汇总三个阶段。

1. 准备阶段

对系统进行分析之前，要收集有关资料和其他类似系统，以及使用类似设备、工艺物质的系统的资料。对于所分析系统，要弄清其功能、构造，为实现其功能所采用的工艺过程，以及选用的设备、物质、材料等。由于预先危险性分析是在系统开发的初期阶段进行的，而获得的有关分析系统的资料是有限的，因此在实际工作中需要借鉴类似系统的经验来弥补分析系统资料的不足。通常采用类似系统、类似设备的安全检查表作参照。

2. 审查阶段

通过对方案设计、主要工艺和设备的安全审查，辨识其中主要的危险因素，也包括审查设计规范和采取的消除、控制危险源的措施。

通常，应按照预先编制好的安全检查表逐项进行审查，其审查的主要内容有以下几个方面：

(1)危险设备、场所、物质；

(2)有关安全设备、物质间的交接面，如物质的相互反应，火灾爆炸的发生及传播，控制系统等；

(3)对设备、物质有影响的环境因素，如地震、洪水、高(低)温、潮湿、振动等；

(4)运行、试验、维修、应急程序，如人失误后果的严重性、操作者的任务、设备布置及通道情况、人员防护等；

(5)辅助设施，如物质、产品储存，试验设备，人员训练，动力供应等；

(6)有关安全装备，如安全防护设施、安全冗余系统及设备、灭火系统、安全监控系统、个人防护设备等。

根据审查结果，确定系统中的主要危险因素，研究其产生原因和可能发生的事故。根据事故原因的重要性和事故后果的严重程度，确定危险因素的危险等级。通常把危险因素划分为4级。

Ⅰ级：安全的，暂时不能发生事故，可以忽略。

Ⅱ级：临界的，有导致事故的可能性，事故处于临界状态，可能造成人员伤亡和财产损失，应该采取措施予以控制。

Ⅲ级：危险的，可能导致事故发生，造成人员伤亡或财产损失，必须采取措施进行控制。

Ⅳ级：灾难的，会导致事故发生，造成人员严重伤亡或财产巨大损失，必须立即设法消除。

针对识别出的主要危险因素，可以通过修改设计、加强安全措施来消除或予以控制，从而达到系统安全的目的。

3. 结果汇总阶段

按照检查表格汇总分析结果。典型的结果汇总表包括主要事故及其产生原因、可能的后果、危险性级别，以及应采取的相应措施等。

(二)燃气输送系统预先危险性分析

天然气浓度过高时，容易使人中毒，遇到火源还会发生火灾或爆炸事故。将天然气泄漏作为可能的事故，分析导致事故的原因如下：

(1)盛装天然气的压力容器泄漏或破裂；

(2)供应管线泄漏或破裂;

(3)用户端泄漏。

当天然气大量泄漏时,对附近的人会造成严重的伤害。根据泄漏情况,将危险程度划分为Ⅲ级和Ⅳ级。

为了防止泄漏事故发生,分析者向设计人员提出如下建议:

(1)采用天然气泄漏报警装置;

(2)开发符合人机工程学要求的储罐连接程序,加强线路巡检;

(3)在投产之前,教育、训练职工了解天然气的危害,掌握应急程序;

(4)加强用户的安全教育。

三、故障模式及影响分析

故障类型和影响分析是对系统各组成部分、元件进行分析的重要方法。系统的子系统或元件在运行过程中会发生故障,而且往往可能发生不同类型的故障。例如,电气开关可能发生接触不良或接点粘连等类型的故障。不同类型的故障对系统的影响是不同的。这种分析方法首先找出系统中各子系统及元件可能发生的故障及其类型,查明各种类型故障对邻近子系统或元件的影响以及最终对系统的影响,以及提出消除或控制这些影响的措施。

故障类型和影响分析是一种系统安全分析归纳方法。早期的故障类型和影响分析只能作定性分析,后来在分析中包括了故障发生难易程度的评价或发生的概率,从而把它与致命度分析(Critical Analysis)结合起来,构成故障类型和影响、危险度分析(FM ECA)。这样,若确定了每个元件的故障发生概率,就可以确定设备、系统或装置的故障发生概率,从而定量地描述故障的影响。

(一)故障类型

系统、子系统或元件在运行过程中,由于性能低劣而不能完成规定的功能时,则称为故障发生。系统或元件发生故障的机理十分复杂,故障类型是由不同故障机理显现出来的各种故障现象的表现形式。因此,一个系统或一个元件往往有多种故障类型。如天然气输送的阀门故障类型有不能开启、不能关闭、误开、误关等。

对产品、设备、元件的故障类型、产生原因及其影响应及时了解和掌握,才能正确地采取相应措施。若忽略了某些故障类型,这些类型故障可能因为没有采取防止措施而发生事故。

掌握产品、设备、元件的故障类型需要积累大量的实际工作经验,特别是通过故障类型和影响分析来积累经验。

(二)故障类型和影响分析程序

故障类型和影响分析通常包括以下四个方面:

1. 掌握和了解对象系统

对故障类型和影响进行分析之前,必须掌握被分析对象系统的有关资料,以确定分析的详细程度。确定对象系统的边界条件包括以下内容:

(1)了解作为分析对象的系统、装置或设备。

(2)确定分析系统的物理边界,划清对象系统、装置、设备与子系统、设备的界线,圈定所属的元素(设备、元件)。

(3)确定系统分析的边界,应明确两方面的问题:

一是分析时不需考虑的故障类型、运行结果、原因或防护装置等,如分析故障原因时不考虑飞机坠落到系统外和地震、龙卷风等对系统的影响;

二是最初的运行条件或元素状态等,例如对于初始运行条件,在正常情况下阀门是开启还是关闭的必须清楚。

(4)收集元素的最新资料,包括其功能、与其他元素之间的功能关系等。

分析的详细程度取决于被分析系统的规模和层次。例如,选定一座化工厂作为对象系统时,故障类型和影响分析应着眼于组成工厂的各个生产系统,如供料系统、间歇混合系统、氧化系统、产品分离系统和其他辅助系统等,对这些系统的故障类型及其对工厂的影响进行分析。当把某个生产系统作为对象系统时,应对构成该系统的设备的故障类型及其影响进行分析。当以某一台设备为分析对象时,则应对设备的各部件的故障类型及其对设备的影响进行分析。当然,分析各层次故障类型和影响时,最终都要考虑它们对整个工厂的影响。

2.对系统元件的故障类型和产生原因进行分析

在对系统元素的故障类型进行分析时,要将其看作是故障原因产生的结果。首先,找出所有可能的故障类型,同时尽可能找出每种故障类型的所有原因,然后确定系统的故障类型。故障类型的确定,可依据以下两个方面:

(1)若分析对象是已有元素,则可以根据以往运行经验或试验情况确定元素的故障类型;

(2)若分析对象是设计中的新元素,则可以参考其他类似元素的故障类型,或者对元素进行可靠性分析来确定元素的故障类型。

一般来说,一个元素至少有四种可能的故障类型:意外运行、运行不准时、停止不及时、运行期间故障。

为了区分故障类型和故障原因。必须明确元素的故障是故障原因对元素功能影响的结果。故障原因可以从内部原因和外部原因两个方面来分析。

在分析时要把元素进一步分解为若干组成部分,如机械部分、电气部分等。然后研究这些部分的故障类型(内部原因)和这些部分与外界环境之间的功能关系,找出可能的外部原因。一般来说,外部原因主要是元素运行的外部条件方面的问题,同时也包括邻近的其他元素的故障。根据故障原因分析,最后确定元素的故障类型。确定元素故障类型的程序。

3.故障类型对系统和元件的影响

故障类型的影响是指系统正常运行的状态下,详细地分析一个元素各种故障类型对系统的影响。

分析故障类型的影响,通过研究系统主要的参数及其变化来确定故障类型对系统功能的影响,也可以根据故障后果的物理模型或经验来研究故障类型的影响。

故障类型的影响可以从下面三种情况来分析:

(1)元素故障类型对相邻元素的影响,该元素可能是其他元素故障的原因;

(2)元素故障类型对整个系统的影响,该元素可能是导致重大故障或事故的原因;

(3)元素故障类型对子系统及周围环境的影响。

4.故障类型和影响分析表

根据故障类型和影响分析表,系统、全面和有序地进行分析,最后将分析结果汇总于表中,可以一目了然地显示全部分析内容。根据研究对象和分析的目的,故障类型和影响分析表可设置成多种形式。

(三)应用实例——空气压缩机储罐的故障类型和影响分析

空气压缩机的储罐属于压力容器，其功能是储存空气压缩机产生的压缩空气。这里仅考察储罐的罐体和安全阀两个元素的故障类型及其影响，分析结果列于表 2－1。

表 2－1　储气罐的故障类型和影响分析

故障类型	故障的影响	故障原因	故障的识别	校正措施
轻微漏气	能耗增加	接口不严	漏气噪声、空压机频繁打压	加强维修保养
严重漏气	压力迅速下降	焊接裂隙	压力表读数下降、巡回检查	停机修理
破裂	压力迅速下降、损伤人员及设备	材料缺陷、受冲击等	压力表读数下降、巡回检查	停机修理

四、事件树分析

(一)分析原理

事件树分析(ETA，Event Tree Analysis)是从一个初始事件开始，按顺序分析事件向前发展中各个环节成功与失败的过程和结果。任何一个事故都是由多环节事件发展变化形成的。在事件发展过程中出现的环节事件可能有两种情况，或者成功或者失败。如果这些环节事件都失败或部分失败，就会导致事故发生。

事件树分析是由决策树演化而来的，最初是用于可靠性分析。它的原理是每个系统都是由若干个元件组成的，每一个元件对规定的功能都存在具有和不具有两种可能。元件具有其规定的功能，表明正常(成功)；不具有规定功能，表明失效(失败)。按照系统的构成顺序，从初始元件开始，由左向右分析各元件成功与失败两种可能，直到最后一个元件为止。分析的过程用图形表示出来，就得到近似水平的树形图。

通过事件树分析，可以把事故发生发展的过程直观地展现出来，如果在事件(隐患)发展的不同阶段采取恰当措施阻断其向前发展，就可达到预防事故的目的。

(二)事件树的编制程序

1. 确定初始事件

事件树分析是一种系统地研究作为危险源的初始事件如何与后续事件形成时序逻辑关系而最终导致事故的方法。正确选择初始事件十分重要。初始事件是事故在未发生时，其发展过程中的危害事件或危险事件，如机器故障、设备损坏、能量外逸或失控、人的失误动作等，可以用两种方法确定初始事件：一是根据系统设计、系统危险性评价、系统运行经验或事故经验等确定；二是根据系统重大故障或事故树分析，从其中间事件或初始事件中选择。

2. 判定安全功能

系统中包含许多安全功能，在初始事件发生时消除或减轻其影响以维持系统的安全运行。常见的安全功能列举如下：

对初始事件自动采取控制措施的系统，如自动停车系统等；提醒操作者初始事件发生了的报警系统；根据报警或工作程序，要求操作者采取的措施；缓冲装置，如减振、压力泄放系统或排放系统等;局限或屏蔽措施等。

3. 绘制事件树

从初始事件开始,按事件发展过程自左向右绘制事件树,用树枝代表事件发展途径。首先,考察初始事件一旦发生时最先起作用的安全功能,把可以发挥功能的状态画在上面的分枝,不能发挥功能的状态画在下面的分枝。然后,依次考察各种安全功能的两种可能状态,把发挥功能的状态(又称成功状态)画在上面的分枝,把不能发挥功能的状态(又称失败状态)画在下面的分枝,直到到达系统故障或事故为止。

4. 简化事件树

在绘制事件树的过程中,可能会遇到一些与初始事件或与事故无关的安全功能,或者其功能关系相互矛盾、不协调的情况,需用工程知识和系统设计的知识予以辨别,然后从树枝中去掉,即构成简化的事件树。

在绘制事件树时,要在每个树枝上写出事件状态,树枝横线上面写明事件过程内容特征,横线下面注明成功或失败的状况说明。

(三)事件树的定性分析

事件树定性分析在绘制事件树的过程中就已进行,绘制事件树必须根据事件的客观条件和事件的特征作出符合科学性的逻辑推理,用与事件有关的技术知识确认事件可能状态。所以,在绘制事件树的过程中,就已对每一发展过程和事件发展的途径作了可能性的分析。

事件树画好之后的工作,就是找出发生事故的途径和类型以及预防事故的对策。

1. 找出事故连锁

事件树的各分枝代表初始事件一旦发生其可能的发展途径。其中,最终导致事故的途径即为事故连锁。一般地,导致系统事故的途径有很多,即有许多事故连锁。事故连锁中包含的初始事件和安全功能故障的后续事件之间具有“逻辑与”的关系,显然,事故连锁越多,系统越危险;事故连锁中事件树越少,系统越危险。

2. 找出预防事故的途径

事件树中最终达到安全的途径可指导如何采取措施预防事故。在达到安全的途径中,发挥安全功能的事件构成事件树的成功连锁。如果能保证这些安全功能发挥作用,则可以防止事故。一般地,事件树中包含的成功连锁可能有多个,即可以通过若干途径来防止事故发生。显然,成功连锁越多,系统越安全,成功连锁中事件树越少,系统越安全。

由于事件树反映了事件之间的时间顺序,所以应该尽可能地从最先发挥功能的安全功能着手。

(四)事件树的定量分析

事件树定量分析是指根据每一事件的发生概率,计算各种途径的事故发生概率,比较各个途径概率值的大小,作出事故发生可能性序列,确定最易发生事故的途径。一般地,当各事件之间相互统计独立时,其定量分析比较简单。当事件之间相互统计不独立时(如共同原因故障、顺序运行等),则定量分析变得非常复杂。这里仅讨论前一种情况。

1. 各发展途径的概率

各发展途径的概率等于自初始事件开始的各事件发生概率的乘积。

2. 事故发生概率

事件树定量分析中,事故发生概率等于导致事故的各发展途径的概率和。

定量分析要有事件概率数据作为计算的依据,而且事件过程的状态又是多种多样的,一般都因缺少概率数据而不能实现定量分析。

3. 事故预防

事件树定量分析把事故的发生发展过程表述得清楚而有条理,对设计事故预防方案,制定事故预防措施提供了有力的依据。

从事件树上可以看出,最后的事故是一系列危害和危险的发展结果,如果中断这种发展过程,就可以避免事故发生。因此,在事故发展过程的各阶段,应采取各种可能措施,控制事件的可能性状态,减少危害状态出现概率,增大安全状态出现概率,把事件发展过程引向安全的发展途径。

采取在事件不同发展阶段阻截事件向危险状态转化的措施,最好在事件发展前期过程实现,从而产生阻截多种事故发生的效果。但有时因为技术经济等原因无法控制,这时就要在事件发展后期过程采取控制措施。显然,要在各条事件发展途径上都采取措施才行。

(五)应用举例

燃气输配管道及其附属设备错综复杂地分布在城市街道中,周围人口、建筑物密度大,若输配管网系统由于某种原因失效而发生泄漏,则有可能引发中毒、爆炸及火灾事故,危及生命财产安全。

燃烧、爆炸、火灾及中毒等危害事件的来源均是由于管道系统的泄漏,如果燃气管道系统不泄漏,危害也就不存在,因此选择管道系统燃气泄漏作为初因事件。燃气泄漏以后,根据燃气本身性质及环境条件的不同,会发生一系列不相同的后续事件和后果事件,如泄漏源是否被点燃、泄漏燃气是否聚集、是否形成可爆炸气云、燃气是否有毒等,根据分析建立如图 2-1 所示的管道系统燃气泄漏事件树。其中 IE 为初因事件,E1～E5 为 5 个后续事件, C1～C15 为 15 个后果事件,后果事件的描述见表 2-2。

表 2-2　管道系统燃气泄漏事件树后果事件

事件序号	事 件 描 述	事件序号	事 件 描 述
C1	着火	C9	密闭空间爆炸隐患
C2	密闭空间爆炸、气云爆炸、中毒	C10	气云爆炸、中毒
C3	中毒、密闭空间、气云爆炸隐患	C11	中毒、气云爆炸隐患
C4	密闭空间爆炸、气云爆炸	C12	气云爆炸
C5	密闭空间、气云爆炸隐患	C13	气云爆炸隐患
C6	密闭空间爆炸、中毒	C14	中毒
C7	中毒、密闭空间爆炸隐患	C15	无危险,资源浪费
C8	密闭空间爆炸		

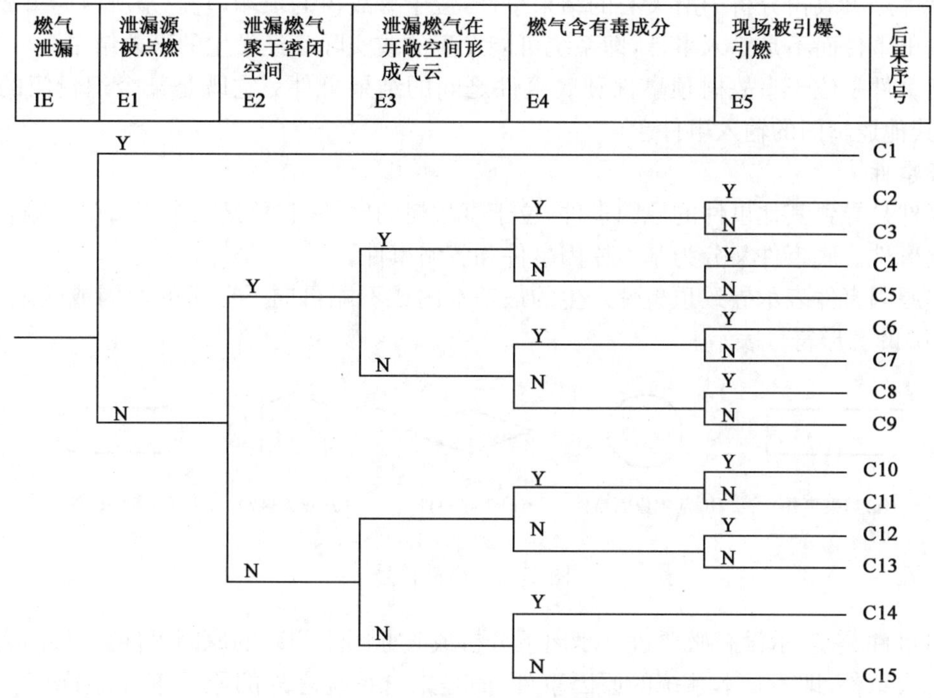

图 2-1　管道系统燃气泄漏事件树

五、事故树分析

(一)分析原理

事故树分析(FTA)是一种演绎推理法,这种方法把系统可能发生的某种事故与导致事故发生的各种原因之间的逻辑关系用一种称为事故树的树形图表示,通过对事故树的定性与定量分析,找出事故发生的主要原因,为确定安全对策提供可靠依据,以达到预测与预防事故发生的目的。它是从要分析的特定事故或故障开始(顶上事件),层层分析其发生原因,直到找出事故的基本原因,即故障树的底事件为止。这些底事件又称为基本事件,它们的数据是已知的或者已经有过统计或实验的结果。它能对各种系统的危险性进行辨识和评价,不仅能分析出事故的直接原因,而且能深入地揭示出事故的潜在原因。用它描述事故的因果关系直观、明了,思路清晰,逻辑性强。

(二)事故树符号

事故树采用的符号包括事件符号、逻辑门符号和转移符号三大类。

1. 事件及其符号

在事故树分析中,各种非正常状态或不正常情况皆称事故事件,各种完好状态或正常情况皆称成功事件,两者简称为事件。事故树中的每一个节点都表示一个事件。

1)结果事件

结果事件是由其他事件或事件组合所导致的事件,它总是位于某个逻辑门的输出端。用矩形符号表示结果事件,如图 2-2(a)所示。结果事件分为顶事件和中间事件。

顶事件是事故树分析中所关心的结果事件，位于事故树的顶端，它总是所讨论事故树中逻辑门的输出事件而不是输入事件，即系统可能发生的或实际已经发生的事故结果。

中间事件是位于事故树顶事件和底事件之间的结果事件。它既是某个逻辑门的输出事件，又是其他逻辑门的输入事件。

2)底事件

底事件是导致其他事件的原因事件，位于事故树的底部，它总是某个逻辑门的输入事件而不是输出事件。底事件又分为基本原因事件和省略事件。

基本原因事件表示导致顶事件发生的最基本的或不能再向下分析的原因或缺陷事件，用图 2-2(b)的圆形符号表示。

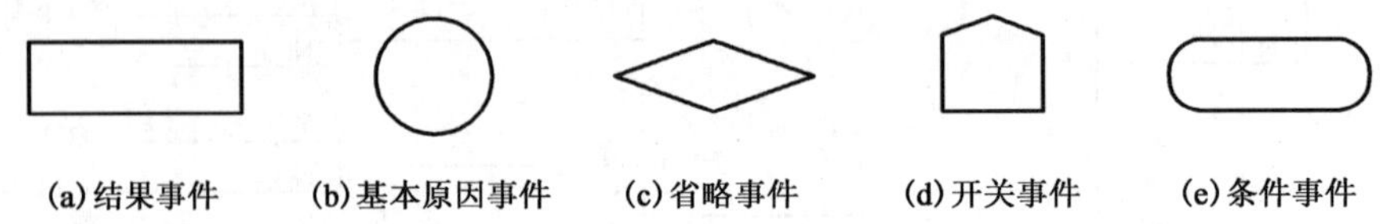

图 2-2 事件符号

省略事件，它表示没有必要进一步向下分析或其原因不明确的原因事件。另外，省略事件还表示二次事件，即不是本系统的原因事件，而是来自系统之外的原因事件，用图 2-2(c)中的菱形符号表示。

开关事件，又称正常事件。它是在正常工作条件下，必然发生或必然不发生的事件，用图 2-2(d)中房形符号表示。

条件事件是限制逻辑门开启的事件，用图 2-2(e)中椭圆形符号表示。

2. 逻辑门及其符号

逻辑门是连接各事件并表示其逻辑关系的符号。

(1)与门。与门可以连接数个输入事件 $E_1, E_2, E_3 \cdots, E_n$ 和一个输出事件 E，表示仅当所有输入事件都发生时，输出事件 E 才发生的逻辑关系。与门符号如图 2-3(a)所示。

(2)或门。或门可以连接数个输入事件 $E_1, E_2, E_3 \cdots, E_n$ 和一个输出事件 E，表示至少一个输入事件发生时，输出事件 E 就发生。或门符号如图 2-3(b)所示。

(3)条件与门。表示输入事件不仅同时发生，而且还必须满足条件 A，才会有输出事件发生。条件与门符号如图 2-3(c)所示。

(4)条件或门。表示输入事件中至少有一个发生，在满足条件 A 的情况下，输出事件才发生。条件或门符号如图 2-3(d)所示。

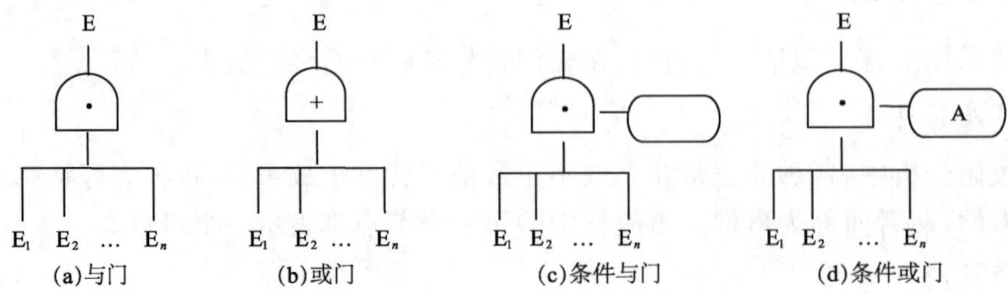

图 2-3 逻辑门符号

3. 转移符号

转移符号如图 2－4 所示。转移符号的作用是表示部分事故树图的转入和转出。当事故树规模很大或整个事故树中多处包含有相同的部分树图时，为了简化整个树图，便可用转入和转出符号。

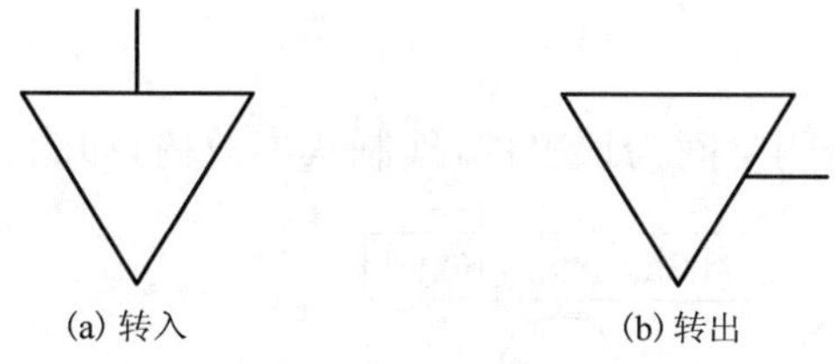

图 2－4 转移符号

(三)事故树分析步骤

事故树分析是根据系统可能发生的事故或已经发生的事故所提供的信息，去寻找同事故发生有关的原因，从而采取有效的防范措施，防止事故发生。这种分析方法一般可按下述步骤进行。分析人员在具体分析某一系统时，可根据需要和实际条件选取其中若干步骤。

1. 准备阶段

(1)确定所要分析的系统。在分析过程中，合理地处理好所要分析系统与外界环境及其边界条件，确定所要分析系统的范围，明确影响系统安全的主要因素。

(2)熟悉系统是事故树分析的基础和依据。对于已经确定的系统进行深入的调查研究，收集系统的有关资料与数据，包括系统的结构、性能、工艺流程、运行条件、事故类型、维修情况、环境因素等。

(3)调查系统发生的事故。收集、调查所分析系统曾经发生过的事故和将来有可能发生的事故，同时还要收集、调查本单位与外单位、国内与国外同类系统曾发生的所有事故。

2. 事故树的编制

(1)确定事故树的顶事件。确定顶事件是指确定所要分析的对象事件。根据事故调查报告分析其损失大小和事故频率，选择易于发生且后果严重的事故作为事故的顶事件。

(2)调查与顶事件有关的所有原因事件。从人、机、环境和信息等方面调查与事故树顶事件有关的所有事故原因，确定事故原因并进行影响分析。

(3)编制事故树。采用一些规定的符号，按照一定的逻辑关系，把事故树顶事件与引起顶事件的原因事件，绘制成反映因果关系的树形图。

3. 事故树定性分析

事故树定性分析主要是按事故树结构，求取事故树的最小割集或最小径集，以及基本事件的结构重要度，根据定性分析的结果，确定预防事故的安全保障措施。

4. 事故树定量分析

事故树定量分析主要是根据引起事故发生的各基本事件的发生概率，计算事故树顶事件发生的概率；计算各基本事件的概率重要度和关键重要度。根据定量分析的结果以及事故发生以后可能造成的危害，对系统进行风险分析，以确定安全投资方向。

5. 事故树分析结果总结与应用

必须及时对事故树分析的结果进行评价、总结，提出改进建议，整理、储存事故树定性和定量分析的全部资料与数据，并注重综合利用各种安全分析的资料，为系统安全性评价与安全性设计提供依据。

(四)事故树编制举例

以天然气泄漏并聚于密闭空间为顶事件，编制其事故树，如图 2-5 所示。

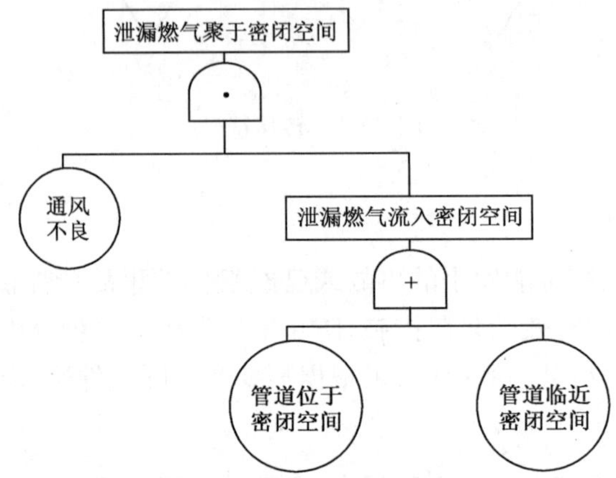

图 2-5 泄漏燃气聚于密闭空间事故树

第四节 风险管理方法

一、风险管理概述

(一)基本概念

风险是指危险事件发生的概率和后果的结合，是描述系统危险程度的客观量，又称风险度。风险不同于危险，危险是指物体所处的一种不安全状态，在这种状态下，将可能导致某种事故或一系列的损害或损失事件。危险的出现概率、发生何种事故及发生概率、导致何种损失及其概率都是不确定的。风险管理即通过风险识别(危险辨识)、评价和控制，以最低的投入将风险导致的不利后果降低到最低限度的一种科学管理方法。

(二)风险分类

按损失承担者分类，风险可分为个人风险、家庭风险、企业风险、政府风险和社会风险。

按风险的来源分类，风险可分为自然风险、技术风险、社会风险、政治风险、经济风险、文化风险和行动风险。

按风险标分类，风险可分为人身风险、财产风险和环境风险。

(三)风险管理的作用

风险管理是指企业通过识别风险、衡量风险、分析风险，从而有效地控制风险，用最经济的方法来综合处理风险，以实现最佳安全生产保障的科学管理方法。风险管理不同于安全管理，风险管理的内容要比安全管理广泛，不仅包括预测和预防事故及灾害的发生，还包括保险、投资等风险领域，主要目标是尽可能减少风险的经济损失。而安全管理强调的是减少事故，甚至消除事故。

风险管理的目标，首先是鉴别显露的和潜在的风险，并控制风险，预防事故损失，其次是在事故发生后，提供尽可能的补偿，减少损失的危害性，保障企业安全生产和各项活动的顺利进行。风险管理为企业发展、项目建设提供对待风险的整套科学依据，有助于全面识别、衡量、规避风险，用最小的代价将风险损失控制到最小，尽可能维护企业和项目投资的利益，是企业和项目成功的有力保障。

二、风险管理原则

风险管理有以下两个原则：

一是风险最小化原则。通过科学的管理将各个方面工程建设的风险降到最低，将工程的实际投资控制在计划投资范围内，实际工期不超过计划工期，工程达到预期目标。

二是风险的公平分配原则。对于无法避免的风险，在风险承担上应注意公平分配，根据参与各方承担能力大小，在经济上、可行性上分摊风险。不公平的风险分摊容易导致双输的局面。

三、风险管理技术

(一)风险管理技术的组成

风险管理的理论体系包括风险分析、风险评价和风险控制三个方面。

1. 风险分析

风险分析就是研究风险发生的可能性及其他所产生的后果和损失，即是在特定的系统中进行危险辨识、频率分析、后果分析的全过程。危险辨识目的在于确定危险源并定义其特征；频率分析目的在于分析待定危险源导致事故发生的频率和概率；后果分析目的在于分析待定危险源在环境因素下可能导致的各种事故及其可能造成的损失。

2. 风险评价

风险评价是在风险分析的基础上，研究风险的标准以及可接受的准则，以及如何处理对待风险。风险评价对系统或者作业中固有的或潜在的危险及其严重程度所进行的分析和评估，并以既定指数、等级或概率值作出定量的表示。

3. 风险控制

风险控制就是风险管理的最终目的，即在现有技术和管理水平上，根据风险评价的原则和标准，提出各种风险解决方案，从中选择最优(满意)方案并予以实施的过程，以最低的成本达到最佳的安全水平。在风险分析和风险评价的基础上，作出风险决策，记载现有的技术和管理水平的基础上，以最小的消耗达到最优的安全水平，降低事故发生的频率，减少事故的损失。风险控制的内容主要包括风险规划与决策、实施风险管理决策和风险检测与检查三个方面。规划与决策是根据风险分析的结果进行规划，选择处理风险的合适方法，如风险自留、控制或转移。对于能承担的风险可采取自留的方式，为可控的风险制定预防或抑制的对策，对无法承担的风险进行转移。实施风险管理决策是指按照事先的风险规划制定可靠的安全计划、有效的应急预案，选择保险公司等，并付之行动。风险检测与检查是指实时按照安全标准或准则，对实施过程中的风险进行监控，记录检查结果，并根据已有的安全计划或应急预案采取相应的动作。

(二)风险控制主要的措施类型

风险控制主要的措施类型主要有：

(1)消除：通过工艺改进，从根本上消除危险；以无危害物质代替危害物质；实现自动化、遥控或机器人操作。

(2)连锁：自动检测危险，通过连锁控制自动中断危险过程。

(3)报警：自动检测危险并在危险状态下自动报警。

(4)减弱：尽可能减弱或降低危险性，如通风换气，以低毒物质代替高毒物质，以及减振、消声等。

(5)预防：预先采用安全装置，以便在危险状态下避免事故发生，如安全阀、安全罩、事故开关、熔断器、漏电保护装置、防雷防静电装置等。

(6)隔离：将危险源与诱发危险源转变成为事故的因素隔开，将不能共同存放的物质分开存放，以及设防护屏障等。

(7)个体防护：用安全帽、安全带、防毒面具等各类劳动防护用品保护人体不受伤害。

(8)警示：通过安全色、安全警示标志、信号铃、信号旗等，警告人们不要进入危险区或尽快撤离危险范围。

(9)失误控制：通过标准化作业或危险预知活动等，控制工人操作失误，避免危险被触发而引起事故。

(10)应急措施：采用冗余设计，应对在用设备可能的故障状态；布置消防设施，以应对可能的火灾爆炸；事先准备应急救援措施，以应对可能发生的群死群伤事故。

(11)综合安全管理：包括安全确认制、特殊工种持证上岗、安全检查、特种设备管理等。

燃气是城市重要的能源之一，对于城市燃气管网系统而言，风险是无法完全规避的。对于城市燃气管网系统而言，风险控制或风险决策的主要任务是制定和实施预防措施和抢修预案，以降低事故发生概率和事故损失。

◇ 思考题 ◇

1. 简述事故的定义、伤害类型。
2. 列举几个城市燃气系统中常见的第一类危险源和第二类危险源。
3. 简述燃气配送过程主要的危险源有哪些？如何辨识？
4. 试编制燃气静电爆炸事故树。
5. 简述燃气风险管理的主要内容。
6. 试述预防燃气事故的主要方法及途径。

参考文献

[1] 蒋军成. 事故调查与分析技术. 北京：化学工业出版社，2008.

[2] 王福成,陈宝智.安全工程概论.北京:煤炭工业出版社,2002.
[3] 罗云,樊运晓,马晓春.风险分析与安全评价.北京:化学工业出版社,2009.
[4] 张景林,崔国璋.安全系统工程.北京:煤炭工业出版社,2002.
[5] 詹淑慧,杨光.城镇燃气安全管理.北京:中国建筑工业出版社,2007.
[6] 戴路.燃气供应与安全管理.北京:中国建筑工业出版社,2008.
[7] 黄小美等.城市燃气管道系统失效的事件树和故障树相结合.重庆建筑大学学报,2006,28(6):99-101.
[8] 陈利琼.油气储运安全技术与管理.北京:石油工业出版社,2012.
[9] 吴穹,许开立.安全管理学.北京:煤炭工业出版社,2003.
[10] 孙华山.安全生产风险管理.北京:化学工业出版社,2006.
[11] 吴宗之,高进东,魏利军.危险评价方法及其应用.北京:冶金工业出版社,2001.

第三章　城市燃气火灾爆炸防护技术

第一节　燃烧的基本知识

一、燃烧的本质

燃烧是可燃物与氧化剂作用产生的放热反应，通常伴有火焰、发光和（或）发烟现象。简而言之，燃烧是一种放热、发光的化学反应。

绝大多数物质燃烧本身是一种自由基的链反应。可燃物质的分子在光照或高温等因素的作用下，吸收能量活化，分解成活泼的原子或原子团，即自由基或游离基。自由基诱发其他分子自动分解，形成链锁反应过程。该反应不断循环发展，直至可燃物质全部转化为止，生成与原来物质完全不同的新物质。

二、燃烧的条件

（一）燃烧的基本条件

燃烧是一种很普遍的现象，任何物质发生燃烧，都是一个由未燃状态转向燃烧状态的过程。这个过程的发生必须具备三个条件，即可燃物、助燃物和着火源。

（二）燃烧的充分条件

1. 存在一定浓度的可燃物

凡是能与空气中的氧或氧化剂起剧烈反应的物质均称为可燃物。可燃物包括可燃固体，如煤、木材、纸张、棉花等；可燃液体，如汽油、酒精、甲醇等；可燃气体，如氢气、一氧化碳、液化石油气等。在化工生产中，很多原料、中间体、半成品和成品是可燃物质。

天然气在空气中浓度达到15％以上时，可以正常燃烧。而当天然气在空气中浓度为5％～15％的范围内时，遇明火即可发生爆炸，这个浓度范围即为天然气的爆炸极限。

2. 存在一定数量助燃物

凡是能帮助和维持燃烧的物质均称为助燃物。常见的助燃物主要有两大类：

（1）空气或氧气；

（2）其他氧化剂，如氯酸钾、高锰酸钾、氯、溴等。

实验证明，虽有空气（氧气）存在，但浓度不够，燃烧也不会发生。由于可燃物质性质不同，燃烧所需要的含氧量也不同；在等量情况下，使某些物质完全燃烧，所需要的含氧量也有差异。部分常见物质燃烧所需的最低含氧量见表3-1。

3. 存在一定的引火能量（着火源）

凡是能引起可燃物与助燃物发生燃烧反应的能量来源都称为着火源。常见的是热能，其

表 3-1　部分常见物质燃烧所需要最低氧量

物质名称	含氧量(%)	物质名称	含氧量(%)
汽油	14.4	乙醇	15.0
煤油	15.0	橡胶屑	13.0
氢气	5.9	多量棉花	8.0

他还有化学能、电能、机械能等转变的热能。着火源温度越高，越容易引起可燃物燃烧。

不管何种形式的点火能量，都必须达到一定的强度才能引起可燃物质着火，否则燃烧就不会发生。不同可燃物质燃烧所需的引火能(点火能)各不相同，见表 3-2。

表 3-2　几种常见可燃物燃烧所需要的温度

物质名称	燃点(℃)	物质名称	燃点(℃)
松木	250	照明煤油	86
棉花	210	橡油	120
布匹	200	麻	150
纸张	130	黄磷	34～60
蜡烛	190	松节油	53

4.各条件相互作用

燃烧必须具备可燃物、助燃物和着火源三个主要因素，而且还必须使以上条件相互结合、相互作用，燃烧才会发生和持续，否则燃烧也不能发生。

对无火焰燃烧可用经典三角形(图 3-1)表示三者关系。燃烧三要素(三边连接)同时存在、相互作用，燃烧才会发生。

无火焰燃烧具有三个特点：

(1)无链锁反应；

(2)氧在可燃烧的界面；

(3)可燃物为炽热的固体。

对有火焰燃烧，由于燃烧过程中存在未受抑制的自由基作中间体，所以燃烧三角形增加了一个空间坐标，形成燃烧四面体，如图 3-2 所示。

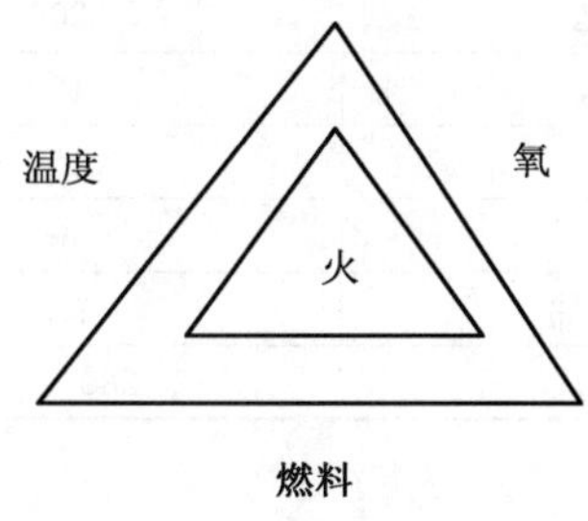

图 3-1　燃烧三角形

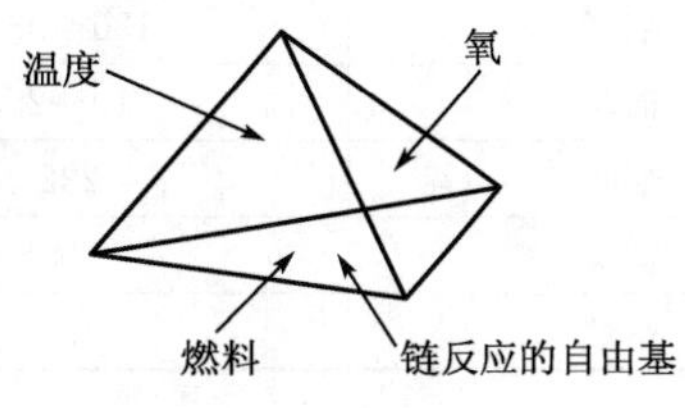

图 3-2　燃烧四面体

三、燃烧类型

按可燃物质着火方式，燃烧主要可以分为下列五种类型。

(一)闪燃

1. 闪燃

在一定温度下，易燃、可燃液体(也包括能蒸发出蒸气的少量固体，如石蜡、樟脑、萘等)表面上产生的蒸气，当与空气混合后，一遇着火源，就会发生一闪即灭的火苗或火光，这种现象就称为闪燃。闪燃是一种瞬间燃烧现象，往往是着火的先兆。

2. 闪点

在规定的试验条件下(采用闭杯法测定)，液体挥发的蒸气与空气形成的混合物，遇火源能够闪燃的液体最低温度，称为闪点(又称闪火点)。闪点，是评价液体火灾危险性大小的主要依据。几种常见易燃和可燃液体的闪点见表 3-3。

表 3-3　几种常见易燃和可燃液体的闪点

液体名称	闪点(℃)	液体名称	闪点(℃)
汽油	−46	煤油	28
酒精	9～11	苯	−14
二硫化碳	−45	乙醚	−45
原油	6～32	松节油	35
甲醇	11.1	甲苯	4
菜籽油	163	柴油	60～110

(二)着火

1. 着火

可燃物质在空气中与火源接触，达到某一温度时，开始产生有火焰的燃烧，并在火源移去后仍能持续燃烧的现象，称为着火。

2. 燃点

可燃物质开始发生持续燃烧所需要的最低温度，称为燃点。物质的燃点越低，越容易着火，火灾危险性就越大。部分常见可燃物的燃点见表 3-4。

表 3-4　常见可燃物的燃点

物质名称	燃点(℃)	物质名称	燃点(℃)
木材	250～300	布匹	200
纸张	130～230	橡胶	120
棉花	210～255	麻	150
烟叶	222	灯油	86
黄磷	34	松花油	53
蜡烛	190	无烟煤	280～500

(三)自燃

1. 自燃

可燃物质在没有外部火花、火焰等热源的作用下，因受热或自身发热积热不散引起的燃烧，统称为自燃。

2. 自燃点

在规定的条件下，物质发生自燃的最低温度，称为自燃点。在这一温度时，物质与空气（氧）接触，不需要明火的作用，就能发生燃烧。物质的自燃点越低，发生自燃火灾的危险性就越大。几种常见物质的自燃点见表 3-5。

表 3-5　常见物质的自燃点

物质名称	自燃点(℃)	物质名称	自燃点(℃)
汽油	280	煤油	240～290
柴油	250～380	石油沥青	270
乙炔	335	乙醚	180
硫磺	207	涤纶纤维	390

(四)完全燃烧和不完全燃烧

物质的燃烧可分为完全燃烧和不完全燃烧。

完全燃烧是指燃料燃烧后，全部变成不可燃物的过程。不完全燃烧是指燃料在燃烧后，还能继续产生燃料的新物质。由于物质燃烧时所处的条件不同，就会出现不同形式的燃烧。物质燃烧时，如果空气不足，通风条件不好，就容易出现不完全燃烧现象。例如，密闭的屋内、船舱内发生火灾，往往出现不完全燃烧。两种燃烧对比见表 3-6。

表 3-6　完全燃烧与不完全燃烧的比较

燃烧类型	完全燃烧	不完全燃烧
发生条件	氧气充足	氧气不足
燃烧速率	快	慢
放出热量	多	少
燃烧产物	二氧化碳和水	一氧化碳、碳氢化合物等有毒气体和炭黑小颗粒

四、燃烧产物

由燃烧或热解作用而产生的全部物质，称为燃烧产物。也就是说，可燃物燃烧时生成的气体、固体和蒸气等物质均称为燃烧产物。

(一)完全燃烧产物和不完全燃烧产物

可燃物质在燃烧过程中，完全燃烧其产物为完全燃烧产物。不完全燃烧，其产物为不完全燃烧产物。

燃烧产物的不同性质和氧化剂的供应强度有直接关系。在空气充足的情况下，容易出现完全燃烧产物。而空气不足时，就容易出现不完全燃烧产物。在火场上，燃烧产物大部分是以气体状态出现，但也有一些固体，如碳的颗粒和燃烧残渣等。大部分燃烧产物汇集在一起，成为烟雾，其中含有一些燃烧后生成的颗粒。

(二)不同物质的燃烧产物

燃烧产物的数量、成分，随物质的化学组成以及温度、空气（氧）的供给等燃烧状况不同而有所不同，主要分为以下四种产物：

(1)单质的燃烧产物；

(2)化合物的燃烧产物；

(3)合成高分子材料燃烧产物；

(4)木材燃烧产物。

(三)燃烧产物对灭火工作的影响

燃烧产物对火灾扑救工作有很大的影响。它既有有利方面，也有不利方面。其有利的一面主要表现在：

(1)燃烧产物在一定条件下有阻燃作用。例如，完全燃烧时所生成的水蒸气和二氧化碳等扩散到空气中，弥漫在燃烧区周围，可以稀释空气中的含氧量。实验表明，当空气中含有30%～35%的二氧化碳和水蒸气时，就可以中断一般物质的燃烧。

(2)为火情侦察、寻找火点提供依据。各种燃烧物质的化学性质不同，燃烧时产生的烟雾的颜色和气味也有所不同。例如，磷燃烧的烟雾(五氧化二磷)颜色是白色的，有大蒜气味；橡胶及其制品燃烧的烟雾是棕黑色，有硫的气味，可根据这些特征来识别燃烧的物质。

火场中，燃烧产物对灭火工作的不利影响主要是：

(1)烟雾影响视线，影响灭火人员的行动。烟雾弥漫使火场中能见度降低，灭火人员无法准确辨识方向，不便于抢救人员和重要物资，影响灭火。特别是在烟雾大、排烟条件差的情况下，对灭火更为不利。

(2)烟雾引起人员中毒、窒息，也会使人员灼伤、烫伤，威胁人员安全。许多物质燃烧时能产生有毒气体，如含有硫、磷、氯等元素的化合物等，使被困在火场和参加扑救工作的人员有窒息、中毒的危险。

一氧化碳是火场上较为常见的一种有毒气体，它无臭、无味、无色、不易觉察，易使人中毒。一氧化碳对人体的危害见表3-7。一氧化碳是在空气不足时燃烧所产生的，如地下室、闷顶、船舱等处发生火灾，火场浓度很大，一氧化碳的含量较高。

表3-7　一氧化碳对人体的危害

空气中一氧化碳含量(%)	呼吸时间	中毒程度
0.1	1h	头痛呕吐
0.5	20～30min	有致命的危险
1	呼吸数次	失去知觉
1	1～2min	可中毒死亡

(3)烟雾蔓延造成火势进一步发展。受热的燃烧产物是造成火势蔓延的重要因素。受气体的对流和辐射，都可能引起其他可燃物质的燃烧，使火势扩散蔓延。有些不完全燃烧产物还可能和空气形成爆炸性混合物，遇到火源发生爆炸，使火场情况更加复杂，有造成人员伤亡的危险。

第二节　爆炸的基本理论

一、爆炸机理

爆炸是物质在瞬间以机械功的形式释放出大量气体和能量的现象。迅速地燃烧(约几万分之几秒)以后形成巨大数量的燃烧产物，同时包括能量释放及产物膨胀在内的剧烈物理化学行为是燃烧爆炸，也称爆炸。

（一）爆炸的特征

爆炸的特征分为内部特征和外部特征。内部特征是产生大量气体和能量突然释放，造成高温高压。而压力急剧升高，产生冲击波造成破坏，发出巨大声响，是爆炸的外部特征。

（二）可燃物质化学性爆炸的条件

可燃物质化学性爆炸必须同时具备以下三个条件才能发生：

（1）存在可燃物质，包括可燃气体，蒸气或粉尘；

（2）可燃物质与空气（或氧气）混合并达到爆炸极限，形成爆炸性混合物；

（3）爆炸性混合物在火源作用下爆炸。

（三）可燃混合物的爆炸机理

可燃混合物的爆炸机理有两种，即热爆炸机理和链反应爆炸机理。

热爆炸机理认为，当燃烧在某一定空间内进行时，如果释放的热量来不及散发就会使反应温度不断提高，温度的提高又会促使反应速度加快，如此反复作用，使反应速度加快到爆炸等级，从而导致爆炸的发生。

链反应爆炸机理则认为，化学反应体系在某种能量（如热或光等）作用下发生连锁反应，连锁反应一般分为链引发、链传递和链终止三个阶段。根据链式反应理论，增加化学反应混合物的温度可使连锁反应的速度增加，使因热运动而生成的游离基数量增加。有些物质在吸收了一定波长的光能后，会使其化学链断裂，生成能量较高的游离基（活化中心），增加光的照射强度可迅速增加所生成的游离基的数量。游离基数目的增多使得反应链的数目相应增加，反应速度也随之加快，这样又会增加更多的游离基，如此下去，使反应速度加快到爆炸的等级而发生爆炸。

（四）爆炸的发展过程

爆炸的发展过程主要分为以下四个阶段：

（1）可燃物与空气或氧气相互扩散混合，形成爆炸性混合物；

（2）爆炸性混合物遇着火源，爆炸开始；

（3）产生连锁反应，爆炸范围扩大，威力升级；

（4）完成化学反应，爆炸威力造成灾害性破坏。

二、爆炸的分类

爆炸按其分类标准不同，有相异的爆炸类别，爆炸类型如图 3－3 所示。

（一）按爆炸能量来源的不同分类

1. 物理性爆炸

物理性爆炸是物质因状态或压力发生突变而强力崩裂的爆炸现象。例如，锅炉爆炸、液化气体爆炸等都是物理爆炸。其特点是爆炸前后爆炸物质的性质及化学成分均不变。

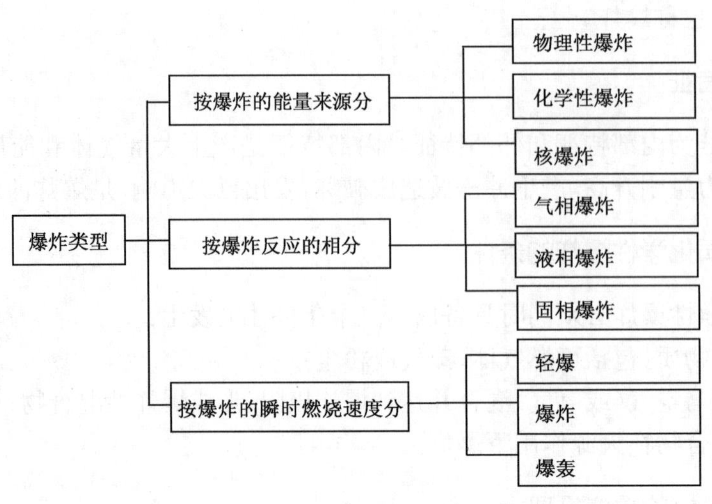

图 3-3　爆炸的分类

2. 化学性爆炸

化学性爆炸是物质在极短时间内完成化学反应，形成其他物质，同时产生大量气体和能量的现象。化学性爆炸的特征主要是反应的高速度，释放大量气体、大量热量。例如，用来制造炸药的硝化棉在爆炸时体积突然增大 47 万倍，在几万分之一秒内完成，并释放出大量的热量。

化学性爆炸可分为三阶段：第一阶段，物质受到外界激发发生高速化学反应，释放出大量热能和生成大量气体；第二阶段，热能加热气体产物，以一定的形式（定容、绝热）转化为压缩能；第三阶段，强压缩能急剧绝热、膨胀、对外做功，使周围物质变形、移动或破坏。化学性爆炸三阶段如图 3-4 所示。

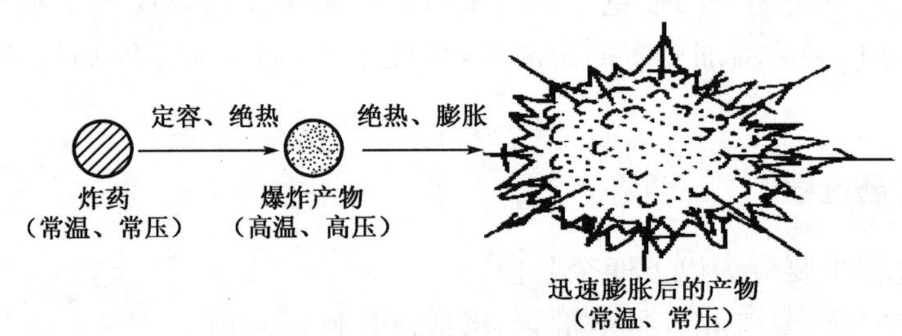

图 3-4　化学性爆炸三阶段

化学爆炸的三要素包括反应过程的放热性、反应过程的高速度、反应过程必须形成气体产物，这三个条件是任何化学反应能成为爆炸性反应所必须具备的，而且这三者互相关联，缺一不可。

3. 核爆炸

由原子核裂变或聚变引发的爆炸现象即为核爆炸，如原子弹、氢弹的爆炸等。

(二)按爆炸反应相的不同分类

1. 气相爆炸

气相爆炸包括可燃性气体和助燃性气体混合物的爆炸、气体分解爆炸、粉尘爆炸以及喷雾爆炸见表 3-8。

表 3-8 气相爆炸分类

爆炸类别	爆炸原理	举例
混合气体爆炸	可燃性气体和助燃性气体以适当的浓度混合，由于燃烧波或爆炸波的传播而引起的爆炸	空气和氢气、丙烷、乙醚等混合气体的爆炸
气体分解爆炸	单一气体由于分解反应，产生大量的反应热引起的爆炸	乙炔、乙烯、氯乙烯等在分解时引起的爆炸
粉尘爆炸	空气中飞散的易燃性粉尘，由于剧烈燃烧引起的爆炸	空气中飞散的铝粉、镁粉等引起的爆炸
喷雾爆炸	空气中易燃液体被喷成雾状物，在剧烈地燃烧时引起的爆炸	油压机喷出的油珠、喷漆作业引起的爆炸

2. 液相爆炸

液相爆炸包括聚合爆炸、蒸发爆炸以及由不同液体混合所引起的爆炸。例如，硝酸和油脂、液氧和煤粉等混合时引起的爆炸；熔融的矿渣与水接触或钢水包与水接触时，由于过热发生快速蒸发引起的蒸气爆炸等。液相爆炸分类见表 3-9。

表 3-9 液相爆炸分类

爆炸类别	爆炸原因	举例
不同物质混合爆炸	氧化性物质与还原性物质或其他物质混合引起爆炸	氧化性物质与还原性物质或其他物质混合引起爆炸
蒸发爆炸	由于过热，发生快速蒸发而引起爆炸	熔融的矿渣与水接触，钢水与水混合爆炸
易爆化合物的爆炸	有机过氧化物、硝基化合物、硝酸酯聚合燃烧引起爆炸和某些化合物的分解反应引起爆炸	丁酮过氧化物、三硝基甲苯、硝基甘油等的爆炸；偶氮化铅、乙炔酮等的爆炸

3. 固相爆炸

固相爆炸包括爆炸性化合物及其他爆炸性物质的爆炸（如乙炔酮的爆炸）；导线因电流过载而过热，金属迅速气化而引起的爆炸等。

(三)按爆炸瞬时燃烧速度的不同分类

按照爆炸的瞬时燃烧速度的不同，爆炸可分为三类：轻爆、爆炸和爆轰。

1. 轻爆

物质爆炸时的燃烧速度为每秒数米，爆炸时无多大破坏力，音响也不太大。如无烟火药在空气中的快速燃烧，可燃气体混合物在接近爆炸浓度上限或下限时的爆炸即属于此类。

2. 爆炸

物质爆炸时的燃烧速度为每秒十几米至数百米，爆炸时能在爆炸点引起压力激增，有较大的破坏力，有震耳的声响。可燃性气体混合物在多数情况下的爆炸，以及被压火药遇火源引起的爆炸等即属于此类。

3. 爆轰

物质爆炸的燃烧速度为 1000～7000m/s。爆轰时的特点是突然引起极高压力，并产生超音速的冲击波。由于在极短时间内发生的燃烧产物急速膨胀，像活塞一样挤压其周围气体，反应所产生的能量有一部分传给被压缩的气体层，于是形成的冲击波由它本身的能量所支持，迅速传播并能远离爆轰的发源地而独立存在，同时可引起该处的其他爆炸性气体混合物或炸药发生爆炸，从而发生一种爆轰的现象。

三、爆炸极限及影响因素

（一）爆炸极限

爆炸极限是指可燃气体或蒸汽与空气的混合物，遇火源能够发生爆炸燃烧的浓度范围。在火源作用下，可燃气体在空气中恰足以使火焰蔓延的最低浓度称为爆炸下限，恰足以使火焰蔓延的最高浓度称为爆炸上限。

爆炸上限与下限之间的浓度称为爆炸范围。小于下限，大于上限，可燃物不着火，更不会爆炸。但含量在上限之上的混合物不能认为是安全的。表 3－10 列出了燃气的爆炸极限。

表 3－10　燃气的爆炸极限

单位：%

气（液）体	爆炸下限	爆炸上限	气（液）体	爆炸下限	爆炸上限
天然气	4.5	15	焦炉煤气	5	36
液化石油气	1.5	9.5	炭化煤气	6	45
水煤气	6	72	发生炉煤气	20	74

（二）影响爆炸的主要因素

（1）温度：通常爆炸混合物温度越高，爆炸范围越大，危险性越大。

（2）压力：爆炸混合物压力增大，爆炸上限增高，因而减压有利于减小爆炸危险性。

（3）惰性介质及杂物：通常爆炸混合物中进入惰性介质，可缩小爆炸极限范围。

（4）容器：容器直径越小，火焰蔓延越难，极限范围越小。

（5）氧含量：混合物中含氧量增加，爆炸极限范围扩大（尤其上限提高得更多）。

表 3－11 列出了常见几种气体的热值表和爆炸极限。其中热值是在 273.15K、101325Pa 条件下测定，爆炸极限是在 293.15K、101325Pa 条件下测定。

（6）能源强度：能源强度越高，加热面积越大，作用时间越长，爆炸极限范围越宽，爆炸危险性越大。

表 3－11　常见可燃气体的热值和爆炸极限

气体	分子式	高发热值（MJ/m^3）	低发热值（MJ/m^3）	爆炸下限（%）	爆炸上限（%）
甲 烷	CH_4	39.842	35.902	5.0	15.0
乙 烷	C_2H_6	70.351	64.397	2.9	13.0
乙 烯	C_2H_4	63.438	59.477	2.7	34.0
丙 烷	C_3H_8	101.266	93.240	2.1	9.5
丙 烯	C_3H_6	93.667	87.667	2.0	11.7
正丁烯	C_4H_8	133.886	123.649	1.5	8.5
异丁烷	C_4H_{10}	133.048	122.853	1.8	8.5

续表

气体	分子式	高发热值 (MJ/m³)	低发热值 (MJ/m³)	爆炸下限 (%)	爆炸上限 (%)
正戊烷	C_5H_{12}	169.377	156.733	1.4	8.3
一氧化碳	CO	12.636	12.636	12.5	74.2
氢	H_2	12.745	10.786	4.0	75.9
硫化氢	H_2S	25.348	23.368	4.3	45.5

四、爆炸的破坏作用

(一)冲击波

冲击波是爆炸的直接的、主要的破坏力量,爆炸瞬间形成的高温火球猛烈向外膨胀、压缩周围空气形成的高压气浪。它以超音速向四周传播,随距离的增加,传播速度逐渐减慢,压力逐渐减小最后变成声波。爆炸产生的冲击波不仅会造成人员伤亡,严重时还会对周边建筑物产生极强的破坏作用。冲击波超压对建筑物的损坏和对人体的伤害作用见表3-12。

表3-12 冲击波超压对建筑物的损坏和对人体的伤害作用

超压 Δp(MPa)	对建筑物损坏作用	超压 Δp(MPa)	对人体伤害作用
0.005～0.006	门、窗玻璃部分破碎	0.02～0.03	轻微损害
0.006～0.015	受压面的门窗玻璃大部分破碎	0.03～0.05	听觉器官损伤或骨折
0.015～0.02	窗框损坏	0.05～0.10	内脏严重损伤或死亡
0.02～0.03	墙裂缝	>0.10	大部分人员死亡
0.04～0.05	墙大裂缝,屋瓦掉下		
0.06～0.07	木建筑厂房方柱折断、房架松动		
0.07～0.10	砖墙倒塌		
0.10～0.20	防震钢筋混凝土破坏,小房屋倒塌		
0.20～0.30	大型钢架结构破坏		

2013年6月11日,苏州市某燃气公司生活区办公楼食堂发生燃气爆炸事故,导致约400m² 的三成办公楼坍塌,11人死亡,多人受伤。此外,办公楼周边多处房屋受损。由此可见,燃气爆炸的危险性极大。此次燃气爆炸现场如图3-5所示。

(二)碎片冲击

机械设备、装置和容器爆炸以后,变成碎片飞散出去,会在相当广的范围内造成危害,碎片飞散一般可达100～500m。燃气爆炸中,碎片冲击造成的伤亡比例也很大,可造成大面积人员伤亡。

(三)震荡作用

在遍及破坏作用的区域内,爆炸使物体产生震荡,造成建筑物松散、开裂,严重时可能造成建筑物倒塌,危急人员生命安全。

图 3-5　江苏某公司燃气爆炸事故现场

(四)造成二次事故

通常爆炸扩散只发生在极其短促的瞬间,对一般可燃物质来说,不足以造成起火燃烧。但是,在建筑物内遗留大量的热火残余火苗,很可能会把从破坏的设备内部不断流出的可燃气体或易燃液体的蒸气点燃,使厂房可燃物起火,加重爆炸的破坏力。此外,爆炸也会造成有毒气体泄漏等二次事故。

第三节　城市燃气火灾爆炸及预防技术

近年来,我国城市燃气事业发展迅速,西气东输工程的投产运行和引进俄罗斯天然气等项目的规划建设拉动了一系列燃气工程的建设,城市燃气得到快速的普及,城市燃气的使用量大幅增长。这一方面推动了经济的快速增长,提高了居民的生活质量,减少了环境污染;另一方面,越来越多的燃气事故的发生也给居民的生命财产带来巨大的损失,成为燃气行业关注的热点。

城市燃气如果严格按照国家标准、技术规范、操作规程运行,在通常情况下安全是完全有保障的。各类城市燃气安全事故的发生都是在外界条件异常、人为疏忽或故意破坏等情况下出现的。例如,地震、雷击等不可抗力导致的燃气储存、输配系统的泄漏、爆炸;设备设施缺乏养护而失灵、工作人员操作失误所造成的燃气安全事故;以及各类人为破坏燃气基础设施而引发的燃气安全事故。

一、城市燃气的危险特性

(一)天然气的危险特性

天然气的主要成分是甲烷和乙烷,其相对密度一般在 0.58～0.62 之间,比空气要轻,它在储存和运输过程中易发生泄漏,如不采取措施会引起火灾甚至发生爆炸等次生灾害,危险性极大。天然气组分甲烷的理化性质及危险特性见表 3-13。除此之外,天然气组分中含有少量的有害物质,如 H_2S、CO、CO_2 等,不仅腐蚀设备,降低设备耐压强度,严重者可导致设备裂隙、漏气，且对人体极为有害。H_2S 的理化性质及危险特性见表 3-14。

表 3-13　甲烷的理化性质及危险特性

理化性质	熔点：−182.6℃	沸点：−161.5℃	临界温度：−82.1℃
	燃烧热：889.5kJ/mol	最小点火能：0.28mJ	蒸气相对密度（空气=1）：0.55
危险性	燃烧性：易燃	闪点：−188℃	自燃温度：537℃
	爆炸极限 5.3%～15%	燃烧分解产物：CO、CO_2、水蒸气	危险特性：遇热源和明火有火灾和爆炸危险

表 3-14　H_2S 的理化性质及危险特性

理化性质	熔点：−85.5℃	蒸气相对密度（空气=1）：1.19	溶解性：溶于水、乙醇
危险性	燃烧性：易燃	爆炸极限：4%～46%	毒性：强

（二）液化石油气的危险特性

液化石油气无色透明，具有烃类特殊气味。在常温常压下，液态的石油气极易挥发，气化后体积迅速扩大 250～350 倍，且比空气重 1.5 倍。液化石油气具有以下危险特性：

（1）膨胀系数大。液化石油气的体积膨胀系数大约是同温度下水的体积膨胀系数的 10～15 倍。实验测得，装满液态丙烷的密闭储罐，当温度每升高 1℃，其压力就会升高 3.4MPa。由此，当温度升高时，液化石油气体积增大，压力急剧上升，一旦超过容器压力的极限时，就会造成容器破裂甚至爆炸。

（2）具有冻伤危险。液化石油气是加压液化的石油气体，储存于罐或气瓶内，在使用时经减压由液态变为气态。一旦容器或管道崩裂，大量液化石油气喷出，由液态急剧减压变为气态，大量吸热，结霜冻冰。如果喷到人员身上，就会造成冻伤。

（3）易产生静电。液化石油气从容器、管道中喷出时，会产生强烈摩擦，产生的静电高达 9000V，甚至数万伏。液化石油气中含的液体或固体杂质越多，流速越快，产生静电荷越多。

（4）能引起窒息。高浓度的液化石油气混合气体被人体大量吸入，就会昏迷、呕吐或有不适的感觉，严重时可使人窒息或中毒死亡。

（5）易引起火灾爆炸。常温常压下，液化石油气极易挥发为气体，并能迅速蔓延，因为比空气重，往往聚集在地面的孔隙等低洼处，也能沿地面扩散。液化石油气爆炸极限为 1.5%～9.5%，且主要组分的闪点都很低，燃点低于 500℃，遇明火极易发生火灾爆炸。

（三）人工煤气的危险特性

人工煤气的着火温度一般在 500～600℃。储存容器一旦泄漏，与空气混合形成一定比例的混合气体后，遇火源会发生火灾爆炸。人工煤气的组分中，一氧化碳所占比例较大，不仅易燃，而且属于剧毒气体，如果不慎吸入，严重时危及生命。

二、城市燃气火灾爆炸发生原因及特点

（一）燃气火灾爆炸事故发生原因

1. 管道燃气

管道燃气设备设施较多，地下隐蔽工程量大，载体介质易燃易爆，并处于一定的压力状态。因此，燃气的管道输配具有较大的火灾危险性。我国每年发生的管道燃气火灾事故较为频繁，

其原因主要有以下几个因素：

(1)管道设备因素。一是管道设备破损、腐蚀、遭受重力机械的撞击或设施连接不严导致燃气泄漏。埋地管道由于使用期较长，无法经常挖出进行检测，当受到腐蚀及外力作用出现破裂损坏时，不能及时察觉，极易造成大量燃气泄漏。有些地下管道附属设施如阀门、法兰等的连接出现问题，也会导致燃气泄漏。二是管道设备超负荷运行，如超过使用期限、超过规定压力等。

(2)安全装置因素。管道设备安全防护装置失效导致燃气泄漏，包括安全阀、防爆阀、防爆片、泄压阀、报警系统等失效，危险区域防爆电器不防爆，静电接地不可靠，防雷装置失效等。

(3)安全管理因素。一是供气企业安全管理措施不到位，缺乏抢险专业技术和专业装备。各岗位操作人员培训有死角，各项规章制度、操作规程不完善，应急救援预案编制不具体，没有按要求进行桌面演练和实际演习，缺乏应对事故的能力。二是操作人员误操作或违章操作。

2. 瓶装燃气

瓶装燃气具有使用灵活、应用面广、重复灌装使用的特点，很难做到每次灌装出厂的钢瓶都能确保在检定期限内，加之使用分散，无法照搬管道燃气企业组织大规模安全检查的模式。因此，瓶装燃气的运行状况良莠不齐，具有较大的火灾危险性。

(1)超量灌装。液化石油气具有热胀冷缩的性质，液态液化石油气的体积膨胀率相当于水的10～16倍，一旦钢瓶内完全充满液态液化石油气，温度每升高1℃，压力就急剧上升2～3MPa，钢瓶的爆破压力约8MPa，温度只需上升3～4 ℃，钢瓶内的压力就超过爆破压力，引起钢瓶爆破，造成恶性事故。

(2)钢瓶超期未检。由于钢瓶超期服役，导致钢瓶的角阀、瓶体等部位故障率和安全护具失效率显著增加，甚至不合格、报废钢瓶仍在继续流通使用，如同流动炸弹。

(3)钢瓶受严重腐蚀或外力作用，瓶体受损。液化石油气钢瓶在使用过程中因使用环境造成瓶体腐蚀严重，野蛮装卸、运输造成瓶体受损，钢瓶安全护具或配件缺失破损，形成事故隐患。

(4)从业人员违章操作。部分从业人员缺乏岗位培训或燃气常识，在对用户服务中违章操作或错误指导用户操作，造成燃气泄漏。例如，2004年10月，某市某液化石油气从业人员在黄旗街一小区用户室内进行液化石油气放散操作，致使液化石油气在室内形成爆炸性混合气体，在使用灶具点火时引起爆炸，造成一人烧伤。

(5)用户的错误操作行为。在使用过程中违反操作规程，放倒、加热液化石油气钢瓶、乱倒残液等。例如，2005年12月，C市D路附近一居民楼内出现浓烈的燃气气味，为安全起见，全楼居民被紧急疏散至室外。经调查，某用户在热力管道地沟中倾倒液化石油气残液，液化石油气残液受热迅速挥发，在楼内形成较大程度的气体污染，幸好未达到爆炸极限。

(6)用户监护不当。用户在使用燃气烧煮食物时忽视了监护，火被风或烧煮物扑灭、烧干锅、忘记关闭阀门等，造成燃气的泄漏。例如，2006年初，某地区一居民用户使用管道燃气烧菜时没有及时监护，因溢出物扑灭火焰引起燃气大量泄漏，遇室内明火引发天然气爆炸，致使三人受伤。

3. 燃气用户

据统计，每年发生燃气用户火灾、爆炸或毒害性事故约占燃气事故总数的2/3，原因有：

(1)用户违章操作，疏于监护。用户在使用燃气时对户内燃气设施缺乏监护，燃气设施出现异常时，没能及时向供气企业报修和采取有效措施进行处置，致使燃气泄漏。在使用燃气过程中操作不正确，不遵循“火等气”的点火原则或疏忽大意导致烧煮物将火熄灭，使燃气外泄。例如，2006 年 6 月，某小区某住户在安装灶具时，胶管与灶具连接不牢固，3 天后胶管意外脱落而用户未能及时察觉，在开阀用气时引起燃气泄漏。

(2)个人或单位对燃气供气系统的破坏。进行地下工程施工前，施工单位未与燃气供气企业会签，挖断燃气管道；违章建筑物占压管道以及个别人对燃气设施的破坏。例如，2003 年 6 月某日夜晚，某市场附近埋地天然气中、低压铸铁管，被处于上方交叉埋设的热力管道压断，造成天然气泄漏。泄漏的天然气顺地表缝隙扩散到一家美发厅，次日早上该户业主使用明火时引发燃气爆炸，造成两人重伤，损失近 10400 元。

(二)燃气火灾发展过程

1. 初起阶段

起火后，燃气在刚起火后的几分钟内，燃烧面积不大，烟气流动速度比较缓慢，火焰辐射出的能量还不多，但也能使周围物品开始受热，温度上升，这是火势发展的最初阶段。如果在这个阶段能及时发现，并正确扑救，就能用较少的人力和简单的灭火器将火控制。

2. 发展阶段

由于燃烧强度增大，温度进一步上升，周围的可燃物品开始分解出大量的可燃气体。气体对流加强，燃烧面积扩大，燃烧速度加快，呈现火势一触即发的局势。在这个阶段，由于辐射热急剧增加，辐射面积不断扩大，所以需要投入较强的力量和较多灭火器材才能将火扑灭。

3. 猛烈阶段

由于燃气燃烧面积扩大，大量热释放出来，空气温度急剧上升，发生轰燃，使周围可燃物几乎全部卷入燃烧。此时燃烧强度最大，热辐射最强，温度和烟气对流达到最大限度，火势强度蔓延。在这个阶段，扑救最为困难，需要有足够的力量和灭火器材用于控制火势，阻止它向周围蔓延，波及其他管线或用户。

4. 熄灭阶段

火势被控制后，由于可燃材料已被烧尽，加上灭火剂的作用，火势逐渐减弱直至熄灭，这是火势的熄灭阶段。

(三)燃气火灾爆炸的特征

燃气的物化性质，决定了燃气火灾爆炸的特点。

(1)隐患不易发现。燃气泄漏很快会向四周气化扩散，且因其无色无味，不易被发觉，一旦遇到火源等诱导因素，就会酿成灾害。

(2)火情猛、火势大。燃气剧烈燃烧时，火焰传播速度可达 2000m/s 以上。当一有火情，即使是在远方的燃气，也会瞬间起燃，形成长距离、大范围的火灾，灾害异常猛烈。同时，燃气燃烧热值大，决定了灾情的严重性。

(3)继生灾害严重。当有大范围的隐患时，起源又未切断的情况下发生灾害，爆燃或爆炸经常发生。除了与空气混合的燃气产生燃烧爆炸外，且可能导致附近的燃气储罐被辐射热烘烤，突然升温而引起物理爆炸。更有甚者，爆炸后容器内会喷涌出大量的燃气，可能喷射到很远的地方，继而汽化，把火势引到很远的地域。爆炸物的轰鸣、冲击气浪、飞射物以及建筑物的倒塌等都会造成更加严重的灾情。

三、城市燃气火灾爆炸的预防技术

(一)燃气安全宏观防范措施和建议

(1)制定切实可行的发展规划。各地应当根据自身实际,制定切实可行的整体发展规划和燃气专项发展规划,在新建、改建、扩建工程中,必须同时进行燃气配套工程的设计、施工、验收,避免重复施工以及重复施工过程中造成的破坏。燃气企业的管网资料一定要到规划部门备案,避免燃气管道因管网备案资料不全导致在其他企业施工过程中受到破坏。

(2)燃气企业要建立健全规章制度并贯彻落实。各燃气企业一定要高度重视各项规章制度的制定工作,包括岗位操作规程、岗位责任制、应急救援预案、消防组织机构、内部巡查巡检记录、设备运行记录、设备检定记录、各种台账档案等。通过培训、学习、桌面演练、实际演习等多种形式加以贯彻落实,从根源上消除事故隐患,增强防灾救灾能力。

(3)严格选材,确保工程质量。在施工前,对各类设备、设施、材料、配件要认真采购和检测,尤其是高压管道材料更要严格筛选。设计、施工、监理单位资质要齐备,施工中要按图施工,验收过程中,对不符合要求之处要坚决返工整改,确保工程质量符合标准,保障人民生命财产安全。

(4)大力宣传贯彻安全使用燃气的常识。燃气安全使用常识的宣传是一项长期的、不能间断的工作。目前,还有很多群众和用气单位对燃气的危险性认识不足。各级行业管理部门和燃气企业要充分利用广播、电视、报纸等新闻媒介,采取文艺宣传、课外辅导、科普教育、知识竞赛、发放安全手册等多种方式宣传燃气安全使用常识。宣传要考虑针对不同层次、不同群体、不同年龄的用户和潜在用户,要浅显易懂、符合实际。燃气企业还要与用户建立良好的沟通渠道,公布报警、报修电话,设立联系信箱,制定24小时值班制度,保障沟通渠道畅通无阻。这一方面能迅速解决用户出现的各类燃气安全问题,消灭隐患于萌芽状态,防止事态扩大;另一方面使居民在发现燃气安全隐患时,有方便快捷的方式向燃气企业报警,使燃气企业能够在第一时间进行处理。

(5)更新观念,及时掌握、接受和引进新技术、新产品。要时刻关注燃气行业最新动态,关注最新的燃气安全相关技术和产品,推广和应用符合自身发展实际且成效显著的新技术、新产品。以科技为武器,提高燃气供应系统的可靠性,创造更加安全的燃气运行环境。如推广带熄火保护的燃气灶具,推广使用可燃气体报警器等。

(6)加强燃气行业管理部门的监管职责,落实责任制。各地燃气行业管理部门要制定燃气安全管理体系,从基层抓起,层层落实燃气安全责任制,培养和树立安全观念和安全意识,从而形成良好的安全至上的风气,切实做好燃气行业的安全管理工作。

(二)燃气火灾爆炸的预防技术

从总体而言,城市燃气火灾爆炸预防安全技术具有必要性、可行性、可靠性、经济性和方便性。为了有效降低燃起火灾爆炸发生概率,防止发生二次事故,需在事故发生前采取措施。目前,城市燃气火灾爆炸预防技术主要有以下三种。

1.燃气成分控制技术

燃气管道开始使用时,或者是利用储气罐进行储气时,会遇到管内或罐内空气与将要存储的燃气的安全置换问题，而在储气罐进行检修时，也会遇到罐内燃气与环境空气的安全置换问题。这一问题的提出是由于燃气与空气或空气与燃气的置换过程中，在储罐内或管内会形成爆炸性混合物，即会出现爆炸的基本条件，所以燃气的安全置换问题是非常重要的。解决这一问题的主要方法是燃气的成分控制，在此基础上进行安全置换。

城市燃气工程中，通常要将储气罐内部的空气或燃气安全地置换出来，以防止罐内产生爆炸性混合物而发生爆炸事故。通常采用的方法有用水置换和用惰性气体置换，前者对于小容量的储气罐是可以的，而对于大型储气罐则用后者。

1)利用惰性气体置换

(1)升压置换的方法：在储罐中充入一定数量的惰性气体，使其储罐内混合气体中的氧气浓度在临界氧气含量以下，然后再充入可燃气体，这时储罐内的压力是升高的。

(2)等压置换的方法：该方法是在充入惰性气体的同时，排放出惰性气体与空气的混合物，直到储罐中的氧气含量低于临界氧气含量为止。

2)水置换法

水置换法是利用水作媒介进行液化石油气与空气的置换方法。以 LPG 置换为例：置换时首先将两台卧式储罐注满水，待水从储存容器放散管逸出，表明空气已排出(图 3－6)。然后把储存容器气相管与装满液化石油气的汽车槽车气相管连通，用液化石油气汽车槽车内的气态液化石油气充入储存容器内，水在气态液化石油气压力和位差的作用下，经排污管流出。随着水位的下降，气态液化石油气不断补入到水流出的空间，直到水全部排净，在排污管口冒出气态液化石油气时，关闭排污管阀门。待卧式储罐压力升至 0.2MPa 以上，再关闭液化石油气气相管道阀门，置换工作便已完成(图 3－7)。这时卧式储罐处于待充液状态，然后按照液化石油气汽车槽车卸液操作程序向两台卧式储罐充装液态液化石油气。

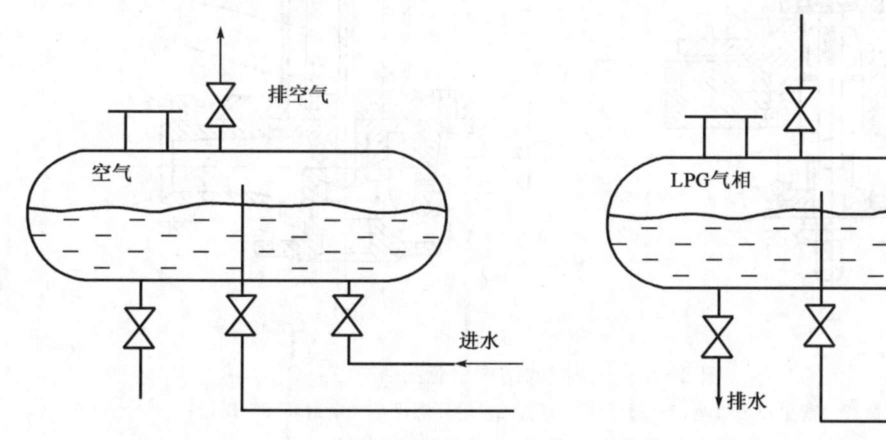

图 3－6　储罐充水排气示意图　　　图 3－7　储罐充气排水示意图

2.超压预防技术

燃气高压容器或具有额定压力要求的管路系统，在特殊情况下具有出现超压的可能。而出现超压的后果之一便是破裂。另外一种情况出现在燃气管道输送系统中，如高、中压燃气管网系统与低压燃气管网系统的连接通常是用高、中压—低压调压器进行的。如果调压装置失灵，则会将高压或中压的燃气导入低压系统，由此引起低压管路泄漏、用户设备破坏(如表具的损坏等)、连接软管脱落，引起爆炸、火灾等事故。还有一种情况是，有些使用箱式调压装置的系统，高、中压燃气的调压过程是在户外完成的，箱式调压装置通常无人看管，如果箱式调压装置失灵，则同样会直接导致高、中压燃气进入用户，其后果不堪设想。

超压预防技术在燃气输送与储存系统中十分重要，常用的超压预防技术是采用安全排放装置，如安全阀、安全水封、安全回流阀等。

1）安全阀

安全阀是一种为防止压力设备和容器或容易引起压力升高的设备和容器内部压力超过使用极限而发生破裂的安全装置。它是一种常闭的阀门，平时利用机械荷重的作用（弹簧、重块等）来维持阀门的关闭状态，而当内部压力达到安全阀的排放压力时，阀门便会打开，内部介质喷出，具有泄压、排放的目的。当储气罐内的介质压力降低到安全阀的关闭压力时，安全阀又重新关闭。它通常安装在高压设备上，如高压储气罐、压缩机的排气管、高压管道、锅炉等。

作为维持正常状态下的关闭方式之一，弹簧使用最广，此类安全阀称为弹簧式安全阀（图3－8）。它的显著优点是在压力降低时，可以自动恢复到原位，使容器内的介质停止排放，阻止容器内的压力继续下降。同时，可以对阀门的开启压力进行微调，以提高其工作精度，这是它被广泛使用的原因之一。但它的排放量很小，不适用于压力急剧上升的场合，更不能用来排放爆炸压力。

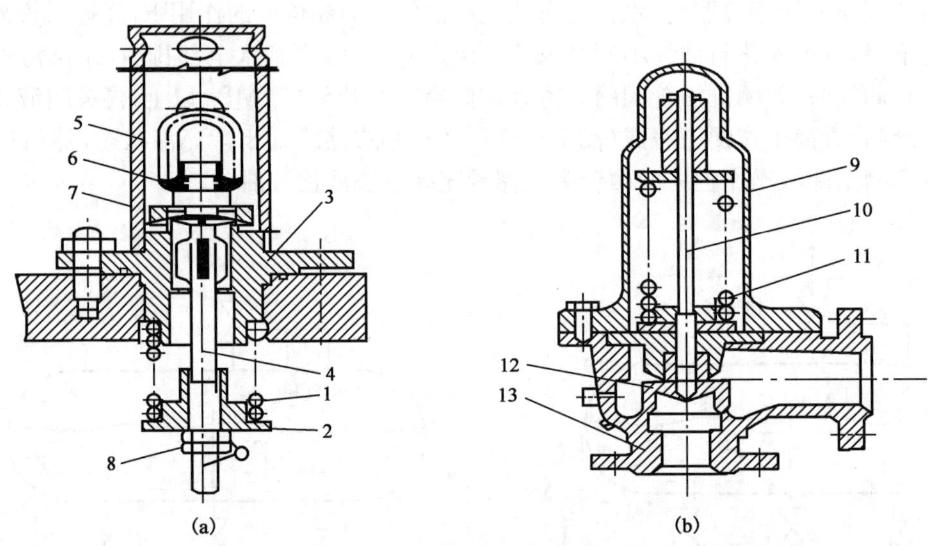

图3－8　安全阀的结构示意图

1—弹簧；2—塞子；3—阀座；4—阀杆；5—护罩；6—锚环螺母；7—密封环；8—螺母；9—阀体；10—阀杆；11—弹簧；12—阀芯；13—阀座

2）安全水封

由于燃气工程中使用的安全阀所排放出的气体通常具有爆炸性，安全阀与排放口之间的管道内可能形成可燃混合气，而排出物是完全可以形成可燃混合气的，因此排放口的位置及四周的安全要求应根据相应的规范设计。如果在排放口上采用一定的防止管道内形成可燃混合气的措施也是应该的，图3－9是安全排气系统的原理图。如果排放的燃气量太大，使其完全在空气中扩散是非常危险的，这时，不排除在排放口进行燃烧的可能性，在该燃烧系统中，采用密封筒使排放的燃气与系统之间进行某种隔离，图3－10是密封筒的水密封原理图。

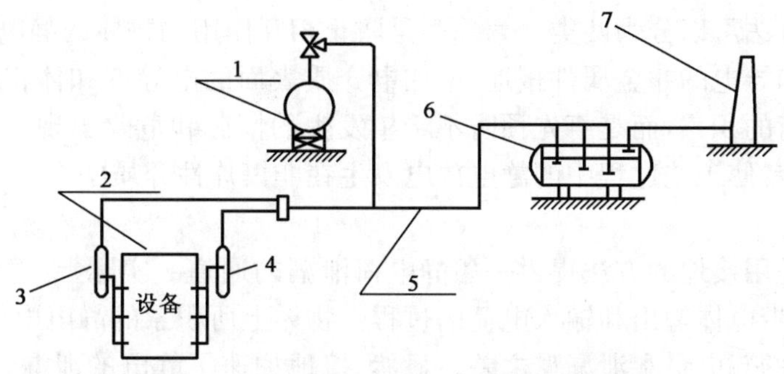

图 3-9　排放燃气的塔式烟囱的原理图

1—辅罐位置；2—设备的位置；3—冷桶（干燥的）；4—热桶（潮湿的）；5—燃气管；6—管道密封筒；7—排放燃气的塔式烟囱

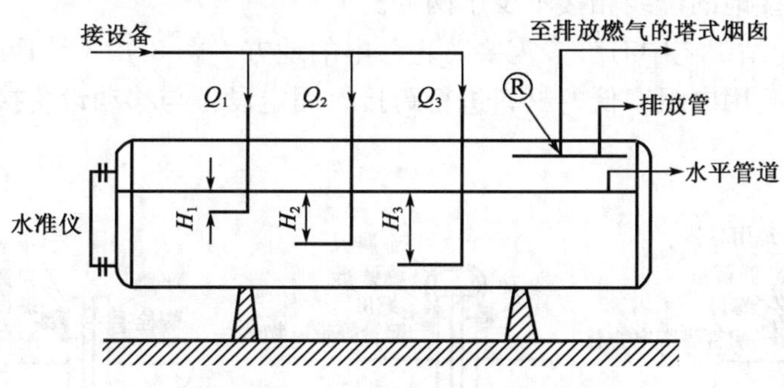

图 3-10　密封筒的水封原理图

3）安全回流阀

安全回流阀是正常状态的常闭设备。它通常安装在液化石油气储配站的一些工艺中。例如，灌装工艺中的容积式叶片泵出口的液相回流管上，安装安全回流阀的目的在于能在管路超压时起到溢流作用，防止管路超压。图 3-11 是安全回流阀的结构示意图，图 3-12 是液化石油气灌瓶工艺中使用安全回流阀的例子。

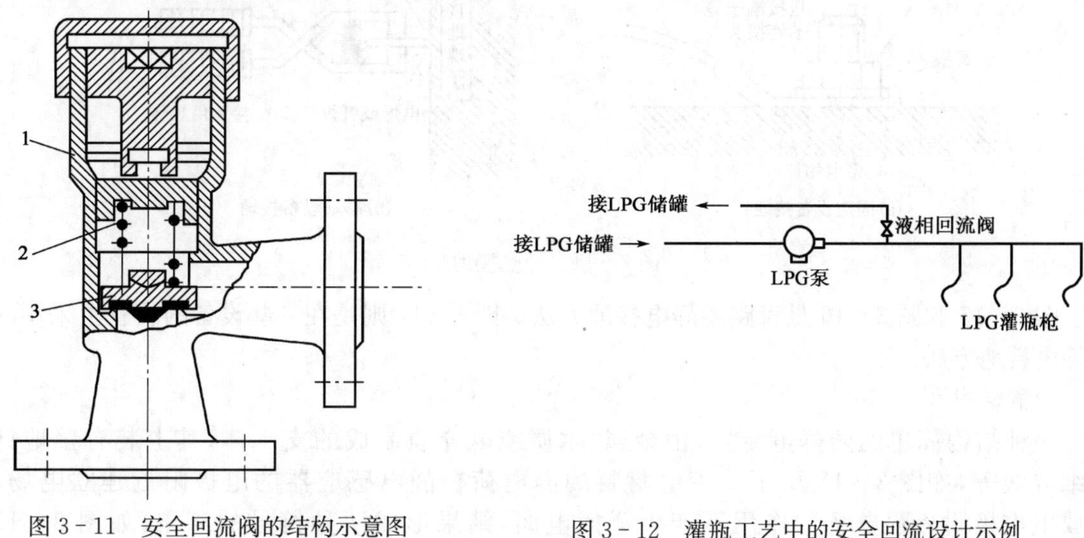

图 3-11　安全回流阀的结构示意图

1—阀体；2—弹簧；3—活门

图 3-12　灌瓶工艺中的安全回流设计示例

3.静电消除技术

静电防护的方法可以分为两类。第一类是防止相互作用的物体的静电积累。这类方法有将设备的金属件和导电的非金属件接地，增加电介质表面的电导率和体积电导率。第二类方法不能消除静电荷的积累，而是事先预防不希望发生的情况和危险出现。如在工艺设备上安装静电中和器，或者使工艺过程中的静电放电发生在非爆炸性介质中。

1)静电接地

静电接地就是用接地的方法提供一条静电荷泄漏的通道。实际上，静电的产生和泄漏是同时进行的，是给带电体输出和输入电荷的过程。物体上所积累的静电电位，在对地的电容一定时，取决于物体的起电量和泄漏量之差。显然，接地加速了静电的泄漏，从而可以确保物体静电的安全。

在实际生产工艺中，包括有管路、装置、设备的工艺流程应形成一条完整的接地线。在一个车间的范围内，与接地的母线相接不少于两处。

液化石油气储配站工艺中有许多需要防止静电的地方。图 3－13 是管道法兰连接处的消除静电方法，法兰之间用电阻率低的材料进行跨接。固定设备与移动设备接地的通常方法，如图 3－14 所示。

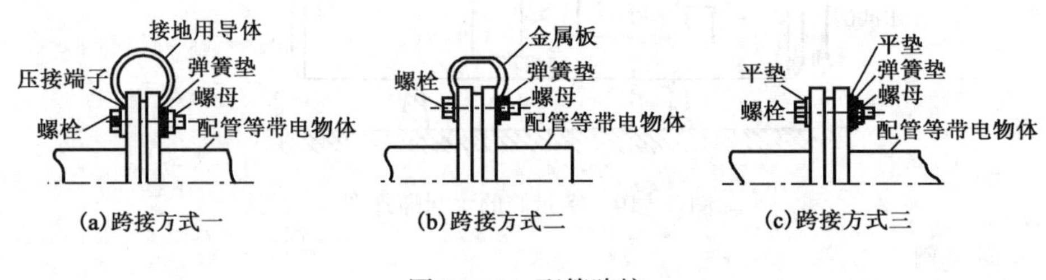

图 3－13　配管跨接

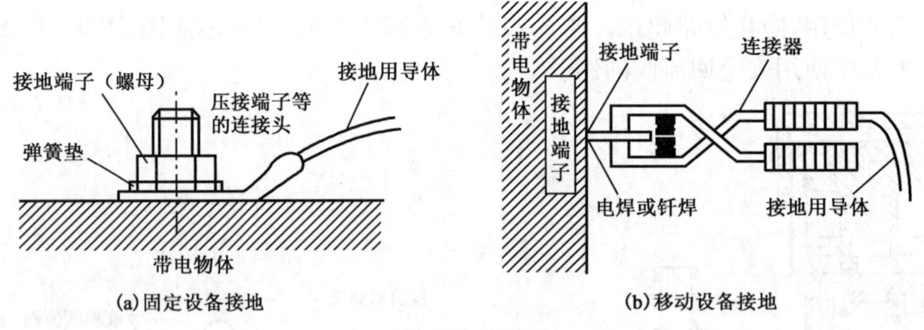

图 3－14　静电接地

图 3－15 和图 3－16 是管路的静电接地方法。图 3－17 则是在一些设备的软管上采用的防静电接地方法。

2)静电中和

一种结构简单的防静电装置，由金属、木质或电介质制成的支承体，其上装有接地针和细导线等，如图 3－18 所示。带电材料的静电荷在静电感应器的电极附近建立电场，在放电电极附近强电场的作用下产生碰撞电离，结果形成两种符号的离子，如图 3－19 所示。

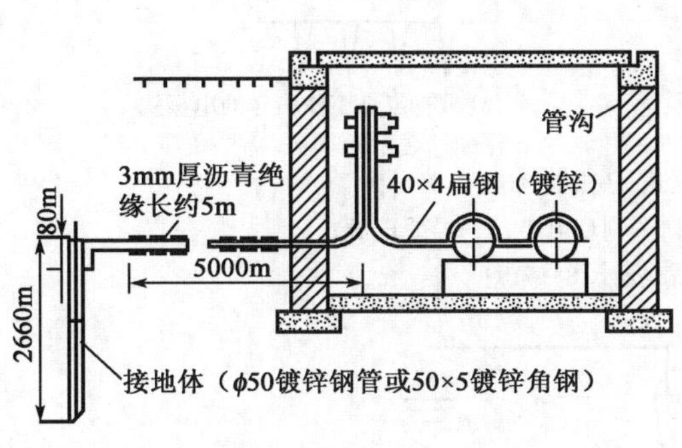

图 3-15 管沟管路静电接地图

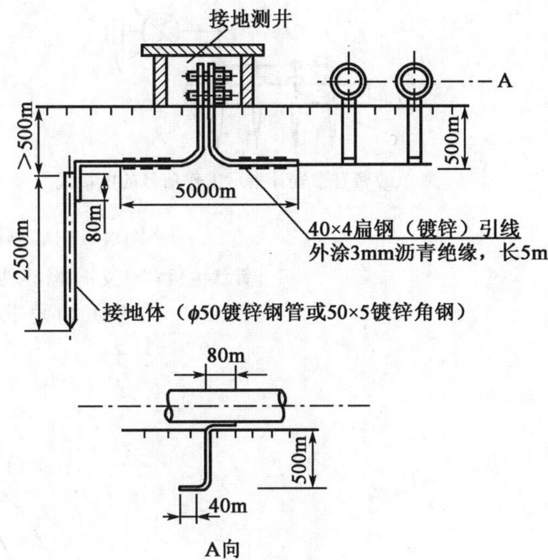

图 3-16 地上管路静电接地图

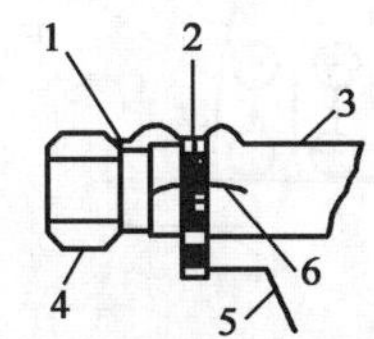

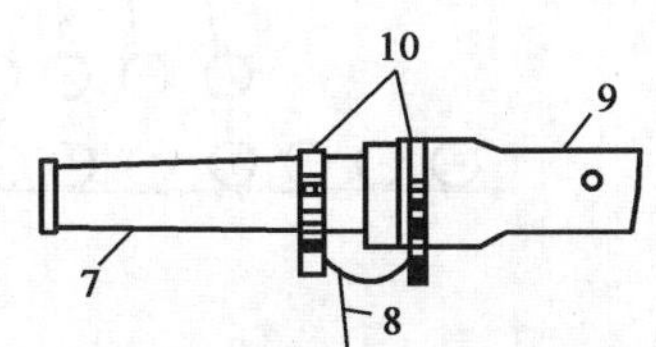

图 3-17 软管跨接和接地

1—锡焊或铅焊的金属线；2、10—金属制软管卡子；3—内有金属线或金属网的软管；4—连接金具；5—接地用导体；6—金属线或金属网；7—金属制喷嘴；8—接地用导体；9—软管

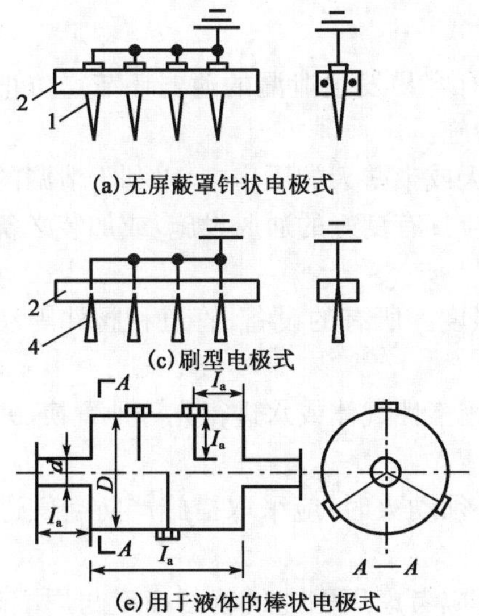

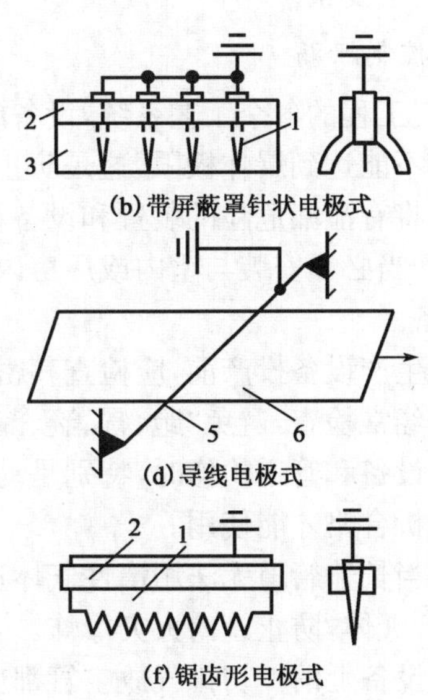

图 3-18

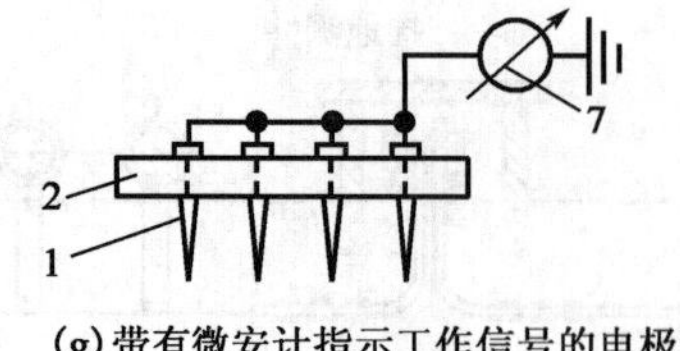

(g)带有微安计指示工作信号的电极式

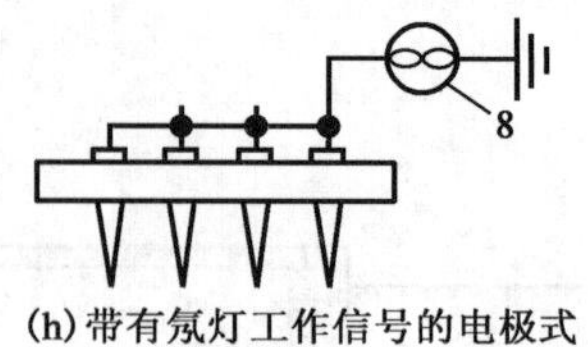

(h)带有氖灯工作信号的电极式

图 3-18　静电感应式中和器图

1—针状电极；2—支承体；3—屏蔽罩；4—刷型电极；5—导线电源；6—移动的带电带料；7—微安计；8—氖灯

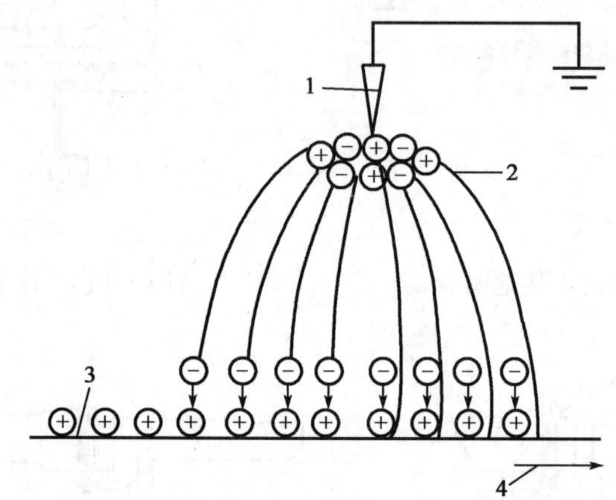

图 3-19　静电感应中和电荷的原理图

1—放电电极；2—碰撞电离区；3—带电电介质；4—电介质运动方向

(三)燃气火灾爆炸预防的基本措施

根据燃烧的基本原理，做好燃气防火防爆工作的主要措施就是设法消除燃烧充分条件中的任何一个要素。

1. 控制泄漏

燃气工程的各个工艺系统，设备的每个部分都有容易发生泄漏的薄弱环节。防止燃气泄漏，使其不能达到爆炸极限，这是防止爆炸的首要措施。

(1)将有泄漏危险的装置和设备尽量安装在露天或半露天的厂房中，以利于泄漏的燃气扩散稀释。当必须安装与室内或厂房内时，厂房建筑应具有良好的通风设施，或加装必备的防爆通风设备。

(2)生产设备投产前，应检查其密闭性和耐压强度。所有的设备、管道和阀件等易泄漏的部位，要经常检查，避免“跑、冒、滴、漏”现象发生。

(3)设备和管道检修时，特别是动火作业，必须用惰性气体或水进行充分地置换，并经彻底清洗、分析合格才能使用。

(4)当长输管道无法用惰性气体进行置换，又必须动火时，应采取措施严防空气进入形成爆炸混合气体，防止管内火灾爆炸。

(5)设备上的一切排气放空管都应伸出室外，且应考虑周围建筑物的高度与周围环境，不得污染环境或对他人构成威胁。此外，还应检查带压运行装置的气密性，防止燃气泄漏。对负压生产设备，应防止空气侵入而使设备内的燃气达到爆炸极限。

(6)为防止燃气泄漏，还应预防容器破裂。容器破裂多由超压引起。防止容器出现超压，主要依赖于检测设备的可靠性和操作的准确性。在储存液化石油气的过程中，容器内的液相重量限制极为严格，如过量充装，在使用中由于温度的变化很容易引起超压。如果容器的运行温度环境超过其设计使用温度的最高限额，也会导致超压。

2.消除火源

存在有燃烧爆炸混合气体的危险场所，应严格消除可以点燃爆炸混合气体的各种火源。管理好火源是预防火灾爆炸的关键。但火源的种类很多，有的是无法管理的。常见的火源控制措施有：

1)明火

爆炸危险场所应严禁吸烟和携带火种；在具有火灾爆炸危险的厂房和仓库内，必须使用防爆电气设施和照明；在工艺操作过程中，气化加热燃气时，必须采用热水、水蒸气及其他较为安全的加热方法；对设备和管道进行检修动火时，必须严格执行动火制度。

2)冲击摩擦火花

摩擦和撞击往往是造成燃气火灾爆炸事故的根源之一。因此，在具有爆炸危险的生产场所应采取严格的措施，防止设备不产生火花，如机器的传动、运动、摩擦件的材料选择处理，应润滑良好，以消除火花。工作人员禁止穿铁钉鞋和未穿防静电服进入易燃易爆场所。

3)电火花

电器的启动器、开关灯在断电或送电时产生火花。各种电器的接点在安装或脱落时也会产生火花。电气设备在短路时产生的火花是极其强烈的。因此，燃气装置上所有的电气设备和照明装置都必须符合防火防爆的安全要求。

(1)电线电缆要绝缘，且应具有耐腐蚀性。

(2)生产装置区一律采用防爆式电气设备，如防爆电动机、防爆开关、防爆仪表等。

(3)电气设备的熔断丝必须与额定的容量相适应。

(4)对一切电气设备都应有规章制度，并经常检查。

(5)严禁在生产装置区拉临时电源线及安装不符合工艺要求的用电设备。

(6)工作结束后，应及时切断电气设备的电源。

4)静电放电

实验证明，静电产生的电火花的能量往往大于点燃可燃气体所需要的最小点火能量。因此，要从生产工艺控制上和用静电接地的方法来消散静电荷。具体措施有：控制物料的输送速度；合理选择机器的转动方式；加强静电接地装置的维护与检测；作业人员穿着防静电服等。

5)雷电

雷电的火灾危险性，主要表现在雷电放电时所出现的各种物理效应和作用，如雷电放电时的电效应、热效应和机械效应。此外，雷电的静电感应、电磁感应和雷电波的侵入也会引起可燃气的燃烧和爆炸。防雷电的基本措施有：安装防雷装置、根据不同的保护对象采取不同的防雷具体措施以及对防雷装置进行日常巡查和定期检查(定期检测每年不应少于2次)。

6)化学能

在生产中往往有许多放热的化学反应，如果操作条件控制不当，使化学反应激烈，便可造成火灾爆炸事故。因此，应根据生产的性质制定安全操作规程和防火制度，教育职工必须特别注意温度、压力、加料和搅拌等关键性的安全操作，设置灵敏可靠的控制仪表(温度计、压力计、流量计等)和各种安全设备(安全阀、防爆片、报警装置等)。

7)聚集日光

直射的日光透过凸透镜、圆形玻璃瓶或含有气泡的平板玻璃等,均能形成聚焦。在焦点处温度很高,这种高温能引起天然气燃烧和爆炸。因此,在有引起燃烧爆炸的场所,必须采取遮阳措施,窗户采取磨砂玻璃。

3.控制灾害范围

一旦事故发生,损失是在所难免的,而且很难终止。这时,所采取的唯一办法就是使灾害控制在局部范围内,不能使其向周围更广泛的区域蔓延。燃气工程中所发生的事故,其扩散范围相当广,气体的扩散、液体的流动、爆炸攻击波压力等都会在很大程度上对周围环境产生破坏。

第四节　城市燃气火灾的灭火技术

一、火灾种类与危险等级

(一)火灾种类

城市燃气工程中,设备、容器、输气管道、储气罐、灶具等发生故障、老化或腐蚀引起漏气,遇火源后发生火灾的可能非常大。为防止火灾的发生,首要问题是防止燃气泄漏。

根据现行国家标准 GB/T 4968—2008《火灾分类》,我国将火灾种类分为六类。

A类火灾:指固体物质火灾。这种物质往往具有有机物性质,一般在燃烧时能产生灼热的余烬,如木材、棉、毛、麻、纸张火灾等。

B类火灾:指液体火灾或可熔化的固体物质火灾,如汽油、煤油、原油、甲醇、乙醇、沥青、石蜡火灾等。

C类火灾:指气体火灾,如煤气、天然气、甲烷、乙烷、丙烷、氢气火灾等。

D类火灾:指金属火灾,如钾、钠、镁、钛、锆、锂、铝镁合金火灾等。

E类火灾:指带电体的火灾,如发电机房、变压器房、配电房、仪器仪表间和电子计算机房等,在燃烧时不能及时或不宜断电的电气设备带电燃烧的火灾。

F类火灾:烹饪器具内的烹饪物火灾,如动植物油脂。

(二)火灾的危险等级

根据 GB 50140—2005《建筑灭火器配置设计规范》,建筑物场所火灾危险等级划分为严重危险级、中危险级和低危险级,见表 3-15。

表 3-15　建筑场所火灾危险等级划分

危险等级 配置场所	严重危险级	中危险级	低危险级
厂房	甲、乙类物品生产场所	丙类物品生产场所	丁、戊类物品生产场所
库房	甲、乙类物品储存场所	丙类物品储存场所	丁、戊类物品储存场所

二、灭火原理及方法

(一)灭火的基本原理

灭火分为物理作用灭火和化学作用灭火两大类。物理作用灭火是控制火灾中的物质和热量运动,使燃烧中断,达到灭火的目的。化学作用灭火是将燃烧抑制剂投入火焰中,与维持燃烧反应的活性自由基或者活性基团结合,中断燃烧链式反应,使火熄灭。

(二)灭火的基本方法

根据物质燃烧原理和实践经验,灭火的基本方法主要有四种,即隔离灭火法、窒息灭火法、冷却灭火法和化学抑制灭火法。前三种方法属于物理灭火法,后一种方法是化学灭火法。燃气站场内设置的各种固定灭火装置及移动式灭火器材,其灭火原理都是上述方法中的一种,或几种综合作用的结果。

1. 隔离灭火法

既然燃烧是可燃物与空气两种物质的化学反应,那么把它们隔离开来,使之不能互相接触,燃烧自然就会中止。例如,用石墨粉覆盖在燃烧的金属上,把金属与空气隔离开来,金属的燃烧就会熄灭。灭火泡沫像一层厚厚的毡毯覆盖在燃烧液体或固体的表面上,在冷却作用的同时,把可燃物与空气以及火焰隔离开去,火焰失去了燃料来源,随之就会熄灭。

2. 窒息灭火法

窒息灭火法就是阻止空气流入燃烧区,或用不燃物质冲淡空气,使燃烧物质缺氧窒息而熄灭。各种可燃物的燃烧,都存在一个维持燃烧所需的最低氧浓度,当空气中的氧气低于此浓度时,燃烧就不能进行。表 3-16 列出了各种物质维持其燃烧的最低氧浓度。

表 3-16　几种物质停止燃烧的最高含氧量(体积分数)　　单位:%

物质名称	停止燃烧的最高含氧量	物质名称	停止燃烧的最高含氧量
汽油	14.4	乙醚	12.0
乙醇	15.0	橡胶屑	13.0
煤油	15.0	棉花	8.0
丙酮	13.0	氢	5.9

空气中氧气的浓度按体积计约 21%,这种浓度足以维持绝大多数可燃物的燃烧。如果用对燃烧呈惰性的气体,如用二氧化碳、水蒸气、氮气等来稀释空气,使空气中的含氧量降到维持燃烧的最低氧浓度以下,燃烧就会熄灭。

3. 冷却灭火法

一般可燃物之所以能够持续燃烧,就是因为在火焰或热的作用下,达到或超过了各自的燃点温度,在此温度下,通过热解或蒸发能够产生足以维持燃烧的气体或蒸气。如果将可燃物冷却到其燃点温度以下,并隔绝外来的热源,它就不能产生足以维持燃烧的气体或蒸气,燃烧反应就会被迫中止。

水具有很大的比热容和很高的汽化潜热,用水扑救一般固体物质火灾,主要就是通过冷却作用来实现的。当把水喷洒到灼热的燃烧表面时,水在与燃烧物接触的过程中,通过被加热和汽化，就会大量吸收燃烧物的热量，使燃烧物的温度大大降低而最终停止燃烧。

4. 化学抑制灭火法

化学抑制灭火法就是使灭火剂参加到燃烧反应过程中去，使燃烧过程中产生的游离基消失，而形成稳定分子或者低活性的游离基，使燃烧反应中止。

物质的有焰燃烧都是通过链锁反应来进行的。在碳氢化合物燃烧的火焰中，维持其链锁反应的自由基主要是 H、OH 和 O。据称，对于含氢的化合物，燃烧速度取决于火焰中 OH 的浓度和反应的压力；对于不含氢的燃烧物，燃烧速度取决于火焰中 O 的浓度。因此，如果能够有效地抑制自由基的产生或者能够迅速降低火焰中 H、OH、O 等自由基的浓度，那么燃烧就会中止。卤代烷灭火剂在火焰的高温作用下产生的自由基 Br、Cl 以及干粉灭火剂的粉粒，都是捕获自由基的能手，从而导致火焰的熄灭。

三、常见灭火剂与灭火器

(一)灭火剂

以上所讲的四种灭火方法，也就是各种灭火剂的四种主要灭火机理或灭火作用。不同的灭火剂有其不同的灭火作用。同一种灭火剂在灭火中的灭火作用，往往不是一种因素单独起作用，而是几种因素联合作用的结果。但是，其中必有一种因素起主要灭火作用。例如，水的主要灭火作用是冷却作用；泡沫、金属灭火剂的主要灭火作用是隔离作用；二氧化碳、水蒸气的主要灭火作用是窒息作用；干粉、卤代烷的主要灭火作用是化学抑制。各类灭火剂的种类和适用条件见表 3－17。

表 3－17 灭火剂的种类和适用条件

序号	灭火剂名称	类别		适用火灾条件
1	水			除了一些情况，适用范围较广
2	普通泡沫灭火剂	(1)蛋白泡沫灭火剂 (2)氟蛋白泡沫灭火剂 (3)水成膜泡沫灭火剂 (4)化学泡沫灭火剂 (5)合成泡沫灭火剂		适用于扑救 A 类火灾和 B 类火灾中的非极性液体火灾
3	抗溶泡沫灭火剂	(1)金属皂型抗溶泡沫灭火剂 (2)凝胶型抗溶泡沫灭火剂 (3)抗溶氟蛋白泡沫灭火剂 (4)抗溶化学泡沫灭火剂		适用于扑救 A 类火灾和 B 类火灾
4	干粉灭火剂	普通干粉灭火剂	(1)碳酸氢钠干粉 (2)改性钠盐干粉 (3)碳酸氢钾干粉 (4)氯化钾干粉 (5)硫酸钾干粉 (6)氨基干粉	适用于扑救 B、C 类火灾和带电设备火灾
		多用干粉灭火剂(主要是以磷铵盐为基料的干粉)		适用于扑救 A、B、C 类火灾和带电设备火灾

续表

序号	灭火剂名称	类　别	适用火灾条件
5	卤代烷灭火剂	(1)三氟一溴甲烷(1301) (2)二氟一氯一溴甲烷(1211) (3)四氟二溴乙烷 (2402) (4)二氟二溴甲烷(1202)	适用于扑救易燃液体、气体、电气火灾，特别是精密仪器、仪表及重要文献资料的灭火
6	二氧化碳灭火剂		适用于扑灭钾、镁、钠金属过氧化物、有机氧化物等氧化剂的火灾

1. 水

水是使用最广泛的一种天然灭火剂。水灭火剂的适用范围较广，除以下情况，都可以考虑用水灭火：

——忌水性物质，(如轻金属、电石等)着火不能用水扑救。

——不溶于水而且密度小于水的易燃液体(如汽油、煤油等)着火不能用水扑救，但原油、重油可用雾状水扑救。

——密集水流不能扑救带电设备火灾。

——不能用密集水流扑救储存有大量浓硫酸、浓硝酸场所的火灾。

——高温设备着火不宜用水扑救，因为这会使金属机械强度受到影响。

——精密仪器设备、贵重文物档案、图书着火，不宜用水扑救。

水的灭火作用有：

(1)冷却作用：冷却是水的主要灭火作用。试验证明，若将 1kg 常温下的水(20℃)喷洒到火源处，使水温升至 100℃，则要吸收 335kJ 的热量，若再将其汽化，变成 100℃的水蒸气，又能吸收 2259kJ 的热量。因此，当水与炽热的燃烧物接触时，在被加热和汽化的过程中，就会大量吸收燃烧物的热量，迫使燃烧物的温度大大降低而最终停止燃烧。

(2)窒息作用：水遇到炽热的燃烧物会被加热和汽化，产生大量的水蒸气。1kg 水汽化后可生成 1700L 水蒸气。水变成水蒸气后，体积急剧增大，大量水蒸气的产生，将排挤和阻止空气进入燃烧区，从而降低了燃烧区内氧气的含量。试验证明，当空气中的水蒸气体积含量达 35％时，大多数燃烧就会停止。1kg 水变成水蒸气时的抑燃空间可达 5m^3，因此水有良好的窒息灭火作用。

(3)冲击作用：在机械力的作用下，直流水枪射出的密集水流，具有强大的冲击力和动能。高压水流强烈地冲击燃烧物和火焰，可以冲散燃烧物，使燃烧强度显著减弱；水还可以冲断火焰，使之熄灭。

(4)稀释作用：水溶性可燃液体发生火灾时，在允许用水扑救的条件下，水与可燃液体混合后，可降低它的浓度，因而降低了蒸发速度和燃烧区内可燃气体的浓度，使燃烧强度减弱。当水溶性可燃液体被水稀释到可燃浓度以下时，燃烧即自行停止(水的稀释灭火作用只适用于容器中贮有少量水溶性可燃液体的火灾，或浅层的水溶性可燃液体溢流引起的火灾)。

2. 泡沫灭火剂

泡沫是一种体积较小，表面被液体包围的气泡群。火场上使用的灭火泡沫是由泡沫灭火剂的水溶液，通过物理、化学作用，充填大量气体(二氧化碳或空气)后形成的。通常使用灭火泡沫，发泡倍数的范围为 2～1000，密度在 0.001～0.5kg/m^3 之间。

泡沫灭火剂的灭火作用有：

(1)覆盖作用(主要作用)：灭火泡沫在燃烧物表面形成的泡沫覆盖层，可使燃烧物表面与空气隔离，可以隔断火焰对燃烧物的热辐射，阻止燃烧物的蒸发或热解挥发，使可燃气体难以进入燃烧区。

(2)冷却作用：泡沫析出的液体对燃烧表面可起到冷却作用。

(3)稀释作用：泡沫受热产生的水蒸气有稀释燃烧区氧气浓度的作用。

泡沫灭火剂适用于扑救A、B类火灾中的非水溶性液体火灾；不适用于扑救遇水燃烧物质的火灾、气体火灾和带电设备的火灾。

3. 干粉灭火剂

干粉灭火剂是一种微细而干燥的、易于流动的固体粉末。

干粉灭火剂的灭火作用有：

(1)抑制作用：干粉喷入燃烧区与火焰混合时，粉粒便与火焰中的自由基接触而把它瞬时吸附在自己的表面，形成了不活泼的水。所以，借助粉粒的作用，可以消耗火焰中的自由基OH和H。当大量的粉粒以雾状形式喷向火焰时，可以大大吸收火焰中的自由基，使其数量急剧减少，从而中断燃烧的链锁反应，使火焰熄灭。

(2)稀释作用：使用干粉灭火时，浓云般的粉雾包围了火焰，可以减少火焰对燃料的热辐射；同时，粉粒受高温的作用，将会放出结晶水或发生分解，这样不仅可以吸收部分热量，而且分解生成的不活泼气体又对燃烧区内氧的浓度有稀释作用但这些作用对灭火的影响远不如抑制作用大。

干粉灭火剂适用于扑救可燃气体火灾和甲、乙、丙类液体火灾及电气设备火灾。干粉灭火剂对人、畜是无毒或低毒，但有强烈的窒息作用。

4. 卤代烷灭火剂

卤代烷灭火剂是以卤素原子取代烷烃分子中的部分或全部氢原子后得到的有机化合物灭火剂。一些低级烷烃的卤代物具有程度不同的灭火作用，这些具有灭火作用的低级烷烃卤代烷称为卤代烷灭火剂。卤代烷灭火剂应用范围较广，并且灭火速度快、用量省、容易汽化、空间淹没性好、洁净、不导电、可靠期贮存不会变质，是一种优良的灭火剂。这类气体由氟、氯、溴等卤素原子取代低级烷烃(甲烷、乙烷)分子中氢原子后所得到的一类有机化合物。

卤代烷灭火剂的(1211灭火剂、1301灭火剂)灭火作用主要是化学作用：卤代烷灭火剂在火焰的高温中分解产生活性游离基Br、Cl等，参与物质燃烧过程中的化学反应，清除维持燃烧所必需的活性游离基OH、H等，生成稳定的分子H_2O，CO_2以及活性较低的游离基R等，从而使燃烧过程中的链锁反应中断而灭火。卤代烷灭火剂适用于扑救精密设备、仪器、仪表文物档案的火灾，灭火后无残渣、残迹和污损。

5. 二氧化碳灭火剂

二氧化碳灭火剂的灭火作用有：

(1)窒息作用(主要作用)：当把二氧化碳释放到灭火空间时，由于二氧化碳的迅速汽化，排挤、稀释燃烧区的空气，使空间的氧气含量减少，当空间的氧气含量低于维持物质燃烧所需的极限氧含量时，物质的燃烧就会熄灭。

(2)冷却作用(次要作用)：当把二氧化碳从钢瓶中释放出来，由液体迅速膨胀为气体时，会产生一个冷冻效果，致使部分二氧化碳转变为固态的干冰。干冰迅速汽化的过程中，要从火焰和周围环境吸热。

二氧化碳灭火剂适用于扑救气体火灾，甲、乙、丙类液体火灾和一般固体物质火灾。灭火后无污染、无腐蚀，不留痕迹。另外，二氧化碳是一种不导电的物质，可以用来扑救带电设备的火灾。

(二)灭火器

灭火器构造简单、使用方便，用于扑救初起火灾，是常见的灭火器材。灭火器种类繁多，它们的使用方法、适用范围、保养要求都有一定区别。目前，常用的灭火器有泡沫、二氧化碳、干粉、1211、四氯化碳灭火器五种。图 3－20 为手提式灭火器结构示意图。表 3－18 列出了常见灭火器的主要性能。

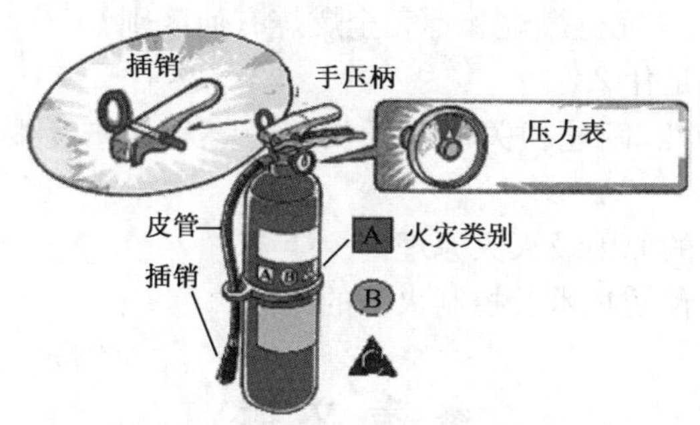

图 3－20　灭火器的结构示意图

表 3－18　常见灭火器性能表

种类	泡沫灭火器	1211 灭火器	二氧化碳灭火器	四氯化碳灭火器	干粉灭火器
规格	10L 65～130L	2kg 以下 4kg 6kg	2kg 以下 2～3kg 5～7kg	2kg 以下 2～3kg 5～8kg	4kg 8kg 35kg
药剂	筒内装有碳酸氢钠，发沫剂和硫酸铝溶液		瓶内盛有压缩成液态的二氧化碳	钢瓶内装有四氯化碳液体	瓶内装有小苏打或钾盐干粉
用途	适合扑救油类火灾	适用扑救油类、有机溶剂、精密仪器、文件档案等火灾	适用扑救贵重仪器和设备，不能扑救金属钾、钠、镁、铝等物质的火灾	用于扑救电气火灾，不能扑救金属钾、钠、镁、铝、乙炔、乙烯、二硫化碳等火灾	适用于扑救石油、石油产品、油漆、有机溶剂和电器设备等火灾
性能	10L 灭火器喷射时间 60s，射程为 8m；65L 的喷射时间 170s，有效射程为 13.5m	10L 灭火器喷射时间 50s，射程为 10m	要接近着火地点，保持 3m 远	3kg 四氯化碳喷射时间 30s，射程为 7m	8kg 干粉喷射时间 14～16s，射程为 4.5m
使用方法	倒过来稍加摇动或打开开关，药剂即喷出	把灭火器筒倒过来，溶液即可喷出	一手拿好喇叭筒对准火源，一手打开开关即可	只要打开开关，液体就可喷出	提起圈环，干粉即可喷出

灭火器保管和检查要注意以下事项：

保管：(1)要放在方便取用的地方，应保持干燥通风，防止受潮、日晒；(2)防止喷嘴堵塞；(3)注意使用期限；(4)冬季应注意保温，防止灭火器冻结。

检查：(1)应保持泡沫灭火器泡沫发生倍数在5.5倍左右。(2)二氧化碳灭火器每年称重一次，将得出的重量与器体上注明的器体重量和二氧化碳净重相对照，如二氧化碳净重减少10%以内应检修充气。(3)四氯化碳灭火器应定期用仪器试验瓶内液体压力，发现不足8kg应充气。

◇ 思考题 ◇

1. 燃烧的本质是什么？完全燃烧和不完全燃烧有何区别？

2. 爆炸的条件和机理是什么？

3. 根据燃气的危险特性，阐述相关从业人员以及燃气用户需要如何预防燃气火灾爆炸事故。

4. 简述燃气火灾发生的原因及灭火原理。

5. 简述燃气火灾爆炸预防技术及控制火势的方法。

参 考 文 献

[1] 白世武. 城市燃气实用手册. 北京：石油工业出版社，2008.

[2] 席德粹，刘松仁，王可仁. 城市燃气管网设计与施工. 上海：科学技术出版社，1999.

[3] 张月钦，张维勤，韩玉廷. 城市燃气应用基础与实践. 东营：中国石油大学出版社，2010.

[4] 戴路. 燃气供应与安全管理[M]. 北京：中国建筑工业出版社，2008.

[5] 彭世尼，等. 燃气安全技术[M]. 重庆：重庆大学出版社，2005.

[6] GB/T 4968—2008 火灾分类.

[7] GB 50140—2005 建筑灭火器配置设计规范.

第四章　城市燃气管网安全分析与管理

第一节　城市燃气管网与管网系统

一、城市燃气管网的分类

通常将城市燃气管网根据形状、输气压力、用途和敷设方式等进行分类，见表 4－1。

表 4－1　城市燃气管网分类

分类依据	类别	特点
形状	枝状管网	管网形状像树枝，其中的每个用气点的气体只可能来自一个方向，适用于较小的城市或企业内部。它的优点是投资相对于环状管网的小很多
	环状管网	由若干封闭成环的管段组成，流入环中某管段的气体可有一条管段或同时由多条管段供给。它的优点是气体分配调节灵活可靠，管网的局部破坏不会影响整个管网的供气；另外环状管网的气体压力分布比较均匀，天然气可同时沿几条管道流动，使得其管道直径比枝状管网小一些
	环枝状管网	环状与枝状混合的一种管网形式，是工程设计中常用的管网形式
输气压力	低压燃气管道	$p<0.01$MPa
	中压 B 燃气管道	0.01MPa$\leqslant p \leqslant$0.2MPa
	中压 A 燃气管道	0.2MPa$< p \leqslant$0.4MPa
	次高压 B 燃气管道	0.4MPa$< p \leqslant$0.8MPa
	次高压 A 燃气管道	0.8MPa$< p \leqslant$1.6MPa
	高压 B 燃气管道	1.6MPa$< p \leqslant$2.5MPa
	高压 A 燃气管道	2.5MPa$< p \leqslant$4MPa
用途	长输管道	主要用来长距离输送燃气，一般压力很高
	城镇燃气管道	主要有输配管道、用户引入管和室内燃气管道
	工业企业燃气管道	主要包括工厂引入管和厂区燃气管道、车间燃气管道、炉前燃气管道
敷设方式	地下燃气管道	城镇中的燃气管道普遍采用地下敷设
	架空燃气管道	主要适用于长输管线的特殊地形地区、城市管网的跨越工程、厂区内部和工业区，以及管道液化气的小区庭院中压进户工程

二、城市燃气管网系统分类

城市燃气管网系统根据所采用的管网压力级制不同可分为五种。

一级管网系统：即只有一个压力等级的城市燃气管网系统，可以为低压、中压或次高压管网。其中最常见的为低压一级管网，它将来自输气干线的天然气送入储配站，经调压后直接送入低压配气管网。

二级管网系统：即具有两个压力等级的城市燃气管网系统，其中一级为低压管网，另一级为中压、次高压或高压管网。其中最常见的属中(次高)压和低压二级管网系统，其工艺流程为天然气从输气干线最先进入城市门站，经调压计量后送入城市中(次高)压管网，而后经中(次高)压、低压调压站调压后送入低压燃气管网，最后进入用户管道。

三级管网系统：即具有三个压力等级的城市燃气管网系统，其中通常含有中、低压两级，另一级为次高压或高压管网。此系统是从输气干线来的天然气首先进入门站，经调压计量后进入城市高压(次高压)管网，然后经高、中压调压站调压后进入中压管网，最后由中、低压调压站调压后送入低压管网。

多级管网系统：即具有三个以上的压力等级的城市燃气管网系统，通常由低压、中压、次高压和高压，甚至超高压力的管网组成。其工艺流程为天然气从输气干线进入城市储配站，在储配站将天然气的压力降低后送入城市高压网，再分别通过各级调压站进入各级较低压力等级的管网。

混合管网系统：即在一个城市燃气管网系统中，同时存在上述两种以上管网系统的城市配气管网系统。其工艺流程为天然气从输气干线进入城市配气站，经调压、计量后进入中压(或次高压)输气管网，一些区域经中压(或次高压)配气管网送入箱式调压器，最后进入户内管道。另一些区域则经中、低压(或次高压、低压)区域调压站调压后，送入低压管网，最后送入庭院及户内管道。

以上几种城市燃气管网系统的优缺点及适用范围见表4-2。

表4-2 城市燃气管网系统的优缺点及适用范围

各级管网系统	优缺点	适用范围
一级管网系统	以低压一级管网为例，它的管网系统简单，供气比较安全可靠，维护管理费用低，而且输送不需要加压，所以运行费用低。但是供气压力低，致使管道直径大，管网一次投资费用较高	一般只适用于小城市的供气系统
二级管网系统	低压管网配气，所以庭院管道运行比较安全，即便出现漏气，危及的范围小，容易抢修；管道与周围建筑物的安全距离也容易保证。但是由于部分街道要求同时铺设中、低压管道各一条，因此增加了管道长度，也就增加了管道投资。此系统里中、低压调压站占地面积不大，但由于数量多，在某些城市人口密集的地区选择调压站位置困难	适用于街道宽阔、建筑物密度较小的大、中城市
三级管网系统	三级管网系统的调压站一般布置在人烟稀少的郊区，这样即使出现漏气事故，也危及不到人口密集地区。但是由于调压站地点设在郊区，且地点分散，导致管理不便；在各级输配管网系统中以三级系统投资最高；高压外环往往带不上几处用户，基本不起配气作用；同一条道路上往往要敷设两条压力等级不同的管道，因此其管道长度大于一、二级系统；经两级调压后，天然气的部分压力损耗在调压器上，这是导致输配管网管径大的原因之一	通常只有在特大城市，并要求能充分保障供气时才考虑选用
多级管网系统	该系统安全灵活，并且由于主要管道均连成环状，气源来自多个方向，所以供气可靠性高	主要用于人口多、密度大的特大型城市
混合管网系统	此系统的管道总长度较三级、多级管网系统要短，投资较省，此系统的投资介于一级和二级系统之间。该系统一般是在街道宽阔、安全距离可以保证的地区采用一级中压(或次高压)供气，而在人口稠密、街道狭窄地区采用低压供气，因此可以保证安全供气	此系统是我国目前广泛采用的城市配气管网系统

第二节　城市燃气管网事故分析

城市燃气管网事故分析可分为事故可能性分析、事故后果分析和风险评估三个部分。根据国内外地下燃气管道事故统计与分析，泄漏爆炸的原因，即事故的可能性可归纳为外力破坏、防腐不力、操作失误和先天不足等四类。事故后果分析包括管网外部风险和管网内部风险两部分。管网外部风险评估主要研究燃气事故后果所造成的致死概率在空间内的分布，进而计算个人风险和社会风险在空间内的分布。管网内部风险评估主要研究燃气事故风险在管网内传播的机制及管网相继失效的模型。事故风险评估借鉴油气管道评价方法而分成定性风险评价、半定量风险评价和定量风险评价三类。

一、事故统计分析

(一)事故统计

表 4－3 是我国 2002 年至 2003 年第一季度城市燃气管网事故的统计数据。其间共发生 44 起城市燃气管网事故，其中施工损坏 24 起，占 54.54%；交通车辆损坏 6 起，占 13.64%；灾害性自然现象 2 起，占 4.55%；地质沉降 5 起，占 11.36%；管网设施故障 4 起，占 9.09%；不正确操作 2 起，占 4.55%；施工质量影响 1 起，占 2.27%。其中前三者 32 起，占 74.42%。

表 4－3　城市燃气管网事故统计数据

事故起因	事故数	占比(%)
施工损坏	24	54.54
交通车辆损坏	6	13.64
灾害性自然现象	2	4.55
地质沉降	5	11.36
管网设施故障	4	9.09
不正确操作	2	4.55
施工质量影响	1	2.27

表 4－4 和表 4－5 是我国 2002 年至 2003 年第一季度城市燃气用户事故的统计数据。其间共发生城市管道燃气用户事故 16 起，属于用户自己造成的事故 15 起，占 93.75%；属于燃气管理造成的事故 1 件，占 6.25%；其中共死亡 26 人、中毒 27 人、烧伤 37 人。共发生城市液化石油气用户事故 29 起，属于用户自己造成的事故 22 起，占 75.86%；属于燃气管理造成的事故 5 起，占 17.24%；属于其他方面原因造成的事故 2 起，占 6.90%；其中共死亡 20 人、中毒 3 人、烧伤 40 余人。

表 4－4　燃气用户事故统计

项目	管道气用户	LPG 用户
事故起数	16	29
死亡人数	26	20
烧伤人数	37	40
中毒人数	27	3

表 4-5　燃气用户事故统计分析

用户	事故起因	事故起数	占比(%)
管道气用户	用户	15	93.75
	管理	1	6.25
LPG用户	用户	22	75.86
	管理	5	17.24
	其他	2	6.90

(二)事故分析

1.机械或其他外力影响

外力因素分为自然外力和人为外力。自然外力对管网设施的破坏包括塌方等灾害性自然现象所造成的破坏;人为外力可分为直接人为外力破坏和间接人为外力破坏。人为因素直接作用于管道设施造成管道设施损坏而产生燃气泄漏,如开挖、钻探等违章施工和野蛮施工作业时,将中、低压管道挖断挖裂而导致的施工破坏。常见的施工破坏有:地质勘探破坏管道、挖掘机挖断、路面打夯机震断管道等。人为因素间接作用于管道设施所造成的破坏,如外力重压和重车碾压。常见的具体破坏有:因管线间安全距离不够,如垂直距离不够,违章建筑物搭建在燃气管网上,使燃气管网承载,在向下作用力的长期作用下发生断裂,导致泄漏;由于行间距不够,对燃气管线形成侧向推力,发生位移造成管道焊口撕裂,发生泄漏;市场门面房、报亭等违章建筑物、固定物长期压占管线,使燃气管网长期在荷载的作用下,因受力产生缓慢沉陷,引发断裂。埋地管网上方构筑建筑物、堆积物品等重物,日积月累对管道设施造成的损坏,极有可能酿成灾难性的事故。

2.管道运行环境变化的影响

大多数埋设在城市地下的燃气管网都有几十年的管龄,起初铺设时未考虑大型重车通过。随着城市的快速发展,市内道路和旧城改造建筑的施工越来越频繁,物流速度加快,相应路面上的来往车辆日益增多,使得燃气管道负重而引起了事故。

3.地质沉降的影响

地质沉降主要体现在三个方面:一是对地下水和地下矿产资源的过度开发使用导致的地基下降;二是交通环境的变化导致的路基下沉;三是由地质灾害和地震等自然灾害导致的地壳错动。不管是哪种原因,地质沉降产生的地表移动和塌陷将会使管道受到拉伸、压缩、弯曲、剪切等载荷的作用,管道可能发生塑性变形,引起局部屈曲、褶皱等形式的破坏,进一步引发裂纹、管内介质泄漏、燃爆等严重事故。

4.不正确操作的影响

首先是普通民众对燃气缺乏认识,以及他们安全意识的淡薄和匮乏,造成一些人在使用燃气设备时非常随意,从而酿成悲剧;再者是由运行维护人员在实施具体操作时违章作业或误操作所致。

5.施工质量的影响

管道设施建设过程中,不合格的设施、产品和施工都会留下安全隐患。管道使用不合格的防腐层造成管道受腐蚀穿孔漏气、管网设计缺陷如燃气管道与其他市政管道交叉时没有保证安全距离、燃气设施设计缺陷；质检员对燃气管线安装施工质量监管不到位，如有的沟槽深度没有达到要求，这些都是造成燃气安全事故的原因。

6.管道设施安装问题的影响

我国GB 50028—2006《城镇燃气设计规范》中对燃气管道及设备设施的布置、安装都有明确的要求。但是还是有很多人对此心存侥幸，违反规范，自行对管道设施设备进行改动，为了装修外表美观，把燃气设备安装在不被允许的地方（如将燃气管线密封在装饰墙内），给燃气管线安全运行和用户的用气安全造成长期隐患。

（三）城市燃气管网事故防范措施

（1）加快旧管网的更新改造速度。此项工作的最大难题是资金缺乏，因此一方面应多方筹集资金，加大资金投放力度，解决资金缺乏的难题；另一方面应依靠科技进步，加强对新工艺、新技术的应用研究，如国内已有采用的旧管道修复技术，即不开挖管道翻转内衬修复技术，采用此项技术可大大节省资金，加快更新改造的步伐。

（2）加强对燃气工程质量的管理和控制。一方面需要进一步完善监管制度和程序，另一方面有关单位要提高燃气管线施工现场管理人员的业务素质。对燃气管道的设计、材料选择、沟槽开挖、防腐处理、管线焊接、管道铺设及竣工验收等要有一套完整的质量控制标准和要求。设计、施工队伍应具备一定的技术力量，取得相应的资格。在燃气工程的设计、施工、验收、运行及维修工作中，严格执行有关国家标准、规范及规程。投入运行后，各燃气公司应确保各项防范措施和及时进行安全检查，及时发现问题，堵塞漏洞。

（3）加强对灾害性自然现象的预防。我国是地质灾害与地震等自然灾害多发国，过去我国燃气管线及设施都是局部的、区域性的，受自然灾害的影响不显著。随着我国燃气管网的迅速扩大，必然要考虑到自然环境对我国初步形成的全国性的燃气管网系统的不利影响。应吸取教训，加强防范技术措施的研究，有针对性地采取预防措施，减轻和消除自然灾害可能造成的危害。

（4）加强对燃气管线及设施的安全巡查。应严格按照燃气设备管理要求，定期对调压器、阀门等设施进行维护保养，同时利用燃气检漏仪设备，有重点地对管线进行检测，不断提高燃气管线安全运行的科技管理水平。

（5）加强对民众的燃气安全知识的宣传普及力度。利用各种媒介手段向市民宣传燃气设施的安全知识，让大家树立自觉维护燃气管道设施的安全意识，做到经常检查室内的燃气设施，可以大幅度减少燃气安全事故。

（6）建立完备的燃气安全事故应急预案。应急反应机制应包含四个方面，事故的处理程序（应急系统启动的判断）、应急反应中心的指挥架构（指挥和信息传递）、应急反应中心小组分工（应急中心的工作指导）、现场应急反应程序（现场事故处理的指导）。制定应急救援预案是一种强制要求，但重要的是要确保预案在需要时能发挥作用，这就要求经常预演、改进，使真正发生危机时，相关人员能各尽其责，能够有效响应。预案主要包括控制事故对生命和财产的危害以及对所产生后果的最大限度的补救，使事故的危害降到最低的程度。

二、事故特征

管道事故主要包括泄漏、爆炸、中毒，及由此带来的人员伤亡、环境污染、影响社会大范围生产生活等事故。城市燃气又具有易扩散性、易压缩性、易燃烧性、易爆性等特点。结合事故统计分析可知,管网事故具有群发性、社会性、突发性、复杂性等特点。

(一)群发性

城市是人口集中、建筑密集的地区,一旦城市燃气输配气管道发生泄漏以及由此引起爆炸等事故,造成中毒或伤亡的人多面广,在同一时间、同一区域会有很多人受到伤害,往往会诱发惨重的人员伤亡和巨大的财产损失。

(二)社会性

燃气事故造成大量的毒物泄漏,这些泄漏的毒物会污染空气、水源,甚至影响到事故以外的区域或造成灾害,给社会的安定带来不利影响。

(三)突发性

燃气事故往往是突发性的事件,再加上我国现有的预警系统和应急救援方案落后且不完备,使得企业及有关部门猝不及防,难以有效控制和减轻灾害事故后果。

(四)复杂性

燃气事故发生火灾、爆炸及中毒,往往还伴随着机械伤害、腐蚀伤害、高温灼伤等,同时因事故引起的环境污染、停工停产所造成的损失难以估计。

三、事故后果

由城市燃气管网运行特点可知,其事故可引起以下后果:

(1)引发火灾、爆炸,造成管道周围人员伤亡和财产损失;

(2)由介质损失、管道修理费用、停止输气造成的直接经济损失;

(3)对管道周围的环境破坏以及其他间接经济损失。

第三节　城市燃气管网施工安全管理

城市燃气管网施工一般施工区域在城镇市区或周边,城市燃气施工过程往往涉及基坑开挖、管道布管、管道焊接、无损检测、管道试压等多个环节。施工开挖过程中往往与其他市政管网交叉进行,建设工地周围多伴有车行路、人行路、建(构)筑物等设施。因此,如何控制好施工作业现场及周边人群与车辆安全,是城市燃气管网建设工程项目的一项重要任务。

一、施工危险影响因素

(一)大型、小型施工危险影响因素

(1)参加燃气管道施工人员均应遵守国家标准和行业安全操作规程要求,施工时穿戴合格并且安全可靠的劳保用品。

(2)管道施工用设备应性能良好,运转正常,并定期进行保养。

(3)沟槽开挖应按要求设置边坡和加固支撑,人工开挖时,边缘堆土不宜超过 1.5m,且应

距槽口不小于 0.8m,沟槽较大时,应分层开挖;使用机械开挖时,应按机械性能确定分层深度,使用机械开挖且土方量较大时,应用车辆将土方运送到离沟槽较远的地方,防止沟槽边坡塌方伤人。

(4)雨季沟槽开挖和铺设管线时,应在沟槽上缘两侧设置疏水沟,沟槽内设置积水坛并用潜水泵排水,防止浮管现象发生。

(5)沟槽开挖前,必须明确地下的电缆、管线等设施情况,否则应试验性开挖,确认无误后,方可连续作业。

(6)所有施工用电设备、工机具应使用绝缘良好的橡胶软线,电源箱内必须有触点保护器,现场施工暂设应符合施工有关管理规定。

(7)土方回填时,应分层分散回填,分层夯实,严禁集中推入一次夯实,造成回填塌方、管道移位、接口破坏等事故发生。

(二)抢险施工危险影响因素

(1)操作人员必须穿防静电工作服,必须使用防爆工具。在使用钢质工具进行断管、凿削时,为防止火星产生,必须对锤击部位不停地浇水冷却,并用黄油等物质及时涂抹已凿部位。

(2)抢修所用的电动工具应装配防爆电动机与防爆按钮。

(3)地下金属管道上可能有电流通过(杂散电流、阴极保护装置等),在管子切割或连接时,在间隙处可能因电流通过而产生火花,必须消除电流。

(4)钢管带气焊接时,为防止管内混合气体引爆,管内必须保持 196～588Pa 的微正压,并派专人负责监护。需要切割时,应尽量采用机械切割的方法,对于要求不高的切割可以采用电焊冲割的方法,操作时应及时将割穿缝处的火苗扑灭并堵塞泄漏点。严禁使用乙炔焰带气切割。

(5)夜间抢修,严禁使用碘钨灯,应采用防爆灯具。灯具操作点不宜太近,视风向、泄漏量大小确定安全间距。

(6)保持抢修现场的空气畅通。

(7)禁止外来火种引入抢修现场。建立以泄漏点为中心,半径 20m 以上的范围作为施工安全区,并指派专人进行安全监护。

(8)抢修现场上空有电车架空电缆线时,在正上方应设隔离棚,防止摩擦火星坠落沟内。

(9)应事先对抢修现场附近的建筑物进行逐一检查,检查是否有明火,并通知居民或有关人员在带气操作时禁止明火接近。

二、施工安全

城市燃气施工安全大体来说可以从以下几个方面来进行:消除施工中人的不安全行为、物的不安全状态、环境的不安全因素和管理缺陷等内容,以不造成人身伤亡和财产损失为目标。

(一)安全组织机构及职责

项目安全领导小组组长应由总经理担任,成员由项目安全工程师及相关专业工程师及管理人员担任。安全领导小组的职责分工应包括:领导小组组长应负责项目安全管理的全面领导工作;领导小组成员在组长领导下开展工作,并负责审查项目风险识别覆盖场所及工序的符合性;安全工程师应负责项目的日常安全管理和对现场进行安全巡视检查工作;安全监督检查员负责所在施工机组的现场安全检查工作。

(二)安全领导小组岗位责任

组织编制施工作业安全管理文件、安全作业指导书等;监督项目部及分包商安全管理措施落实,督促分包商对施工人员进行安全教育;督促检查项目承包商及分包商施工过程各项安全制度执行情况,发现问题及时整改,不断完善安全管理制度;对特殊施工地段或单出图地段,要求项目分包商必须单独制定施工方案;督促检查项目承包商或分包商按国家或地方有关环保规定,做好环境保护工作,同时尽可能采取措施减少施工噪声,避免对当地居民生活带来不利影响;检查现场施工作业人员安全防护措施落实情况、劳动保护措施落实情况,发现问题立即整改。

(三)安全规定和工作守则

所有进入施工现场的人员必须进行安全环保常识教育,并遵守现场安全、环境保护规定;施工现场必须设专项安全警示标志和专(兼)职安全监督人员。要求员工遵守安全工作规定和要求。应确保给每位进入现场人员提供个人防护装备,采取合理的预防措施,保护自身及周围人员的健康和安全。允许员工及时纠正或报告不安全、破坏环境的行为和状况,报告任何事故或伤亡情况,以便启动安全应急方案,进行急救或记录财产损失。确保每个员工参加定期或不定期安全会议,提出完善安全工作的意见和建议。

(四)对作业机组的安全管理

特殊工种如焊接、起重设备操作手、电工等作业人员上岗证、资质证件必须有效;检查作业人员岗前的安全培训、安全技术交底情况及记录;特殊作业如顶管、跨越施工等应按批准的“专项安全施工方案”施工。现场施工和生活废弃物的处理必须制定处理措施,并定期检查措施实施情况。易燃、易爆危险物品必须制定专项管理办法,进入现场必须实施专项保护措施。现场必须明确紧急救助如火灾、意外伤害事件的急救措施及联系方法等。

(五)施工现场安全措施检查内容

检查作业机组班前会议记录资料;检查现场作业人员防护服装穿戴是否符合规定要求;检查施工现场作业区域警示标志、信号、围栏、路障是否到位;检查现场基坑、管沟、管子堆放地点等是否设置了围栏或安全警示标志;恶劣气候条件作业是否采取特殊防护,如防风、防雨雪、防暑等措施;检查相关危险品、易燃易爆物品存放等是否采取了安全控制措施;检查施工现场废弃物回收容器是否配备,是否采用分类回收办法。

(六)风险削减和控制措施管理

(1)改变对管线管网的被动管理模式。目前,我国大多数城市燃气管线管网还是以传统的管理体制运行,以被动地等待用户的报漏、抢修为主,这种被动管理模式随着管网建设的增加其弊端逐渐呈现。城市燃气管网大多埋在地下,随着时间推移,以前的管道老化较为严重,管线生锈腐蚀,导致燃气管线安全事故经常发生,对居民生命财产安全和燃气行业的经济利益造成了很大的影响。因此,应该改变这种对管线管网的被动管理模式,引进国外先进的管网管理理念,通过先进的科学技术,将城市燃气管网的管理向智能化、工程化、概率化的方向发展,对整个城市管线网络建立综合管理体制，对城市管线实行以预防为主的原则，对城市燃气管网管线实行跟踪检测，并作安全评估，若管线安全不达标，则采取修复措施。

(2)做好城市燃气管线管网的规划管理工作。城市燃气管网管线的规划虽然已经列入城市总体规划之中，但由于各个城市发展速度不一样，城市中总是存在道路及管网管线改造等，在城市改造过程中，有可能出现搭建违章建筑、管线安全距离被侵占、管网管线标志丢失或被移开等情况，造成城市燃气管网管线的规划总是与之前设计规划有出入，从而对城市燃气管网的安全运行造成新的威胁，城市规划相关部门若不引以重视，后果将不堪设想。因此，政府相关管理部门应该建立城市燃气管线管网的综合协调管理机制。这种协调管理机制实际上就是政府相关管理部门对城市地下空间进行统一建设、统一管理和统一规划，建成一个科学、合理并且高效的运作管理体系。城市改造工程应该按照这种综合协调管理机制运行，在不影响燃气管线管网的情况下进行改造施工，这样就可以对城市地下管网进行合理规划。

需要注意的是，建立这种综合协调管理机制时应有前瞻性，不能仅仅考虑短期情况，要结合未来城市发展情况整体布局，要求在未来一段时间之内不能影响城市经济建设的发展。城市规划部门应根据城市地理实际情况统筹兼顾，作好城市燃气管网管线的规划。加强设计、施工管理，提高燃气管网工程质量。目前，我国多个城市出现的燃气管网管线问题表明：燃气管线布局设计不合理、施工质量较低，缺乏工程监理过程，致使燃气管线工程事故频繁发生，对居民生命财产安全和燃气公司经济利益均造成较大的损失。因此，要加强燃气管线管网设计能力，参考国内外先进的管线设计方法，积极引进新材料、新技术；还要加强管线管网施工管理，工程监理人员必须对施工过程及结果进行严格检查，保证燃气管线工程质量，通过各方协调努力，确保燃气管线工程不存在安全隐患。

(3)加强在线运行管线管理力度，达到“管清、管住、管好”的目标。通过对我国燃气事故的调查，发现许多燃气管网的事故是人为造成的，具体体现在城市改建工程施工中，有些施工单位的施工人员在不了解管线布局的情况下，强行施工，造成了燃气管线管网的破坏或重大的安全隐患；还有一些是用户自己因私自改造燃气管线，拆卸燃气设施造成的，这些都会造成安全隐患。因此，政府相关管理部门必须按照相关法律法规处理，为了保护燃气管线管网，必须加强对燃气管线管网的管理力度，加强法律法规的执行力度，对于破坏管线管网的行为要依法办理，政府相关管理部门应该加强对安全使用天然气的宣传，加强用户的安全意识教育，并定期进行安全检查，加强对燃气管线的清占工作的力度，实现城市燃气管网的“管清、管住、管好”的目标。

(4)加强燃气管网的安装施工监理。城市燃气管线在安装过程中，必须加强监理，确保安装步骤准确无误，不留下安全隐患。在城市燃气管网铺设时，由于缺乏监理人员或监理工程师，施工方现场管理人员对燃气管线铺设管理不到位，有些管线铺设时没有按照相关规范进行，如安装沟槽深度较浅不满足规范设计要求，钢管在铺设过程中不作防腐处理，或者将防腐层有损伤的钢管直接埋在地下，长期使用之后，可能使钢管腐蚀穿孔，导致燃气泄漏，造成较大的安全隐患。

第四节　城市燃气管网投产安全管理

一、试压安全

管道试压是管道工程中不可忽略的一个环节，管道试压常采用水压试压。根据场地实际条件，利用水压水源组成管道系统的配件和附件（阀门、井室）的数量，管道各部位的高差情况等条件决定试压的长度。而试压安全则由试压的具体操作而决定。

（一）试压内容

（1）焊接试压封头及导水流程管线。

（2）进行强度试压、严密性试压。

（3）扫水。

（4）拆除试压封头及导水流程管线。

（二）试压安全要求

（1）在使用吊车时，吊车司机应严格执行 GB 6067.1—2010《起重机械安全规程 第 1 部分：总则》中安全操作一般要求、安全技术要求所规定的内容。

（2）在任何时候，如果司机的视野被挡住了（或工作场地光线暗，无法看清被吊物和指挥信号时），则必须停止起吊作业。只有当另一个人站在一个合适位置，向司机传递来自指挥员的信号时，才可以继续起吊作业。

（3）停放吊车位置不得选择在高压线下方。

（4）对参加人员进行技术交底和安全教育，通球、试压介质、压力、试压方式、稳压时间必须遵照设计和有关规范要求，特别是关键工序和部位应重点强调清楚。各工种作业人员必须按操作规程进行操作，严禁野蛮施工。

（5）无论任何时候，都要正确配备人员防护装备，施工人员劳保着装要齐全。作业人员遇到安全防护不完善、防护用品未发放齐全、安全隐患未排除及管理人员违章指挥等情况时，有权停止作业。

（6）考虑线路较长，因此宜采用带跟踪仪的聚氨酯皮碗式清管器。

（7）试压前一周内，通过召集会议、书面通知，向沿线所经过的村镇和居民通知试压时间及注意事项。距试压设备 50m 以内为试压禁区，严禁非试压人员进入。试压时，特别是路口、人口稠密地段必须派专人把守，把守人员配备通信设备（手机），并设置明显的警示标志，无论是主要路口还是乡间小路都安排专人负责进行监控，不允许任何人员和车辆在管线两侧 50m 内停留，在强度试压时间内，尽量不要让无关人员进入警戒区域内。必要时设置隔离带，安排足够的车辆和人员进行巡线检查。

（8）试压过程中，应布置安排巡线人员，每 1000m 设一名巡线监护人员，尽量控制进入管线试压区域的人数，引导行人和车辆避开试压区域；参加巡线的人员每人配备手机，保证相互联络畅通，重点对阀室、弯头、连头和穿越处进行检查，巡线人员保持距离管线 6m 以外。

（9）作业人员长期在高噪声压风机停放场所工作，应戴好耳朵护罩，保护听觉。

（10）每道工序应指定专人专岗负责，非作业人员不得替岗。

（11）施工操作全过程应统一指挥，在压力状态下严禁拆卸和处理泄漏。升压过程应缓慢进行，发现泄漏应泄压处理，出现异常情况及时上报负责人和现场监理，不得带压进行修补工作。如有泄漏，必须泄压后修补，修补合格后重新升压。

（12）通球扫线时，在清管器出口前方 40m 和左右 30m 作出警示标志，沿线专人巡逻，禁止行人、牲畜、车辆等在禁区内停留。

（13）施工临时用电应按有关规程敷设，临时用电线路和设备必须按供电电压等级正确选用，所用的电气元件必须符合国家规范标准要求，所有电源线与金属材料相交处必须安装绝缘保护套并要安装漏电保护器。

(14)通球打压的各类接头应牢固可靠，配件符合压力等级要求，压力表应经校验合格。

(15)由于线路较长，应配备相应的通信工具，保证正常联系。

(16)参与施工人员应穿戴保护用品，负责泄放口工作的人员，在泄放高压气体时，可戴上隔音耳塞。

(17)放空口 50m 左右，应在周围设警示标志。

(18)备齐足够的防雨、防风设施，防止因下大雨、刮大风对设备和人员造成损坏及伤害。

(19)作好夏季防晒，避免人员中暑。

(20)阀门开关时，不得面对手轮；观察压力表时，不得面对表盘。巡线时，巡线人员与管道的距离应不小于 6m，试压设备与管线的距离应不小于 10m。

(21)落实置换过程中的通信联络工作，确保通信联络畅通无阻。

(22)置换过程中，对氮气灌充和排放应由专人负责实施，其他人不得接触与其有关的工序。

(23)施工现场，应分别配备 2 个 8kg 手提式灭火器。

二、置换安全

天然气置换是一项非常危险的工作，若置换方案不当或操作失误，可能发生恶性事故，给人民群众的生命和财产造成损失。因此，天然气置换的安全问题是在置换过程中首先要解决的问题。

以氮气置换为例：先用氮气置换管道中的空气，再用天然气置换管道中的氮气，置换范围为某支线和某末站。××线项目部拟注氮气到某一特定压力，稳压一定时间，经检查管道严密性无问题后，用天然气置换氮气，同时在××末站放空管释放氮气。

必须符合下述要求，才允许实施置换工作：

(1)置换前必须进行风险评估。

(2)戴上适合的个人防护装置。

(3)准备呼吸器并能正常使用。

(4)准备灭火器并置于适当的位置。

(5)管道内空气的置换应在强度试验、严密性试验、吹扫清管、干燥合格后进行。

(6)间接置换应采用氮气或其他无腐蚀、无毒的惰性气体为置换介质。

(7)现场必须设置“禁止火源”、“禁止吸烟”等安全警示标牌。

(8)置换进气端处必须安装压力表，监测压力。

(9)放散口应高出地面 2m 以上。

(10)要求管道在置换中接地，特别是连接 PE 管道时必须接地。

(11)火源必须距离放散口的上风向 5m 以外。

(12)确保气体能畅通无阻地排到大气中。

(13)置换过程中，放空系统的混合气体应彻底放空。

(14)采用阻隔置换法置换空气时，氮气或惰性气体的隔离长度应保证到达置换管道末端空气与天然气不混合。

(15)放空隔离区内不允许有烟火和静电火花产生。

(16)置换管道末端应配备气体含量检测设备，当置换管道末端放空管口气体含氧量体积分数不大于2%或可燃气体体积分数大于95%时，即可认为置换合格。

为了满足中国经济发展和政府对环境保护的要求，我国计划从2007年起用十年左右的时间，逐步建成一横一纵贯穿中国的两条天然气输送干线和西南、两湖、西北、华北、华东、东北等6个区域的天然气管网，这是个利国利民的大工程。因此，燃气管道的置换安全技术也显得尤为重要。值得注意的是，燃气置换是个首要问题，因为这直接影响到用户的正常使用，置换技术的好坏还影响日后的维修频率和负责程度。

第五节　城市燃气管网运营安全管理

近年来，我国城镇燃气事业快速发展，但是，城市燃气管网的防腐检测、安全评估和系统建设等安全运行问题一直是燃气管理的薄弱环节，存在大量的安全隐患，时有燃气事故发生，直接影响人民群众的生命和财产安全，为社会各界所关注。

一、运营安全影响因素

(一)腐蚀

腐蚀是导致燃气管道(主要是钢管)穿孔、破裂的重要破坏因素。对于埋地管道而言，腐蚀来自两个方面——内腐蚀和外腐蚀。内腐蚀是包括燃气对管道的纯化学腐蚀和燃气中固体颗粒或管道中残留物对管道的磨损。在由于腐蚀导致的燃气泄漏等事故中，外腐蚀因素占了70%，是管道腐蚀破坏的主要因素。外腐蚀与管道埋设土壤环境密切相关。

1. 内腐蚀

天然气和人工煤气中均会含有 H_2S、CO_2、H_2O 等腐蚀性介质，它们与金属接触后，会发生纯化学作用而形成腐蚀产物，造成金属溶解，从而导致金属管壁强度的减弱，化学腐蚀的原理如下：

$$Fe_3C+CO_2 \Longrightarrow 3Fe+2CO \qquad (4-1)$$

$$Fe_3C+H_2O \Longrightarrow 3Fe+CO+H_2 \qquad (4-2)$$

腐蚀性介质对管道的腐蚀程度与其在燃气中的浓度有关，对于含有较强且浓度较大腐蚀性介质的燃气，首先应该净化处理，同时其输送管道需要进行内部防护，如保护层、注入缓蚀剂等。保护层既可以防止内腐蚀的作用，也可以起到减少燃气流动时的摩擦阻力，当管内有杂质时，也可以减轻管壁的磨损。

人工煤气和天然气中腐蚀性介质的含量应该分别符合现行国家标准GB/T 13612《人工煤气》和GB 17820《天然气》中所规定的要求。

而人工煤气中的腐蚀性介质及其浓度相对比较大。因此，在城市燃气管网的风险评价指标体系的研究管道设计中，需要考虑防腐蚀保护层。

燃气和管道中的颗粒物，如燃气中未净的颗粒物，管道焊接过程中遗留在管道内的焊渣等，这些杂质在高速燃气流的带动下，会引起管道内壁的磨损，从而使管道受压能力减弱，燃气泄漏风险增加。因此，燃气特别是高压天然气是否含有固体杂质以及燃气管道清管的效果都将直接影响管道内腐蚀(磨损)程度。

2. 外腐蚀

1)土壤对管道的影响

土壤对管道的腐蚀性影响主要是含水率和导电率以及土壤的 pH 值。土壤中的内腐蚀主要是化学腐蚀,外腐蚀则主要是电化学腐蚀。

土壤中管道的腐蚀过程形成各种腐蚀电池,致使管道腐蚀损坏,一般分自然腐蚀和电腐蚀两类。土壤是复杂的三相体系,因而土壤腐蚀要复杂得多。

土壤含水率、pH 值总体表现于土壤的导电率。当导电率小于 5000Ω·cm 时,产生的腐蚀电流较小,因而管道腐蚀速率较低;当导电率大于 100000Ω·cm 时,腐蚀速率最大,对管道的破坏性也最大。

2)管道保护层的工程质量

为防止土壤管道腐蚀,一般采取涂层保护措施,但制约涂层效果的是根据不同地区土壤性质选取的涂料质量及涂层施工质量。通常使用的涂层材料有石油沥青、煤焦油、磁漆、聚乙烯、环氧粉末、聚乙烯三层结构、聚乙烯冷缠胶带等,每种防腐性能有一定的差异。然而,最关键的是涂层的施工质量,首要的条件是能否选择有资质的施工单位。施工单位是否有涂层质量监控保证体系及雄厚的施工、检验技术,将直接影响涂层防腐效果。施工技术中关键的是施工人员的技术及资质,要求严格、技术精湛的作业人员能够及时发现管道自身的缺陷,并及时加以修补。

3)阴极保护效果及其他金属埋地体

牺牲阳极的阴极保护法是比较有效的埋地钢管保护措施。其原理是将较活泼金属或其合金连接在被保护的钢管上,形成原电池,较活泼金属作为腐蚀电池的阳极而被腐蚀,被保护的钢管则得到电子作为阴极而达到保护的目的。然而,其保护效果受阳极金属选材和周围其他金属埋地体的影响较大。地下防腐是一个复杂的过程,阳极金属及管道埋地选点非常重要,选点不当,将与其他金属体形成腐蚀电池,失去保护管道的作用。在管道及阳极周围其他金属埋地体越多,对管道的阴极保护作用也就越小。

4)电流干扰

燃气管道附近的高压电力线路,尤其是沿燃气管线路,具有较强的磁场影响范围,如果距地面较近,磁场的影响就越大。我国的高压电力线输送的是频率为 50Hz 的交流电,变化的电流产生交变磁场,其影响金属管道产生电动势及电流因而加速管道金属电子流失而被腐蚀或损坏防腐涂层。

5)应力腐蚀

所谓应力腐蚀是指埋地管道在管道收缩时产生的拉伸应力、腐蚀环境及缺陷共同作用下的断裂破坏。尤其是在管道环境温度变化较大区域,拉应力的破坏作用也就越大。应力腐蚀将会直接导致管道的断裂,因此应力腐蚀一般也称为应力腐蚀断裂。应力腐蚀断裂是危害最大的腐蚀形态之一。它是一种灾难性的腐蚀,如桥梁断裂、燃气管道的爆炸等,危害极大。即使在腐蚀性不太严重的环境如含有少量氯离子的水、有机溶液、潮湿环境等也会引起强烈的应力腐蚀开裂。应力腐蚀开裂已成为腐蚀研究的重要领域之一。地下燃气管道敷设一般都不考虑拉伸应力的补偿措施,主要是靠弯角补偿,但弯角焊接处的拉应力破坏要比直管大。

6)使用年限

尽管采取了很多措施来保护管道安全,但不能完全根除各种因素对管道的破坏作用,只不过破坏作用有强有弱。破坏作用强,将缩短管道的使用年限。破坏作用弱,将延长管道的使用年限。考虑各种因素进行的埋地管道设计，有一个使用寿命的问题。如果超过规定管道使用年限，各种因素对管道破坏程度增大，管道的安全性将很难估计城市燃气管网的风险评价指标体系的研究和保证。

此外，将来影响燃气管道的另一因素是局部更换管道时，新旧管道之间形成的电位差，电位差越高，腐蚀电流也越大，使管道腐蚀速率加快。

（二）第三方破坏

第三方破坏是指燃气管道因最小埋深、地面上的活动状况（水平）、当地居民的素质（公众教育）、管道地上设备安全、线路状况、巡线频率等破坏因素，这些因素以外力挤压或人为破坏的形式使燃气管道受到损坏。

1. 管道最小埋深

埋深深度是影响燃气管道安全的直接因素，主要表现在地面对其的冲击作用。如穿过或沿公路敷设的燃气管线，在汽车尤其是重型车辆经过时，因自重而对地面存在挤压作用，如果埋设较浅或覆土松软，将减少地面对冲击力的衰减作用，而直接作用至管道，每辆车通过时都会形成冲击，通过后缓慢回位。如此在周期性或非周期性的冲击作用下，天然气高压管道会发生应力蠕变等，时间一长，因叠加效应而导致管道出现裂纹，甚至破裂。另外，如穿越河流的燃气管道，如果管道埋设小于抛锚深度和挖泥深度，锚和挖掘机与管道碰撞，将损坏管道或直接撞开裂孔。管道保护层损坏后，会加速管道的腐蚀破坏。管道撞击裂纹会因其他外力而转变成裂缝。

此外，管道靠近表土时，受天气、温度的影响较大，管道的热胀冷缩率较高，容易导致拉应力无法补偿而造成局部管道裂纹。

一般情况下，管道埋深越深，受地面温度和地上活动的影响越小，管道周围的温度变化小，温差基本恒定。当管道覆土大于 1.6m 时，可以忽略地面活动、地表温度的影响。当管道埋设深度大于最大挖泥深度时，不再受河道船只的影响。

2. 地面活动状况

燃气管道敷设的区域受区域活动而存在安全隐患，区域活动如沿线的建设活动、铁路及公路状况、附近的埋地设施及建筑占压情况等。

在地面活动中，各类建设工程对管道的安全威胁最大，施工过程因开挖而造成的管道破裂事故统计也最多，主要是野蛮施工和未知管道布置而造成的。

其次是占压，不可否认的是项目建成后，由于管理不规范、不到位，可能出现有些企业、私人在燃气管道地面上搭建建筑设施、围墙，以及堆放重型物资等，长期占压会导致地层下沉、错位，从而导致管道变形、裂开。这是城市燃气管道发生事故的一大特色。

在燃气管道附近进行城市市政建设活动的频繁程度，不同程度地影响管道的安全，尤其是道路、铁路建设及埋设其他埋地物等。总的来说，在燃气管道附近进行的动土活动越多，造成管道破坏的频率就越高，管道穿越道路越多，沿道路敷设越长，管道受到的冲击、错位的频率也就越大。

3. 地上设施的安全防护和沿线警示

城市燃气输配系统容易受外力破坏的地上设施主要是调压装置和阀门室。通常情况下是不会被其他物体、车辆所破坏，但如果有些司机违章驾驶，将存在车辆撞坏调压装置和阀门室的可能性。如果调压装置和阀门室未设警告警示标志和必要的防护设施，可能会撞坏调压装置和阀门室。

管道沿线的警示警告标志、指示标志是否清楚，能否为人为活动提供明确的管道的具体位置，使之注意，也会影响到管道安全。

4. 安全教育、在线巡视和直呼系统

直呼系统是一个服务系统，当某公司需要开挖某路面，进行地下管线作业前，将信息传给该服务系统，然后由该系统查询该路面下是否有其他管线，如有的话，将及时告知相关地下管线的营运公司，以防损害地下管线。

（三）自然灾害破坏

自然灾害破坏主要指在台风、地震、暴雨、洪水、地基塌陷等情况下，发生泥石流、土层移动、坍塌等，造成管道暴露、悬空及位移，受外力而破坏。

（四）误操作

误操作包括设计误操作、施工误操作、运营误操作、维护与管理误操作等，这些误操作会导致燃气管网运行的安全性降低，风险增加。

1. 设计误操作

设计误操作主要是由设计人员在设计中工作不认真、未积极配合协商、不实事求是，以及技术水平低下、无实际经验等造成的。

对设计误操作的关键是能否选择有资质、技术力量雄厚的设计单位，看这个单位有无完善的监督审核体系。一般情况下，好的设计单位在人员技术、管理监督、技术审核等方面，可减少由设计带来的误操作。如果选择较次的设计单位，存在设计误操作的可能性将增大。

2. 施工误操作

施工误操作包括未按设计规定的技术要求进行施工，如焊缝有超过规定的缺陷、涂层质量不佳以及下沟回填时将涂层损伤，甚至造成钢管本身损伤等。同样要求施工单位、施工人员应具有相应的资质和技术等级，有完善的施工监督管理体系。

施工安装质量低劣和违章施工等施工误操作引发的事故，表现为：施工安装焊接质量低劣，存在未焊透、夹渣、气孔、未熔合等质量缺陷；防腐涂层材料的选择不当、涂层不均匀不完全、管道缺陷修补不到位；不按设计图纸要求施工，错用材料；临时性地选配阀门、密封件；无损探伤的比例、部位和评判标准不符合有关标准。

3. 运营误操作

运营误操作是指操作规程不完善，工人操作不熟练，遇到非常情况处理不当，安全系统操作失灵，机械工人维修不完善，电信、电力工人等造成的误操作。

4. 维护与管理误操作

城市燃气管网的风险评价指标体系的研究和完善的安全管理制度，包括在线巡视制度、定期检测制度、检查制度、监督机制等。检测人员不能有效地检测管道出现的各类隐患，如阀门的长时间不维护将导致事故一旦发生却无法动作；由于经济管理等原因而造成的管道年久失修；对各种违反规定的做法，没有一套监督考核机制去进行有效的控制等。

管理误操作是指未按本项目的特点及可能出现的事故形式等制定相应的管理机制。

二、安全控制方法

随着我国燃气事业的高速发展，燃气安全技术越来越受到重视，传统的安全检测已经不能满足人们对燃气安全生产运行的要求。以计算机为基础的信息时代，燃气管网也进入了数字化的进程中，城市燃气安全运行管理有了更为先进准确的手段。

随着管网的不断发展延伸，各种对管网设施及用气安全构成威胁的因素越来越多，给我们确保输配系统正常运行及安全供气带来很多问题，发现并解决这类安全隐患具有比较普遍且重要的意义。

(一)腐蚀检测

1. 腐蚀检测

主要存在问题是：

(1)防腐层缺陷(补口防腐质量差或未防腐、绝缘性能严重下降、破损以及第三方破坏等)分布情况亟待查明；

(2)未能全面进行电保护；

(3)已有阴极(牺牲阳极)保护系统运行状况待评估；

(4)杂散电流影响日趋明显，干扰电流(电位)分布状况不明。

2. 需要检测的项目

(1)评估防腐层效果。

(2)评估在线保护效果(保护率)。

(3)评估管道缺陷点的性质。

(4)对腐蚀管段是否可继续利用进行判断。

3. 主要检测项目

1)查明管道防腐层破损部位(或未防腐的口)

使用 PCM 管道电流测绘系统，全面普查待检测管道，对防腐层绝缘电阻明显下降地段以及视电容率显著增高地段重点查定。通过测量等效电流衰减率、电场梯度或磁场分布等多种手段，最终确定防腐层破损点在地表的投影，定位精度应达到±0.5m。

2)分级评价防腐层绝缘性能，查明防腐层绝缘性能严重下降部位

使用 PCM(或 RD4000)。考虑到城市干扰环境、仪器特性及检测结果准确程度，采取必要的抗干扰措施和双频(128Hz 及 640Hz)数据采集方案。基本检测点距 20m，异常地段加密至 2～5m。

PCM(或 RD4000)管道电流衰减法检测的目的为评价防腐层的总体质量状况，查明其绝缘性能严重下降部位，分段计算防腐层平均绝缘电阻，按照业主确认的划分标准，分级评定防腐层质量等级。

外业数据进行内业综合解算，利用专用数据处理软件(FER-PCM2.2 或 FER-RD4000 2.2)首次计算防腐层的绝缘电阻和视电容率。正式计算之前，选择干扰小的管段，抽取三个频率的观测数据(适用于 PCM)，解算管体平均视电阻作为输入参量(亦可参考相应管材的电磁参量)。

在防腐层破损点确定之后，重新计算不包含破损点在内的各管段的防腐层绝缘电阻和防腐层视电容率。最后，按照 SY/T 0087 标准对防腐层绝缘电阻分级，或者根据通过开挖对比（老化程度、耐击穿电压等）所确定的划分依据，对防腐层的绝缘电阻和视电容率分级。

3)测量阴极（或牺牲阳极）保护电位

城市埋地管道分布密集而且结构复杂，第三方管道的电保护情况难以掌握，加之杂散电流干扰环境复杂、参比电极接地条件显著差异等因素，如果不能坚持严格的施测工艺与统一的技术标准，或者没有足够密度的测点分布，那么就不可能得到有意义的自然电位测量结果。鉴于城市干扰环境及其具体的测试条件，只宜对已实施电保护的埋地燃气管道进行保护电位测量。在使用 GDP－16 等仪器与其接入管道点之间串接 SI 信号发生器（带有信号标识功能），使用 SCM 杂散电流测绘系统测量保护电位。

4)测量干扰电流（电位），判断防腐层缺陷点（段）的极性倾向

无论是否对管道进行了电保护，干扰电流都可能在防腐层缺陷点处流进管道或者流出管道。干扰电流流出管道的部位就是阳极倾向点，流进部位则为阴极倾向点。当直流电流自管道经由防腐层缺陷点（段）流向管道周围土壤时，管体发生腐蚀。干扰电流越大、持续时间越长，管体腐蚀越严重。虽然可以利用管地电位分布特征来判断防腐层缺陷是否有阳极倾向，但在市区实施极为困难。宜使用 SCM 杂散电流测绘系统，采用动态（被动源或主动源）观测技术，对防腐层的破损点或缺陷点逐个进行极性倾向判别。

评估腐蚀管段的剩余管壁平均厚度对于阳极倾向点集中分布的管段，或者用其他手段确定的腐蚀管段，在测试条件允许的情况下，使用 GDP－16 进行剩余管壁平均厚度评估，目的在于为制定维修（或更换）方案提供充分依据。必要时亦可适当开挖，用超声测厚仪直接测量管壁厚度。各种检测项目及对应的仪器和方法见表 4－6。

表 4－6　检测项目及对应的仪器和方法

检测项目	宜使用仪器		宜采用的方法
	主件	附、配、备件	
查明防腐层破损（缺陷）点	RD-PCM	A 形架（附）	电流衰减法、电位梯度法、磁场分布法
评估防腐层性能	RD-PCM	RD4000（备）	综合参数异常评价法
评估电保护效果	GDP－16	CEP1010A（备）	近参比法、断电法
判断管道缺陷点是否为阳极倾向点	RD-SCM	SCM200A（备）	动态（或静态）测量法、地表电位矢量法
腐蚀管段的剩余平均壁厚	GDP－16	NT－20（配）	金属蚀失量评价法

（二）泄漏检测

1. 传统的检测系统

以 GB 50028—2006《城镇燃气设计规范》和 CJJ 51—2006《城镇燃气管网抢修和维护技术规程》为主的国家标准构成了城市燃气安全体系的核心。国家标准中规定了各种燃气设施的安全设计、运行与维护所要达到的要求，这些标准特别是强制性条文使得城市用气安全有了保障。在规范和规程中的检漏体系，主要是规定了人工巡检的机制，对燃气管网系统的管道及其附件、设备的安全检查。

人工巡检实质上就是间断性的检测，根据检测特点的不同可分为固定式和便携式。固定

式是指将检测设备固定在某点如用户厨房、检测井、阀门井中，对某一空间进行的监测，一旦发生泄漏并达到一定浓度时，便发出报警信号。便携式是指巡检人员携带检测设备对燃气管道的各个点进行检测，具有高度的灵活性和灵敏度。现有的便携式检测设备很多，灵敏度都很高，基于的原理也都不一样。

2. 发展中的新系统

目前，我国城市燃气管网运行管理正稳步进入计算机监控运行。统计各大城市城镇燃气管网的运行管理系统，SCADA 管道监测控制与数据采集系统得到了广泛的使用。目前，北京、上海、重庆、天津以及合肥等大中城市的燃气管网运行管理都在使用该系统，并在燃气调度和泄漏检测方面取得良好的效果。

SCADA 系统是以计算机为基础的生产过程控制与远程调度相结合的自动化系统，主要由调度控制中心、场站、现场仪表、通信系统四部分组成，其能实现对燃气管网的实时中央监控和管理操作。基于 SCADA 系统的检漏技术就是利用其提供的大量实时的管道燃气参数（温度、压力、流量、流速等）和通信系统，采用不同原理的检测方法来对管道进行泄漏检测。为了提高检测的准确度，一般采用多种方法同时对管道进行检测，通用的检测原理有压力流量分析法、质量体积平衡法。现有的 SCADA 检漏系统设计时，根据应用对象的不同，会采用不同的方法，如美国加利福尼亚 Bakers 油田到拉斯维加斯地区的 Pacific 原油管道系统，采用压力波分析、压力流量分析和质量体积平衡。美国谢夫隆管道公司（CPL）将压力点法（PPA）作为 SCADA 系统的一部分。以统计检漏法为核心的 ATMOSPIPE 泄漏检测系统也可以与 SCADA 系统对接。

（1）压力流量分析法：在管道的出口或入口设置压力和流量测量设备，如所测压力或流量的变化幅度大于预设值，则发出泄漏警报。

（2）质量体积平衡法：质量或体积平衡法的基础也是对流量进行测量，不同点是将流量的变化归纳为质量或体积平衡图，可根据压力/温度的波动和变化对流量进行校正。在质量或体积平衡图上，泄漏引起的流量突变可以得到较清楚地显示，能比第一种形式检测到更小的泄漏量。

（3）压力点法（PPA）：PPA 法是利用压力波原理发展的一种新型检漏方法。该方法依靠分析由单一测点取得数据，在场站或干线某位置上安装一个压力传感器，泄漏时漏电产生的负压波向检测点传播，引起该点压力（或流量）变化，分析比较检测点数据与正常工况的数据，可检测出泄漏。

（4）压力波分析法：当管道发生泄漏事故时，由于压差产生的低压波沿管道上下传播，通过检测压力波，对漏点定位。

（5）统计检漏法：该方法根据管道的人，出口测取的流体流量和压力，连续计算泄漏的统计概率。对于最佳检测时间，使用序列概率比实验方法。当泄漏确定之后，可通过测量流体流量和压力及统计平均值估算泄漏量，用最小二乘法进行泄漏定位。该方法最主要的突破在于无需复杂的管道模型就可到达较高的检测性能。

壳牌公司的管道检漏统计系统适用于气体和液体管道，也适用于多级入口和多级出口管道，在正常的管道运行期间，可检测出很小的泄漏量。由于该系统无需复杂的管道模型，只需很少的工作就可使该系统满足各种运行要求。该系统可根据入口和出口所测的压力及流量进行设计，计算技能低于传统的软件系统，系统的维护简单易行。

3.自发报警系统

由于城市人口密集，通信方便。燃气管网发生泄漏，一旦被人群发觉，会迅速自发报警，相应部门得到信息及时处理。

4.现有系统存在的问题及发展趋势

1)传统的检漏系统的缺陷

传统的检漏系统在时间和空间上存在着许多漏洞，如夜间或人员稀少的燃气泄漏突发事件，一旦在这些时间和地方出现事故，不易发现，造成损失和危害。城市燃气管网较长，巡检的周期也很长。传统的检漏系统重在检测，而不是监测，因此才有了计算机控制的管网自动化技术。

2)现有的各种检测方法的缺陷

压力流量分析法、质量体积平衡法和压力点法易于维护、费用低，但不能确定泄漏位置，也不能适应发生变化的运行条件；压力波分析法对于缓慢增加的泄漏反应弱，甚至无效统计。检漏法仅检测管线入口、出口的压力和流量值所需参数少，这是其优点之一，但也不可避免地带来问题。因为多点同时泄漏与单点泄漏对出入口压力流量的影响是一样的，很难区分。但如果不加以区分，如果发生多点同时泄漏时，所采用的单点定位方法就没有意义。

从SCADA系统发展来看，它较多地运用在长输管线，但由于城市燃气管网不同于长输管线的特点，使得对以往较适用的检测方法在适用性上还有很多问题。实际上由于SCADA系统本身可以提供大量的燃气数据信息，所以一般都采用基于管道燃气数据的算法模型。但是城市管网的特点对各种检测方法的数学模型的建立产生了很大程度的影响，如城市燃气参数变化(工况变化)、各级管道管材不同、管道冗余等。而数学模型建立的好坏将直接影响检漏系统的实际使用效果，数据误差可能会导致较高的误报率。同时，各种算法模型对于微小泄漏的检测着手比较困难，所以连续性检测还不能做到对泄漏检测的全方位监测。

3)发展趋势

连续性检测技术使得检测变成了监测，在时间和空间保证了连续性，使得燃气管网处于实时的监控之中。但连续性检测系统本身存在着一定的缺陷，它的灵敏度和定位精度相对较低，微小泄漏难以察觉，误报率也现对较高。间断性泄漏检测法敏感性和定位精度有着无可比拟的优越性，误报率也非常低，如人或狗巡线(嗅觉)、取样分析法、光学检测法、遥感激光法等，通过对管线进行沿线逐步测量发现管道是否存在泄漏和其他故障。处于复杂城市环境，对其安全性有更高要求的城市燃气管网，要进行连续性检测和间断性检测、计算机监测和人工巡查，只有运用多种手段才能使得燃气系统安全运行得到可靠保证。同时，还要利用各种分析手段对管道进行风险评价，对不同等级的管道运用不同的技术手段以保障其经济适用性。

基于神经网络的管道泄漏检测方法不同于已有的基于管道准确流动模型描述的泄漏检测方法，能够运用自适应能力学习管道的各种工况，对管道运行状况进行分类识别，是一种基于经验的类似于人类的认知过程的方法，该方法还可以应用到管道堵塞、变形等多种故障。对于运行工况比较复杂的城市燃气管网可以利用这些特点设计检测系统，目前已有单位申请了该种检测方法的发明专利，具有广泛的应用前景。

随着检测技术的不断提高如卫星监视系统，城市燃气管道的数字化程度越来越高，计算机管理体系越来越智能化，城市燃气安全、经济的运行将会有更多的保障。

要使管网安全可靠地运行，还必须有相关方面的高度重视乃至市民的共同关心。

第一，各级政府都必须充分认识到燃气管道上违章建筑的危害性，要加大拆除违章建筑的力度。近几年来，市政府成立了专项工作协调组织，按照“谁搭建谁拆除、谁批准谁协调”的原则，明确目标、落实责任，把拆除任务分解到相关职能部门，下达拆除违章建筑的通知，把燃气管道上的违章建筑大幅度降下来，提高了燃气管道的运行安全系数。在具体做法上，把拆除违章建筑和燃气管道和设施改线、移位结合考虑，对于拆除难度很大、拆除资金很多，燃气管道和设施改线、移位具备条件，且费用比拆除费用低的开始考虑管道改线设施移位。

第二，政府职能部门要严格把关地下管线施工报装审批程序，规划、城建等政府职能部门在核发工程施工规划许可证时，凡涉及或影响到地下燃气管线的，应要求建设单位先与燃气安全主管单位及管线业主单位进行衔接协商，工程施工范围大、工期长的建设项目，政府相关职能部门要组织召集各地下管线业主单位及工程施工单位召开工程施工协调会议，并要求施工单位在施工过程中采取相应的防范措施后，再核发工程施工建设规划许可证，以控制施工外界因素损坏燃气管线造成燃气泄漏安全事故的发生。

第三，要进一步加强燃气管道安装施工质量的监管工作，提高燃气管道安装施工质量。一方面要进一步完善监理制度和监理程序，另一方面公司要提高燃气管线施工现场管理人员的业务素质，要求他们熟悉燃气设计安装规范标准。对燃气管道的设计、材料选择、沟槽开挖、防腐处理、管线焊接、管道铺设及竣工验收等要有一套完整的质量控制标准和要求，且要明确责任人，确保燃气管线达到国家燃气安装质量标准。

第四，积极选择新材料、新工艺、新技术敷设和改造城市燃气管道。逐步选用钢骨架 PE、PE 管等新材料，采用新型连接方式的燃气引入管。结合西气东输工程对输送天然气要求，对陈旧的燃气管道，可以采用穿 PE 管技术、管道内衬技术，逐步对有隐患的燃气管线进行改造，这样既消除了燃气泄漏安全隐患，又能延长燃气管线的使用年限。

第五，加强燃气管线及设施的安全巡查工作力度，对燃气管线调压箱、阀门井、凝水缸等设施实行分片分段包干，责任到人。按照燃气设备管理要求，定期对调压器、阀门等设施进行维护保养，同时利用先进的燃气检漏仪器设备，有重点地对管线进行检测，发现安全隐患及时排除，提高燃气管线安全运行的科技管理水平，保障燃气管线及设施的安全运行。

第六，加强对市民进行维护管道燃气设施安全的宣传工作，利用新闻媒体向市民宣传维护燃气设施的安全知识及地方燃气法规，通过宣传教育，使广大市民树立自觉维护管道燃气设施的安全意识。同时，呼吁国家尽快出台统一的燃气行业管理法规，使燃气行业的管理工作进入法制轨道，促进燃气企业的健康发展。

城市燃气管道的安全运行是一个庞大而复杂的系统工程，对城市燃气管道安全运行的管理，需要用法律、行政、经济等多种方法和手段。这既要依靠市政府及其职能部门的高度重视，又要依靠全社会方方面面的关心和支持，最重要的是要依靠燃气公司的领导和员工，本着对社会、企业、对自己高度负责的精神，兢兢业业地做好各项工作，确保城市燃气管道安全运行。

◇ 思考题 ◇

1. 城市燃气管网系统的组成内容是什么？各有什么优缺点？

2. 简述城市燃气管网事故发生的缘由及防范措施。

3. 简述试压的内容及安全要求。

4. 允许实施置换作业要符合哪些要求？

5.简述城市燃气管网运营安全影响因素及安全控制方法?

参 考 文 献

[1] 刘慧卿,傅建,陈红卫.燃气安全使用与消防救护.郑州:黄河水利出版社,2011.
[2] 彭世尼.燃气安全技术.重庆:重庆大学出版社,2005.
[3] 詹淑慧,杨光.城镇燃气安全管理.北京:中国建筑工业出版社,2007.
[4] 白世武.城市燃气实用手册.北京:石油工业出版社,2008.
[5] 袁宗明,等.城市配气.北京:石油工业出版社,2004.
[6] 段长贵.燃气输配.4版.北京:中国建筑工业出版社,2011.

第五章　城市燃气典型场站安全分析与管理

第一节　城市燃气场站类型及功能

城市燃气输配系统是指从接收长输管道供气的门站开始直至用户用具的整个系统，它包括门站、储配站等部分。城市燃气场站在城市燃气输配系统中有着十分重要的作用，一般起到储存、气化、调压、计量以及加臭等作用。

对应其作用，城市燃气场站(主要)包括分输站/门站、长输/高压管道、高中压调压站、储配站、气化站、混气站、供气站、加气站等几部分。

场站的功能不同，那么工艺流程和设备设施都不一样。我们可以将每个功能看作一个模块，可以根据实际需要进行不同模块之间的组合来实现需要的功能。如部分门站只有计量、调压和加臭功能，部分门站在此基础上还有储存调峰功能，或者还有高压天然气灌装功能(用于以压缩天然气形式运输和使用)。

目前城市门站、调压站等以集成为主，即常见的"撬装式"，实现了提高设施整体可靠性和节约用地的目的，同时节省了安装成本和减少了安装难度；而气化装置则以灵活移动和快速安装为主，提高设施的机动性和增强应急能力。同时，固定的、大型的、重要的场站一般都实现了实时监测、远程监控和自动控制，主要是重要参数如压力、流量、温度等；并且逐步与城市燃气地理信息系统(GIS)融合，实现更多功能的应用，提高城市燃气运行管理的科技水平。

以下将介绍几种城市燃气场站。

一、LPG 储存站

LPG 储存站可以分为 LPG 瓶组站储存和储罐储存。

(一)LPG 瓶组站储存

LPG 瓶组站是一种常用的管道 LPG 供应方式，瓶组供气系统是指由多个 50kg 的 LPG 钢瓶组合，设置在专用房间内，经气化、调压后，集中向用气量不大的小区域性用户供应液化石油气的简单装置。

瓶组供气系统具有工艺简单、占地少、设备少、节省投资、建设周期短、见效快、运行费用低、安全可靠及易于并网等特点，适用于管道天然气短时间内无法覆盖的区域。同时受到环境温度的制约，主要应用于南方地区。储存在钢瓶内的石油气从液态气化为气态输送给用户，需要吸收热量，根据其吸收热量的来源及提供方式分为自然气化和强制气化(电热水浴式和空温式)。强制气化是指钢瓶内液态 LPG 依靠自身压力压送至专门的气化装置内(气化器)，强制对其进行加热，使其气化的一种方式。自然气化供气系统的流程见图 5－1，强制气化供气系统的流程见图 5－2。

钢瓶内液态 LPG 依靠钢瓶自身压力送入气化装置，通过载热体进行热交换而被气化，其气化能力取决于气化装置，并随用户的用气量变化而变化。在用气量非常小时，会利用自身显

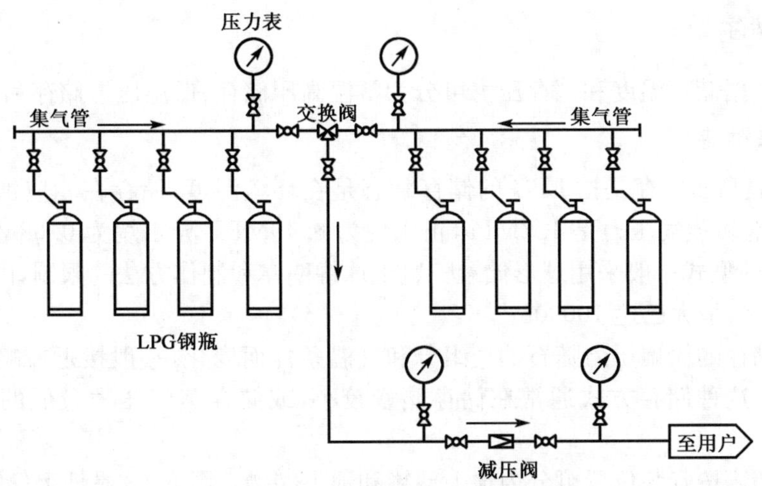

图 5－1　瓶组自然气化供气系统工作流程

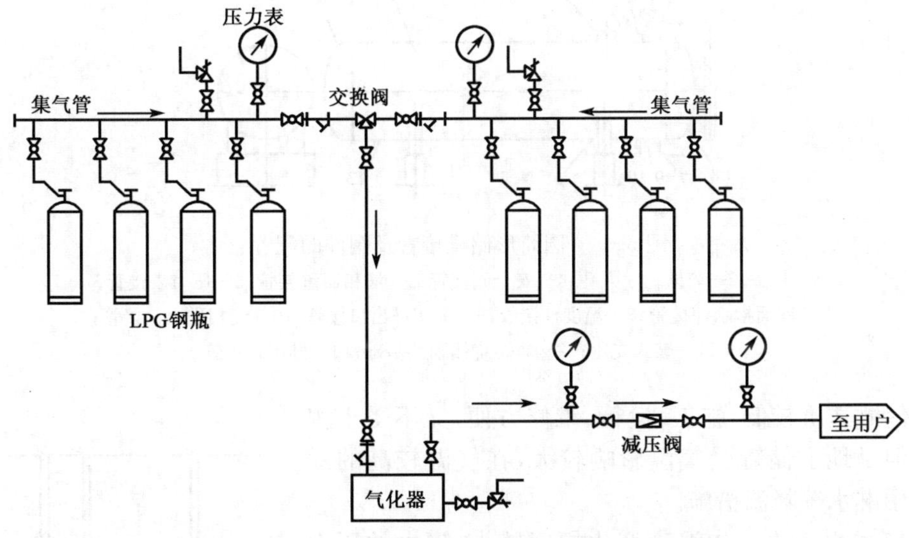

图 5－2　瓶组强制气化供气系统工作流程

热进行自然气化，因气化装置外壁一般采用保温绝热措施而无法靠传热进行自然气化。显热是指当此热量加入或移去后，会导致物质温度的变化，而不发生相变。物质的摩尔量、摩尔热容和温差三者的乘积为显热。即物体不发生化学变化或相变化时，温度升高或降低所需要的热称为显热。

钢瓶内液态石油气依靠自身显热和利用温差通过钢瓶外壁吸收大气热量进行气化的方式。其工艺原理是当用户开始用气时，气体从钢瓶内导出，此时液体温度与环境温度相同，没有温差不能吸收外界大气热量，只能依靠消耗自身显热气化。随着自身热量消耗，液体温度开始下降而与外界环境产生温差，气化所需热量开始从钢瓶外界大气环境吸收热量，直至液体温度不再下降，单靠钢瓶外壁传热进行气化，此时吸收热量与气化所需热量达到动态平衡。当用户停止用气或用气很小时，液态液化石油气利用与钢瓶外界的温差，吸收、储存热量，以提供以后气化所需的部分热量。

(二)储罐储存

储罐储存根据储存温度和储存压力可分为常温高压储存、低温压力储存和低温常压储存。

1. 常温高压储存

LPG 的常温高压储存是指 LPG 的储存状态是在环境温度，储存在相应饱和压力下。如在 50℃丙烷的饱和蒸气压力是 1.7MPa，正丁烷为 0.49MPa，异丁烷为 0.68MPa。由于储存压力较高，储罐的型式一般采用球形储罐。鉴于球罐壁厚和制作方法的限制，丙烷球罐容积一般不超过 5000m³，最大已达 10000m³。

常温高压储存的储罐压力随石油气组分和气温条件而变化，一般接近或略低于气温下的饱和蒸气压力。这种储存方式通常在储存储量较小，或储存蒸气压力较低的液化石油气时采用。

常温高压储罐按安装位置可分为地上储罐和地下储罐。图 5-3 是地上储罐的一种型式，图 5-4 是地下储罐的一种型式。

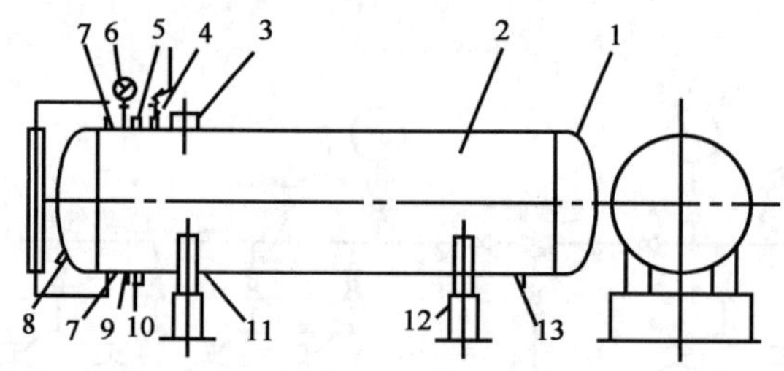

图 5-3　圆筒形储罐接管及阀件的配置

1—封头；2—筒体；3—人孔；4—安全阀接管；5—液相回流接管；6—压力表接管；7—液面指示针接管；8—温度计接管；9—气相进出口接管；10—液相进出口接管；11—鞍式支座；12—非燃烧体刚性基础；13—排污管接管

地上储罐造价较低，施工、运行、维修方便，又不受土壤的腐蚀。但是地上储罐受气温影响较大，在气温较高的地区需要采用淋水等降温措施。

地下储罐由于土壤中温度变化幅度较小，罐内的压力受气温影响较小，比较稳定，容易管理。同时，在夏季罐内液化石油气的温度较地上储罐的低，因此压力也比较低，使用比较安全。此外，从罐车往储罐内卸下液化石油气时，也比较容易。但是，地下储罐施工容易受到土壤的腐蚀。

由于常温高压储存方式具有结构简单、施工方便、便于管理并且运行费用低的优点，目前在国内液化石油气储备站中普遍采用这种储存方式。从施工安装、运行管理和维修等方面考虑，多采用地上储罐。

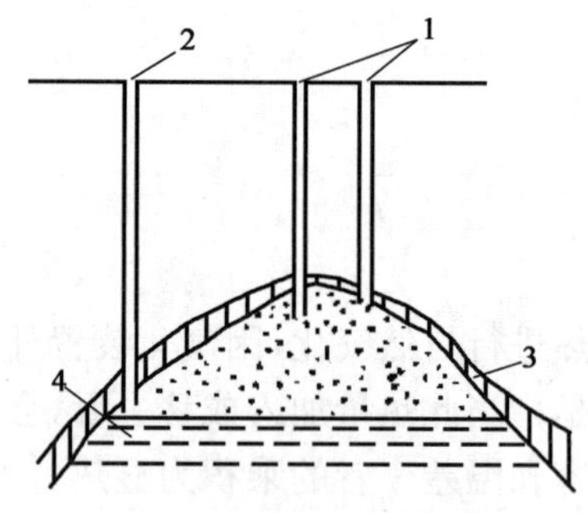

图 5-4　多孔地层中地下储库

1—生产井；2—检查(控制)井；3—不透气覆盖层；4—水

2. 低温压力储存

LPG 的低温压力储存是指 LPG 的储存状态是常压(101325Pa)，温度是常压下的饱和温度。如在常压下丙烷的饱和温度是−42℃，正丁烷的饱和温度是−0.6℃，异丁烷的饱和温度是−12℃。

由于是常压储存，储罐的型式一般为拱顶罐，罐的容积一般没有太大的限制。

但若容积过大，则在经济上与岩洞储存方式（地下储存）相比不具有优势，所以一般罐的容积不超过 100000m^3。由于是低温储存，一方面要求有很好的保冷措施，另一方面对储罐的钢材有较高的要求，目前国际上常采用双壁金属罐用于储存丙烷，内壁使用低温钢。另外，即使有良好的保冷措施，在储存过程中，储罐和管线也会吸收环境热量而产生蒸发的气体，因此应设置一套冷冻系统。

低温压力储存根据当地气温情况将液化石油气降低到某一适当温度下储存，其储存压力比高温压力储存低，优点是可减少储罐壁厚，使投资、耗钢量减少，且可不选用耐低温钢材。同时，这种方式的储存温度又比低温常压储存高，使得所必需的制冷设备的功率小，工艺流程比低温常压储存简单，运行可靠，运行费用较常温压力储存增加较少。

3.低温常压储存

常压低温储存液化石油气是指在低温（如丙烷在−42.7℃、异丁烷在−12.8℃）下，液化石油气饱和蒸气压力接近于常压的情况下储存。由于储存压力低，可耐低温钢材制成薄壁储罐，与常温压力储存比较可以减少投资。一般地说，超过 3000～4000t 以上，储存能力越大，就越能显出优势性。但需要制冷设备和耐低温钢材，罐体也要保温，并且管理费用较高，因此通常在单罐储量超过 2000t 才考虑采用。

常压低温储罐可分为地上罐和地下罐两类。采用地上罐时，必须考虑到地面会因土壤冻结膨胀而鼓起，有使储罐损坏的危险，所以必须采取措施，防止地面土壤冻结。常压低温储罐允许压力波动范围小，一般在 0～6860Pa 之间，因此必须设置可靠的安全可靠系统，如防负压装置、压缩机和泵的自动控制系统等。

常压低温储存系统有直接冷却和间接冷却两种方式。间接冷却是用其他的介质（如 NH_3、CH_4、C_2H_6等）作冷却媒介，直接冷却用液化石油气作冷却媒介。直接冷却系统简单，运行费用低，应用广泛。直接冷却比间接冷却简单，在同样的储存温度下，运行管理费用低，是常用的一种工艺流程。间接冷却比直接冷却运行可靠，但工艺较复杂，所需压缩机排量大，运行管理费用高，一般多用于槽船。

二、LNG 相关场站

随着我国经济向可持续性方向的发展，对能源需求越来越侧重于绿色环保。天然气是目前地球上可利用的最清洁能源。LNG 作为新兴能源形式，近几年在我国得到大规模的发展。LNG 储存量大、清洁、高效且应用灵活，是城市备用气源和工业大规模用户的最佳选择方案，已成为目前无法使用管输天然气供气城市的主要气源或过渡气源，也是许多使用管输天然气供气城市的补充气源或调峰气源。

LNG 气化站通常指具有接收 LNG、储存并气化外输功能的场站，主要作为输气管线达不到或采用长输管线不经济的中小型城镇的气源，另外也可作为城镇的调峰应急气源。LNG 气化站距接收站或天然气液化工厂的经济运输距离宜在 1000km 以内，可采用公路运输或铁路运输。与天然气管道长距离输送、高压储罐储存等相比，LNG 气化站采用槽车运输、LNG 储罐运输，具有运输灵活、储存效率高、建设投资小、建设周期短、见效快等优点。

目前国内 LNG 相关站主要包括以下几种：LNG 气化站，LNG 瓶组气化站，LNG 储配（调峰）站，LNG 加注站，L-CNG 加气站。

(一)LNG 气化站

LNG 气化站的工艺流程为:LNG 由低温槽车运至气化站,在卸车台利用增压器对槽车储罐加压,将 LNG 送入气化站储罐储存。气化时,通过储罐增压器将 LNG 增压,或利用低温泵加压,将 LNG 输至气化器气化为气态天然气,经调压、计量、加臭后进入供气管网。其工艺流程如图 5-5 所示。

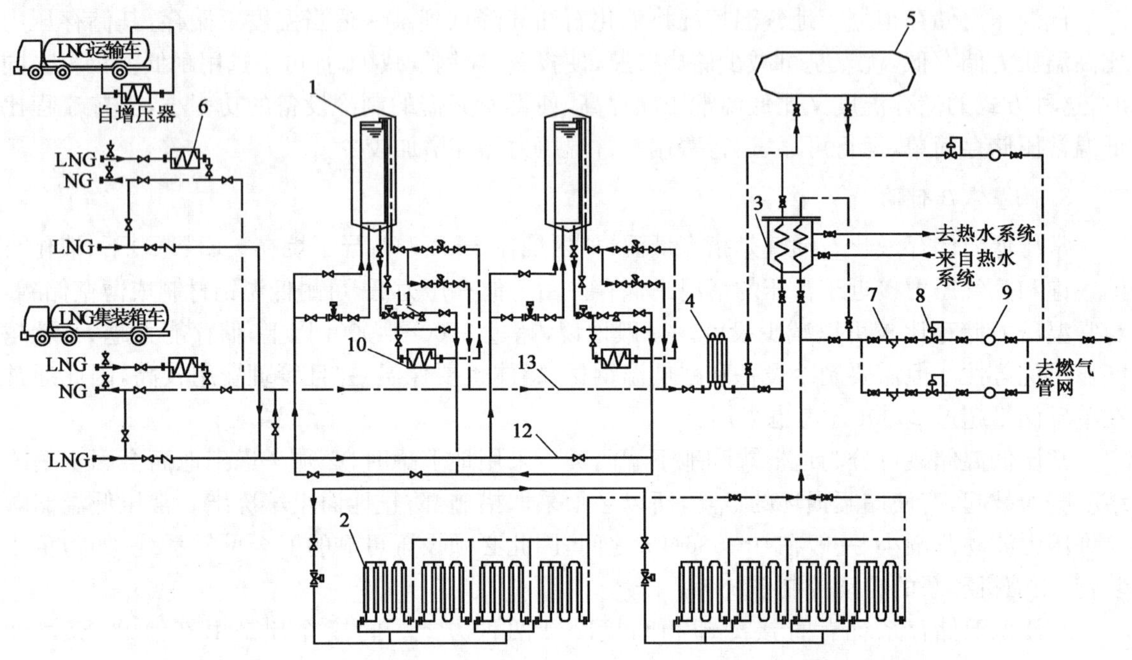

图 5-5 LNG 气化站工艺流程

1—LNG 储罐;2—空温式气化器;3—水浴式气化器;4—BOG 加热器;5—BOG 储罐;6—槽车增压器;7—过滤器;8—调压器;9—流量计;10—储罐增压器;11—低温泵;12—液相管;13—气相管

LNG 气化站工艺设备主要有储罐、气化器、调压计量装置、低温泵等。LNG 储罐设计温度-196℃,LNG 气化器后设计温度一般不低于环境温度 8~10℃。LNG 储罐设计压力根据系统中储罐的配置形式、液化天然气组分及工艺流程确定。当采用储罐等压气化时,气化器设计压力为储罐设计压力;采用加压强制气化时,气化器设计压力为低温加压泵出口压力。

气化器通常采用两组空温式气化器,相互切换使用,当一组使用时间过长,气化器结霜严重,导致气化器气化效率降低,出口温度达不到要求时,则切换到另一组使用。在夏季,经空温式气化器气化后,天然气温度可达 15℃左右,可以直接进入管网;在冬季或雨季,由于环境温度或湿度的影响,气化器气化效率降低,气化后的天然气温度达不到要求时,可启用水浴式气化器气化。

气化站内设有 BOG 储罐,由于低温储罐与低温槽车内的 LNG 的日蒸发率约为 0.3%,这部分蒸发气体温度较低,简称 BOG 闪蒸气(Boil Off Gas),使储罐气相空间的压力升高,LNG 储罐顶部的蒸发气经过 BOG 加热器加热后进入 BOG 储罐;卸车完毕后,LNG 槽车内的气体通过顶部的气相管被输送到 BOG 加热器加热,然后进入 BOG 储罐。当 BOG 储罐内的压力达到一定值后，将储罐内的气体并入中压供气管网。

(二)LNG瓶组气化站

随着LNG的广泛应用和推广，其以大储存量、清洁安全、气化方便等优点，获得了大范围的普及，但大型站建站成本高，气源不稳定，制约了其发展。近两年随着市场的发展，对小型化、集成化站场的需求越来越迫切。

LNG瓶组气化站采用气瓶组作为储存及供气设施，主要应用于居民小区、小型工商业用户等供气。瓶组气化站供应规模不宜过大，小区户数一般为2000～2500户，高峰小时供气量可达500m³/h。

LNG瓶组气化站工艺流程为：LNG自瓶组引出，经气化器气化，调压、计量、加臭后进入小区庭院管道。LNG瓶组气化站主要工艺设备包括LNG钢瓶、空温式气化器、BOG(闪蒸气)加热器、过滤器、调压器、流量计、加臭装置等，工艺流程如图5-6所示。

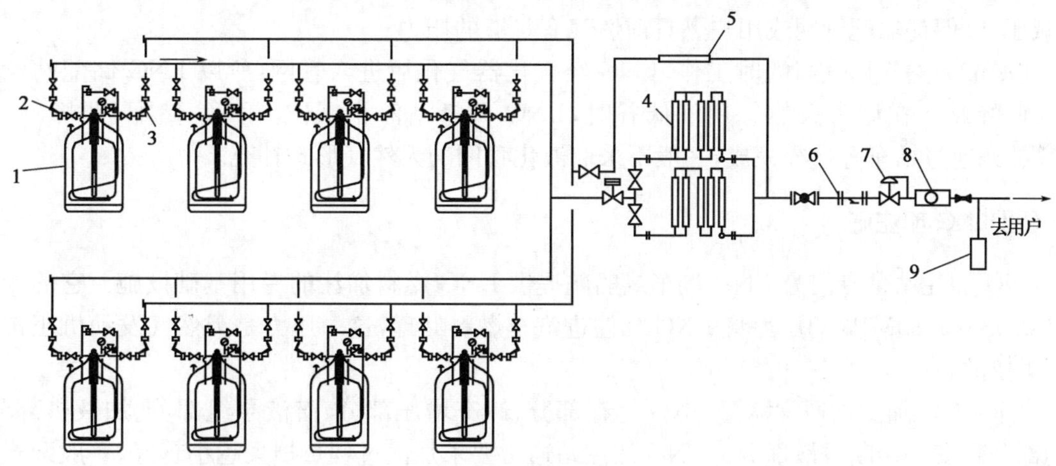

图5-6　LNG瓶组气化站工艺流程

1—LNG钢瓶；2—液相连接软管；3—气相连接软管；4—空温式气化器；5—BOG加热器；6—过滤器；7—调压器；8—流量计；9—加臭装置

LNG瓶组气化站特点如下：

(1)瓶组建站规模可灵活组合(规范要求4m³以内)，建设周期短，成本低；

(2)设备整体撬装，结构设计紧凑，占地面积小，节省土地建站的投资；

(3)一开一备，切换灵活，保证不间断供气；

(4)形式多样，因地因条件设计制造，满足不同需求；

(5)可以加装行走机构，短距离地移动，便于提供抢险、抢修等临时供气。

LNG钢瓶灌装充满后，安装到瓶组固定位上，连接好气液相管路，通过汇流排入其中，经过管路(分体式利用低温金属软管连接)，输送至空温式气化器，靠自然环境热量升温气化(环境温度不能满足时，需经过电加热复热器复热)，转化为气态的天然气经过调压、计量、加臭等工艺后输入管网。

对于LNG瓶组气化站，压力和温度的控制必须采取连锁多点控制，在进液口、气化器出口、调压出口均加装压力变送器和温度变送器，并联动紧急切断装置，保证LNG的气化充分，使调压后的天然气压力稳定。

LNG 瓶组站是主要用于应急的管道天然气供应方式，具有建设快、灵活的优势，适用于短时间内供应管道天然气。因为属于低温运行，且系统较 LPG 瓶组站复杂，安全风险较高，紧急情况下适用，目前以车载式或吊装式的模式为主，机动性和应急能力较强，缺点是供应能力有限。

(三)LNG 储配(调峰)站

LNG 储气站的任务是储存液化天然气，用来调节城市昼夜用气的不均衡性。其站内的主要设备是各种不同类型的储气罐。配气站是输气管的终点，又是城市配气的起点和总枢。其任务是接收干线输气管的来气，并将天然气除尘、计量、调压、添味后，根据用户的要求输入城市配气管网。当储气站和配气站合并时，就称为储配站。

储配站的主要作用是储存一定量的燃气以供用气高峰时调峰用；当输气设施发生暂时故障、维修管道时，保证一定程度的供气；对使用的多种燃气进行混合，使其组分均匀；将燃气加压(减压)以保证输配管网或用户燃具前燃气有足够的压力。

在城市天然气用气高峰时工作，LNG 经气化器气化后进入管网，所以 LNG 储配站也称 LNG 调峰站。在城市天然气用气低谷时，LNG 调峰站停止工作。LNG 储配(调峰)站的 LNG 补充通过槽车等途径完成，一般不采取液化管网的天然气形式补充。

(四)LNG 加注站

LNG 加注站是专门为 LNG 汽车或船舶提供 LNG 燃料加注的专用基础设施。它的作用是以 0.52～0.83MPa 的压力将 LNG 加注进汽车燃料储罐，这一压力是天然气发动机正常运转所需要的。

一个 LNG 加注站通常需要 LNG 储存部分、卸车增压部分、潜液泵组部分、加液机部分、控制部分和安全切断放散部分。LNG 加注站通常要求加注过程热损失越小越好，一般配置为一泵一机或一泵两机，通常一台加液机加注一台储量在 500L 以下的低温钢瓶在 5 分钟以内。LNG 加注站的工艺流程和平面布置如图 5-7、图 5-8 所示。

根据所需服务的车辆的数量，LNG 加注站可选择不同的型式，其基本布置也有所不同。

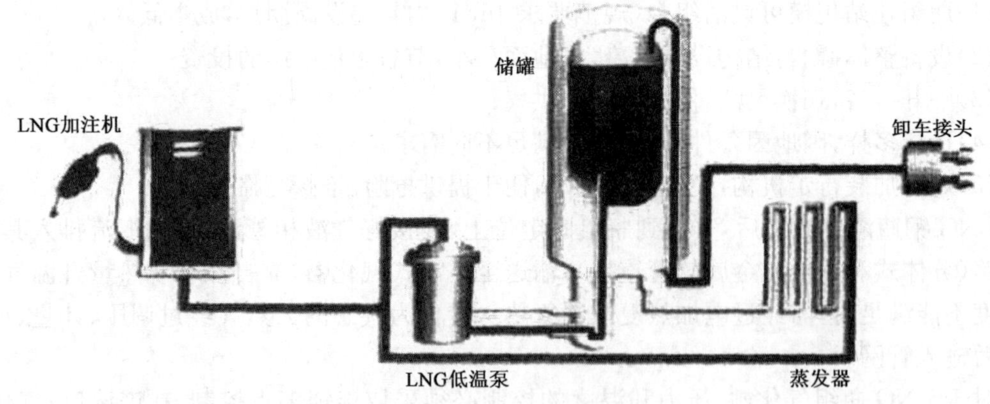

图 5-7　LNG 加注站工艺流程

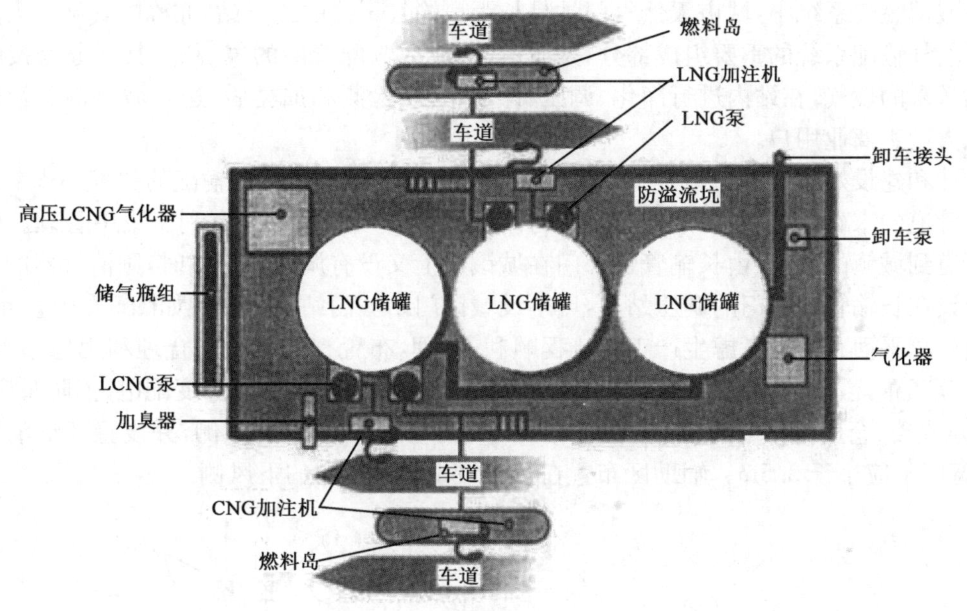

图 5－8　LNG 加注站平面布置图

(五)L-CNG 加气站

L-CNG 加气站是 LNG 与 CNG 两种加气方式的有机组合。在有 LNG 源同时又使用 CNG 汽车的地方,可以建设液化压缩天然气站(L-CNG 加气站),为 CNG 汽车加注。

在质量流量和压缩比相同的条件下,低温泵的投资、能耗和占地面积等均小于气体压缩机。因此,通过 LNG 泵将 LNG 加压至 CNG 燃料罐所需压力后,再通过换热器使 LNG 气化,即可向 LNG 汽车加注。其简单工艺流程如图 5－9 所示。站内用能较少,因而加压效率高、运行费用低。

LNG 液相高压泵从 LNG 储罐内抽出 LNG,加压至 22MPa,经高压气化器气化后,进入 CNG 储气装置。LNG 液相高压泵根据 CNG 储气装置压力变化启停工作。CNG 储气装置的天然气通过售气机向 CNG 汽车加气。

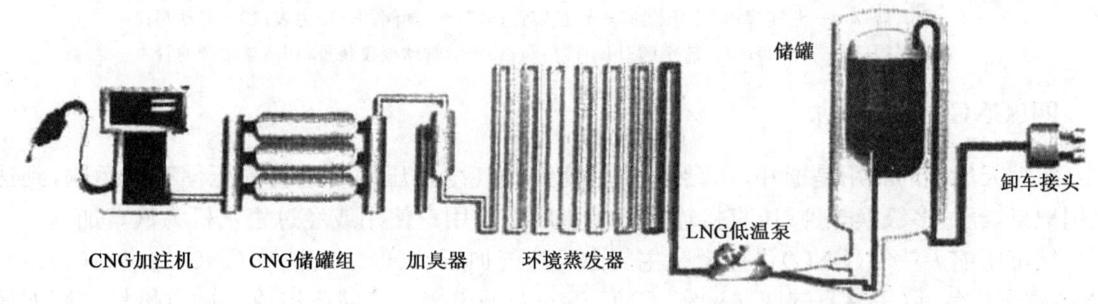

图 5－9　L-CNG 加气站工艺流程

三、天然气门站

天然气门站是长输管线终点配气站,也是城市接收站,具有净化、调压及储存功能。门站规模依据区域天然气规划确定。

在城镇燃气系统中，城市天然气门站是长距离输气干线的终点站，亦称配气站。天然气门站是天然气输配系统的重要组成部分，是城镇、工业区输配管网的气源点，其任务是接收长输管线输送来的燃气，在站内进行净化、调压、计量、气质检测和加臭后，送入城市输配管网或直接送入大型工商业用户。

设计和建设好天然气门站是一个城市能否安全高效做好天然气输配的关键一步。门站作为长输管道的末站，将清管器的接收装置与门站相结合，布置紧凑，有利于集中管理。但如果长输管道到城镇的边上，由长输管道部门在城镇边上又设有调压计量站时，则清管器的接收装置就应设在长输管道部门的调压站里，可不设城镇门站。门站工艺流程如图 5-10 所示。

门站总平面布置应考虑生产工艺流程顺利、合理，布置整齐、紧凑，合理利用地形等因素。平面应分区布置，即分为生产区（计量、调压、储气与加臭等）与辅助区（变配电、消防泵房、消防水池、办公楼、仓库等）。生产区应设置在全年最小频率风向的上风侧，并设置环形消防车通道，其宽度不应小于 3.5m。辅助区布置在全年最小频率风向的下风侧。

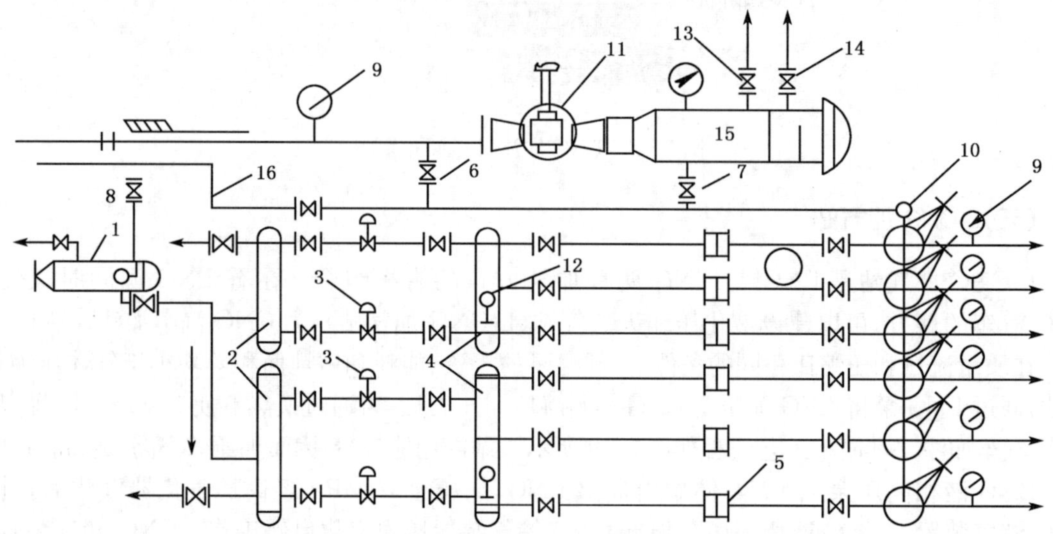

图 5-10　门站工艺流程

1—分离器；2，4—汇气管；3—调压器；5—计量装置；6，7，8—闸阀；9—压力表；10—联动阀；11—球阀；12—安全阀；13—放空阀；14—排污阀；15—清管球接收装置；16—越站旁通管

四、CNG 相关场站

压缩天然气的利用是把井口天然气或管道天然气净化压缩后进行高压储存和运输，到达使用地点，经过多级换热、减压直接输入管网供应各类用户使用或经过售气机为汽车加气。

城市压缩天然气（CNG）供应系统主要由天然气加压站（母站）、城镇 CNG 供应站（子站）、CNG 汽车加气站（子站）、气瓶转运车、CNG 汽车及城市燃气管网所组成。城市燃气管网即属于一般天然气管网。下面介绍一下几种 CNG 相关站场。

（一）天然气加压站（母站）

天然气加压站是城镇压缩天然气系统的母站。加压站一般从天然气中压以上管线直接取气，并对来气进行加压、储存，以高压气瓶转运车向 CNG 供应站及 CNG 汽车加气站供气。同时，加压站也可具有部分加气站功能，为汽车进行加气。其工艺流程如图 5-11 所示。

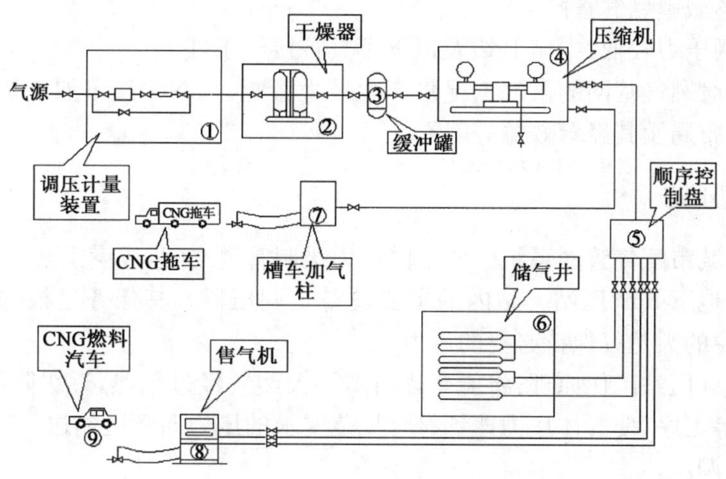

图 5-11　加压站工艺流程

加压站宜靠近气源，如城郊边缘的门站、储配站以及外环高、中压管线附近。在合理规划的条件下，加压站也可与城镇天然气门站合建。这种合建的加压站可以有更高的管线取气压力，并显著降低天然气加压的能耗。

（二）城镇 CNG 供应站（子站）

城镇居民、商业和工业、企业燃气用户是依靠中、低压管网系统供气的，以 CNG 作气源的燃气供应系统，必须在该系统起点建立的相当于城镇燃气储配站（或门站）的设施进行卸车、降压和储存，并按燃气用户的用气规律输气。将城镇中、低压管网系统起点处的 CNG 卸车、降压、储存、计量、加臭一级相关的工艺设施统称为城镇 CNG 供应站，它是以加压站为母站的子站。

为了节省投资，简易的城镇 CNG 供应站可以把 CNG 气瓶转运车卸载一级减压至中压 B 级管网压力，站内也不设调峰储罐，在站内经计量、加臭后直接输送给城镇燃气分配管网。但是为了不间断供气和调节平衡城镇燃气用户小时不均匀性，在卸气柱处必须有气瓶转运车随时在线供气。这样，CNG 气瓶转运车投资比例会大一些，并必须严格管理。

CNG 供应站应选择在远离居民稠密区、大型公共建筑、重要物资仓库以及通信和交通枢纽等重要设施，尽可能靠近公路或设在靠近建成区的交通出入口附近。供应站的选址需具有较好的地形、工程地质、供电和给排水等条件。

（三）CNG 汽车加气站（子站）

CNG 汽车加气站是 CNG 供应系统中仅供 CNG 汽车加气（售气）的子站，加气子站是指利用气瓶转运车从母站运输来的压缩天然气为天然气汽车进行加气作业的加气站。可根据城镇管理和道路规划要求进行布点。在经营内容和形式上可以只供 CNG，称为 CNG 加气站；或者在城镇原有的加油（汽、柴油）站的基础上扩建 CNG 加气系统，称为油气合建站；或者新建既能加油又能加气的油气合建站。

常采用加气子站的场合有：

(1)站址远离城镇燃气管网；

(2)燃气管网压力较低，中压 B 级及以下不具备接气条件。

建设加气站对燃气管网的供气工况将产生较大影响。CNG 汽车加气站的建设应侧重考虑公共交通路线布局及其经营效益等因素。

(四)CNG 调压站

调压站设于城市配气管网系统中的不同压力级制管道之间，或设于某些专门用户之前，有地上式调压站和地下式调压站。站内的主要设备是调压器。其任务是根据用户对压力的要求，使配气管网中的天然气保持必要的压力。

压缩天然气调压站工作原理：将撬车罐内高压天然气经过预热，逐级降压，并进行安全控制和计量、加臭等工序，使气体压力达到符合规范要求的压力向管道输送。按调压机制可分为两级调压和三级调压。

压缩天然气调压站按照设备站内的布置和设备的功能分为卸车系统(高压胶管、快装接头、高压阀门)、调压换热系统(高压紧急切断阀、换热器、调压器、放散阀)、流量计系统(流量计)、控制系统(中央控制台)、加热系统(燃气锅炉、热水泵等)。撬车内的高压天然气经过卸车系统进入调压换热系统，在调压换热系统内经过两次换热，两次或三次调压进入流量计量和加臭系统，然后进入管网。加热系统提供气体减压过程中所需要的热量，控制系统对整个系统进行监控。

CNG 调压站至使用地在 300km 以内为经济范围，一般不超过 500km，供应规模 2000～4000 户。供气量 200～5000m^3/h 为宜，过大或过小都会使单位用气成本加大。

(五)CNG 减压站

CNG 减压站适用于燃气管网没有辐射到的地方，也可用于城市门站及必须连续供气工业用户的应急备用气源。

CNG 减压站由压缩气瓶槽车经卸气柱、高压截断阀门、过滤器、多级换热、逐级调压并运行安全控制，再经计量、加臭后进入管网，按其调压机制可分为二级调压和三级调压。减压站内的各级气体压力、温度、加热器、水温、主要阀门的控制及二路(包括旁路)之间的切换均由中央控制台连锁控制。

该系统使用地距加压站在 300km 以内为经济范围，一般不超过 500km。该系统比长输管线具有投资额度小、建设周期短、资金回收快的优点，将来可为长输管线提供调峰和备用气源。

五、天然气调压站

天然气调压站是城市燃气输配系统中(次)高压管网和中压管网的节点，主要起到降低压力、调节流量和加臭的作用。

调压站主要负责将输气管线的压力调节到下一级管网或用户所需要的压力，并且将调节后的压力保持稳定。

调压站在城市配气管网系统中是用来调节和稳定管网压力的设施，通常由调压器、阀门、过滤器、安全装置、旁通管及测量仪表等组成。

有的调节站还装有计量设备，除对天然气进行调压以外，还进行计量，这种调压站称为调压计量站。

调压站的分类有许多种，按调压级别，可分为高、中压调压站，高、低压调压站，中、低压调压站，低、低压调压站；按使用性质，可分为区域调压站、用户调压箱、专用调压站；按建筑形式，可分为地上调压站、地下调压站、箱式调压装置。

第二节　天然气储配站安全管理

天然气属于易燃、易爆的介质，在天然气的应用中，安全问题始终放在非常重要的位置。储配站是天然气储存、配气的中枢场所，所以对天然气储配站的安全管理尤为重要。

一、典型工艺流程

储配站是将储气站和配气站合并，其主要任务是接受干线输气管来气，一部分气体经除尘、调压、计量和添味后，以规定的压力将天然气送入配气管网，以供气给各类用户；一部分气体被储存在站内的储气设施中，用来调节城市昼夜用气的不均衡性。

储配站工艺流程的复杂程度取决于通过它的天然气流量、天然气的进站压力及城市天然气用户所需的压力，常见的有一级调压储配站和二级调压储配站。但无论通过几级调压，根据储配站的主要任务，其最基本的工艺流程如图 5－12 所示。

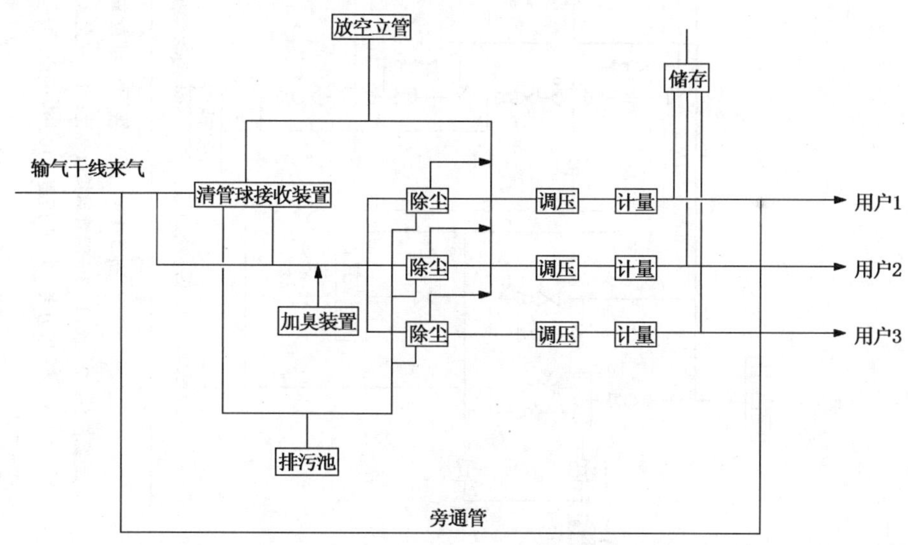

图 5－12　储配站工艺流程示意图

图 5－13 为某一级调压储配站的工艺流程：从干线输气管来的天然气以一定的压力进站，经加臭装置对天然气添味后，进入汇管 1，分两路进入旋风式分离器，分离出气体中的固体颗粒和粉尘（站内有清管球接收装置，当需要清管时，天然气先经过清管球接收装置，再进行添味，然后进入汇管 1）。从分离器出来的天然气进入汇管 2，分为三路，每一路上都安装有压力表、调压器、安全放空阀、温度计和流量计。采用这样的流程是为了使各路天然气能各自减压，保持不同的压力，以适应用户对压力的不同要求。设置旁通管是为了当站上发生故障或需要改装、扩建时，不至于中断供气。

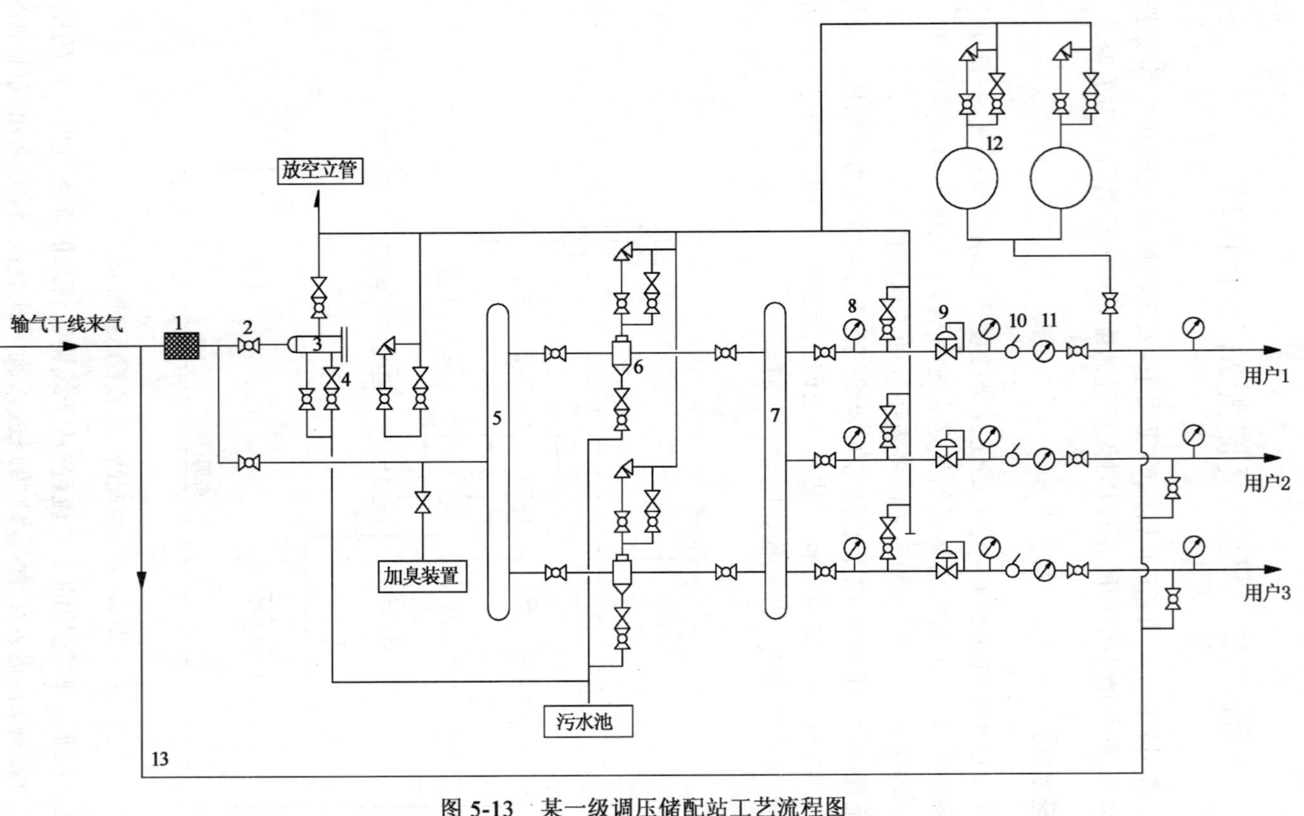

图 5-13　某一级调压储配站工艺流程图

1—绝缘法兰；2—阀门；3—清管球接收装置；4—安全放空阀；5，7—汇管；6—旋风式分离器；
8—压力表；9—调压器；10—温度计；11—孔板流量计；12—储气罐

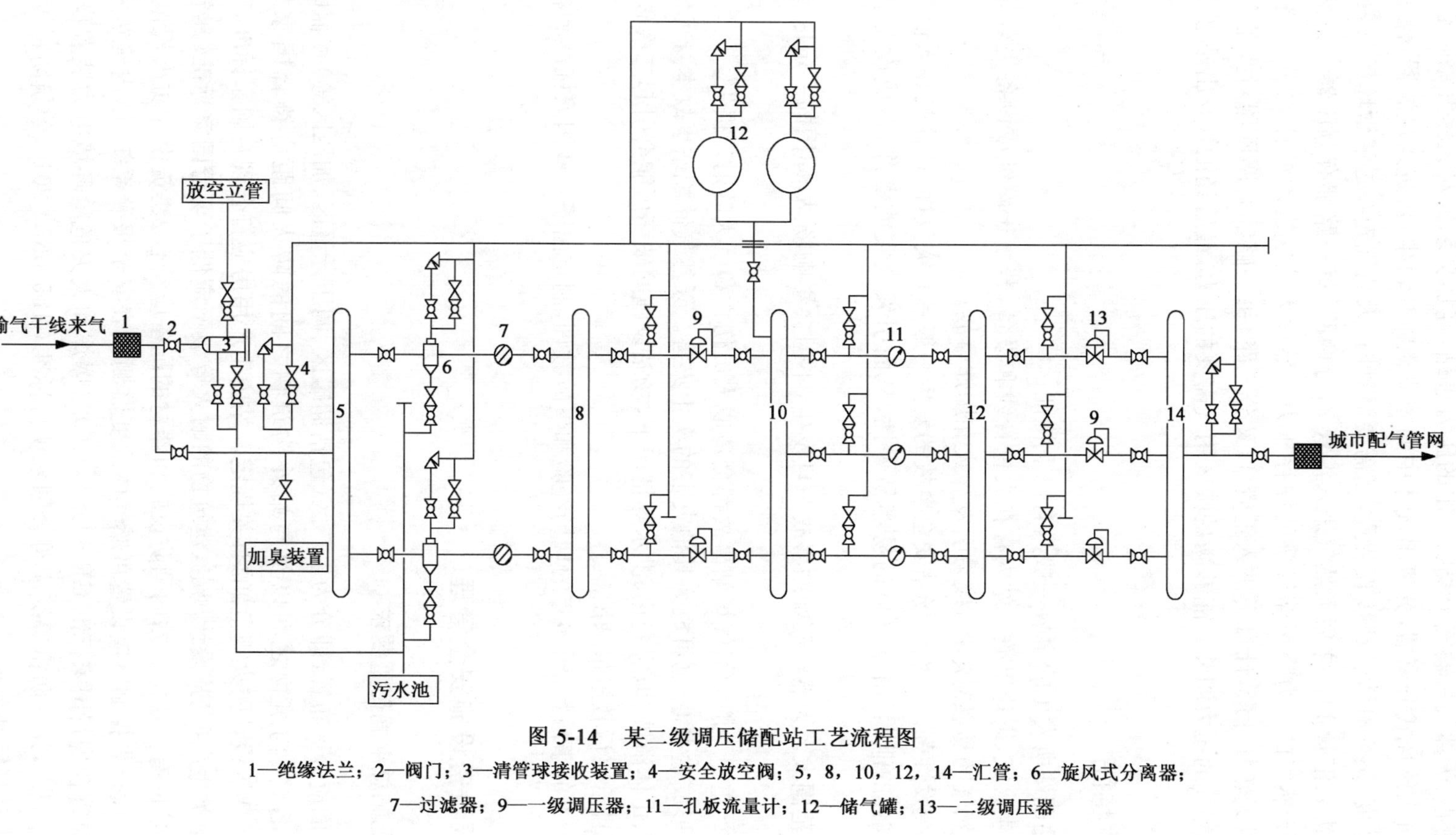

图 5-14　某二级调压储配站工艺流程图

1—绝缘法兰；2—阀门；3—清管球接收装置；4—安全放空阀；5，8，10，12，14—汇管；6—旋风式分离器；7—过滤器；9—一级调压器；11—孔板流量计；12—储气罐；13—二级调压器

当输气干线或支线终点压力较高时，可采用二级调压储配站。图 5-14 为某二级调压储配站的工艺流程：天然气从输气干线以一定的压力进站，经加臭装置对天然气添味后，进入汇管 1，分两路进入旋风式分离器，分离出气体中的固体颗粒和粉尘，再进入过滤器，保证天然气必需的过滤精度（站内有清管球接收装置，当需要清管时，天然气先经过清管球接收装置，再进行添味，然后进入汇管 1）。之后天然气进入汇管 2，分两路，每一路都有调压器对天然气进行一级调压，将天然气的压力降至储气罐的储存压力。然后天然气进入汇管 3，分三路，每一路都有流量计对天然气计量，计量后进入汇管 4，又分三路，每一路都有调压器对天然气进行二级调压，将天然气的压力调节到能够满足城区用气需要的压力，最后经汇管 5 出站进入城市配气管网。

二、事故特征

天然气储配站所发生的事故一般具有以下特征：

(1)易发生火灾、爆炸事故。站内存在大量管线和设备，若由于腐蚀或设备失效导致气体泄漏，由于天然气的易燃易爆性，极易引发火灾和爆炸事故。

(2)事故突发性强。天然气场站安全事故的发生一般具有突发性，往往是在人们毫无察觉时就发生了气体的泄漏，由于气体的易燃易爆性，从而引发火灾或爆炸，造成设备和管道的破坏。

(3)影响范围大。天然气储配站事故一旦发生，不但会影响场站，周围的一定区域都会受到事故影响。

(4)后果严重。一般天然气场站事故都会造成人员伤亡和巨大的财产损失。

(5)既可形成主灾害，也可成为其他灾害的次生灾害。天然气储配站事故本身可以形成主灾害，在地震、山体滑坡、地层变化、洪水等情况下，场站设施的破坏可能会引起二次破坏，酿成重大损害，而且给灾后救援带来困难。

根据储配站的事故特征、多年的现场经验和事故教训，制定出了一些国家标准和各部门的规范。

三、主要设备设施安全管理

(一)储配站总平面布置要求

(1)总平面应分区布置，即分为生产区（包括储罐区、调压计量区、加压区等）和辅助区。

(2)站内各建、构筑物之间以及与站外构筑物之间的防火间距应符合国家标准 GB 50016—2006《建筑设计防火规范》的有关规定。站内生产用房应符合现行国家标准《建筑设计防火规范》“甲类生产厂房”设计规定，建筑物的耐火等级不应低于现行国家标准《建筑设计防火规范》“二级”的有关规定。站内消防设施和器材的配备应符合《建筑设计防火规范》的有关规定。站内所设仪表控制室应设置可燃气体浓度监测仪表安全报警系统，站内建筑物室内电气防爆等级应符合现行国家标准 GB 50058—1992《爆炸和火灾危险环境电力装置设计规范》的“Ⅰ”区设计规定，站内防雷等级应符合国家现行标准 GB 50057—2010《建筑防雷设计规范》的“第二类”设计规定和要求。

(3)站内露天工艺装置区边缘距明火或散发火花地点不应小于 20m，距办公、生活建筑不应小于 18m，距围墙不应小于 10m。

(4)储配站生产区应设置环形消防车通道，消防车通道宽度不应小于 3.5m。

(二)站内管线的安全管理

1.一般安全技术要求

(1)管线不应超温、超压、超负荷工作。

(2)一般进出站天然气站场的天然气管道应设置截断阀，进站截断阀的上游和出站截断阀的下游应设置泄压放空设施。

(3)储配站内进罐管线上宜设置控制进罐压力和流量调节的装置。

(4)站内管道应根据系统要求设置安全保护及放散装置，放散管应引至站外，放散管管口高度应高出站外建筑物 2m 以上。

(5)管线应采取防腐绝缘与阴极保护措施，并定期检测，及时修补。

(6)管道的自动化运行应满足工艺控制和管道设备的保护要求。

2.站内管线的安全运行管理

(1)建立健全安全生产管理组织机构，按规定配备安全技术管理人员。

(2)建立并实施场站 HSE 管理体系。

(3)制定管线和场站管理规章制度。

(4)定期进行管道检验和维修改造等技术工作。

(5)开展安全检查，落实安全隐患。

(三)储存设备的安全管理

天然气储存设备是具有爆炸危险的重要压力容器，为了保障人民生命、财产安全和正常的生产生活秩序，这些容器的设计、制造、试验、验收都必须符合国家的有关规定，对已投产的容器要加强运行中的管理，加强定期检验及维修，以防事故发生。

天然气的储存方式主要有地下储存、储气罐储存、输气管线末段储存、液态或固态储存。储配站中常采用的储气方式为储气罐储存。

1.储气罐的安全技术要求

储配站所建储罐容积应根据天然气输配系统所需储气总容量、管网系统的调度平衡和气体混配要求确定，储配站的储气方式及储罐形式应根据燃气进站压力、供气规模、输配管网压力等因素，经技术、经济比较后确定。确定储罐或单组容积时，应考虑储罐检修时间、供气系统的调度平衡。

按照储存压力，储气罐可分为低压罐和高压罐两大类。其中，低压罐又主要分为湿式罐和干式罐两类。低压罐和高压罐分别应采取的安全技术措施如下。

低压储气罐宜分别设置天然气进、出水管，各管应设置关闭性能良好的切断装置，并宜设置水封阀，水封阀有效高度的设计应取设计工作压力(以 Pa 表示)乘 0.1 加 500mm。天然气进、出管的设计应能适应气罐地基沉降引起的变形。低压储气罐应设有指示器，显示气体储量，还应设置可调节的高低限位声、光报警装置。储气罐高度超过当地有关规定时，应设高度障碍标志。湿式储气罐的水封高度应经过计算后确定，寒冷地区湿式储气罐的水封应设有防冻措施。干式储气罐密封系统必须能够可靠地连续运行。干式储气罐还应设置紧急放散装置。

高压储气罐宜分别设置天然气进、出气管，不需起混气作用的高压罐进出气管可合为一条。高压储气罐应设置安全阀、放散管、排污管、压力检测装置和检修排空装置。高压储气罐宜减少接管开口数量。当高压储气罐罐区设置检修用集中放散装置时，集中放散装置的放散管与站内外建、构筑物的防火间距应符合相关规定，放散管管口高度应高出距其25m内的建、构筑物2m以上，且不得小于10m，并且集中放散装置宜设置在站内全年最小频率风向的上风侧。

2.储气罐的防火间距要求

(1)储配站内的储气罐与站内的建、构筑物的防火间距应符合表5-1规定。

(2)储气罐之间的防火间距应符合下列要求：

①湿式储气罐之间、干式储气罐之间、湿式储气罐与干式储气罐之间的防火间距不应小于相邻较大罐的半径。

②固定容积储气罐之间的防火间距，不应小于相邻较大罐直径的2/3。

③固定容积储气罐与低压湿式或干式储气罐之间的防火间距，不应小于相邻较大罐的半径。

④数个固定容积储气罐的总容积大于200000m^{3}时，应分组布置。组与组之间的防火间距为卧式储罐组之间不应小于相邻较大罐长度的一半；球形储罐组之间不应小于相邻较大罐的直径，且不应小于20m。

表5-1　储气罐与站内的建、构筑物的防火规定　　单位：m

储罐总容积(m^3)	≤1000	1000～10000	10000～50000	50000～200000	>200000
明火、散发火花地点	20	25	30	35	40
调压室、压缩机室、计量室	10	12	15	20	25
控制室、变配电室、汽车车库等辅助建筑	12	15	20	25	30
机修间、燃气锅炉房	15	20	25	30	35
办公、生活建筑	18	20	25	30	35
消防泵房、消防水池取水口	20				
站内道路(路边)	10	10	10	10	10
围墙	15	15	15	15	18

3.储气罐安全维护注意事项

(1)非操作人员严禁到储气罐附近游逛，要绝对禁止无关人员攀登储气罐。

(2)严禁在储气罐上或储气罐附近吸烟或明火作业，操作人员、维修人员严禁穿钉子鞋攀登气罐。

(3)维修储气罐时，操作、维修人员口袋里严禁携带金属物品，工具必须放在工具袋内，严禁以手掷方法传递工具，防止任何物品掉进水槽。

(4)不得用铁器敲击储气罐，只能用铜器或其他有色金属。

4.储气罐的安全运行规程

(1)储气罐升降的幅度应在规定允许的红线范围内，不得超载，如遇特大风天，应降低塔高。

(2)储气罐运行压力不得超出所规定的压力。

(3)储气罐都是露天设置，由于日晒雨淋，不可避免会带来罐的表皮腐蚀，一般要安排定期检修、涂漆防腐。

(4)储气罐巡查每班不得少于三次。

5.阀门的安全管理

阀门是管道上的重要设备，用来开启、关闭管道通路或调解管道介质流量的设备。要求阀体的机械强度高，转动部件灵活，密封部件严密耐用，对输送介质的抗腐蚀性强，同时零部件的通用性好，制造和维修都应比较方便，阀门的设置达到足以维持系统正常运行即可，尽量减少设置数，以减少漏气点和额外的投资。

阀门种类很多，天然气管道上常用的有闸阀、截止阀、球阀、蝶阀等，由于结构的原因，闸阀和蝶阀只允许安装在水平管道上，而其他几类阀门则不受这一限制，但是如果是有驱动装置的截止阀或球阀则必须安装在水平管道上。

在阀门操作过程中，应遵循以下一般原则：

(1)操作阀门时，应缓开缓关；

(2)同时操作多个阀门时，应注意操作顺序，并满足生产工艺要求；

(3)开启有旁通阀门的较大口径阀门时，若两端压差较大，应先打开旁通阀调压，再开主阀，主阀打开后，应立即关闭旁通阀；

(4)操作球阀时，只能全开或全关；

(5)收发清管器时，其经过的阀门应全开。

在进行阀门的日常维护时，应注意以下事项：

(1)应保持阀门及附件的清洁。

(2)检查阀门的油杯、油嘴、阀杆螺纹和阀杆螺母及传动机构的润滑情况，及时加注合格润滑油、脂。

(3)检查阀门填料压盖、阀盖与阀体连接及阀门法兰等处有无渗漏。

(4)检查支架和各连接处的螺栓是否紧固。

(5)阀门的填料压盖不宜压得过紧，应以阀门开关(阀门上下运动)灵活为准。

(6)阀门在使用过程中，一般不应带压更换或增加填料密封；对能够利用上密封的阀门，可在降压后进行带压更换或添加填料密封。

(7)阀门在环境温度变化较大时，如需对阀体螺栓进行热紧(高温下紧固)时，不应在阀门全关位置上进行紧固。

(8)对裸露在外的阀杆螺纹要保持清沽，宜用符合要求的机械油进行防护，并加保护套进行保护。

(9)对阀门应进行定期维护检查，其具体内容包括：①应定期对阀门的手动装置、电动装置、液动装置、气动装置、自动装置及控制系统(包括限位开关、力矩限制开关、仪表及远控功能等)进行检查、测试和调整，以保证阀门正常运行；②定期清洗阀门的气动和液动装置，定期对阀体进行排污；③长期关闭状态下的阀门，阀体内存油容易受热膨胀，应定期检查阀门中开面密封情况，必要时可打开阀盖丝堵泄压；④定期检查阀门防腐和保温，发现损坏及时修补；⑤冬季应注意阀门的防冻，及时排放停用阀门和工艺管线里的积水；⑥定期检查电动阀传动减速箱油位，并保持在规定位置；⑦长期不用的大口径球阀，应定期进行开关动作，以免卡死；⑧定期检查驱动气源气质、液压油质，加注密封脂。

6.流量计的安全管理

天然气在输送、分配和使用过程中,需对天然气的输量、分配量和用量进行计量。天然气计量主要是流量计量,以气体体积度量时称为体积流量,以质量度量时称为质量流量。体积计量方法是在天然气销售中最早采用的计量技术,国内外都非常成熟,得到了广泛的应用。

目前,天然气体积计量仪表主要有孔板流量计、涡轮流量计、涡街流量计、薄膜流量计、超声流量计和容积式流量计,我国应用较广泛的是标准孔板流量计、涡街流量计和旋进式涡轮流量计等。

在流量计的运行维护过程中应注意以下事项:

(1)应对流量计的外观进行检查,看是否有运行异常的迹象,如噪声过高、指针不规则运动,检查是否有腐蚀或其他损坏的情况出现。

(2)对流量计需要定期润滑的,应按照制造厂的要求进行润滑。

(3)如果安装了核查流量计,则应定期进行比较核查。如果核查(或实流校准)流量计与工作流量计之间的读数误差(考虑计量条件下的误差)超出了许可的范围,则应再进行检查。

(4)流量计如有电子脉冲输出结果,应定期相互比对,并与流量计的累加器进行比对。

(5)如果对流量计的性能有怀疑,则应查明原因。必要时,需更换流量计。

(6)应对照制造厂的要求,对流量计进行专门检查和调整,以使流量计的不确定度维持在技术要求范围内。

在流量计运行过程中,还应根据不同类型流量计各自的结构特征,进行有针对性的重点检查,以确保流量计安全、准确地工作。

7.其他设备的安全管理

天然气在管内输送过程中可能会携带各种杂质,容易造成调压阀、安全阀、流量计、测量仪表等设备的阻塞,影响其正常运行,因此,为了清除杂质,维护这些设备的安全运行,还应设置除尘设备,常用的除尘设备包括旋风式分离器、重力式分离器和气体管道过滤器。在除尘设备运行过程中,应经常检查、更换和清洗。

第三节　LNG气化站的安全管理

天然气属于易燃易爆介质,在天然气的应用过程中,安全问题应该始终放在非常重要的地位。液化天然气是天然气储存和输送的一种有效的方法,在实际应用中,液化天然气也要转变为气态使用。所以,在考虑LNG站的安全问题时,不仅要考虑天然气所具有的易燃易爆的危险性,还要考虑LNG的低温特性和液体特征所引起的安全问题,对可能出现的事故进行预防和紧急处理,减少造成的危害。

LNG是以甲烷为主要组成的烃类混合物,其中通常含有少量的乙烷、丙烷、氮等其他组分。其密度取决于其组分,通常在420～470kg/m^{3}之间。LNG的沸腾温度取决于其组分,在一个大气压下通常在－166～－157℃之间。沸腾温度随气压的变化梯度约为1.25×10^{-4}℃/Pa。当LNG转变为常温气体时,其密度为0.72kg/m^3,比空气轻,相对密度为0.5548。

LNG的特点为:LNG处于超低温状态,在一个大气压下温度可达到－162℃;气液膨胀比大、能效高、易于运输和储存;天然气被认为是地球上最干净的化石能源;LNG安全性能高,气化后比空气轻,易于扩散,且无毒、无味;燃点较高,自燃温度约为450℃;其爆炸极限为5%～15%。

一、典型的工艺流程

城市 LNG 供气站工艺流程如图 5－15 所示。

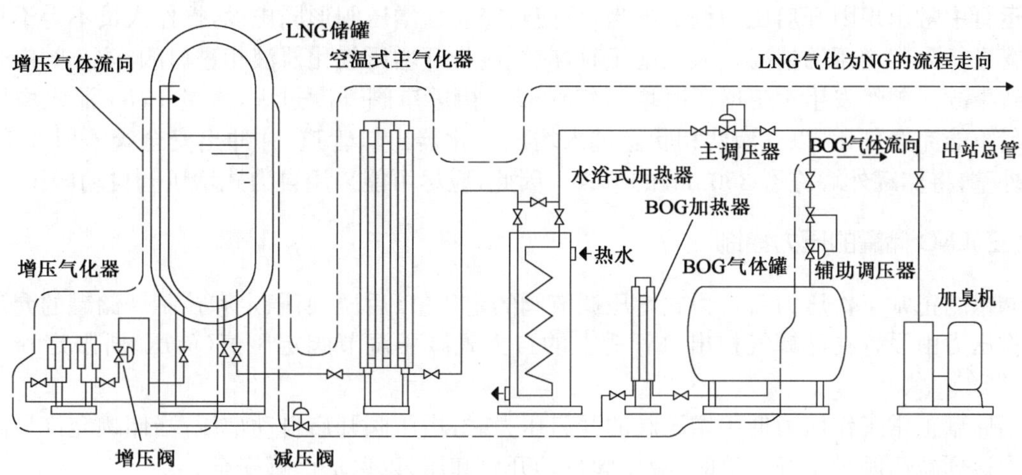

图 5－15　城市 LNG 供气站工艺流程图

LNG 气化站工艺流程如图 5－16 所示。

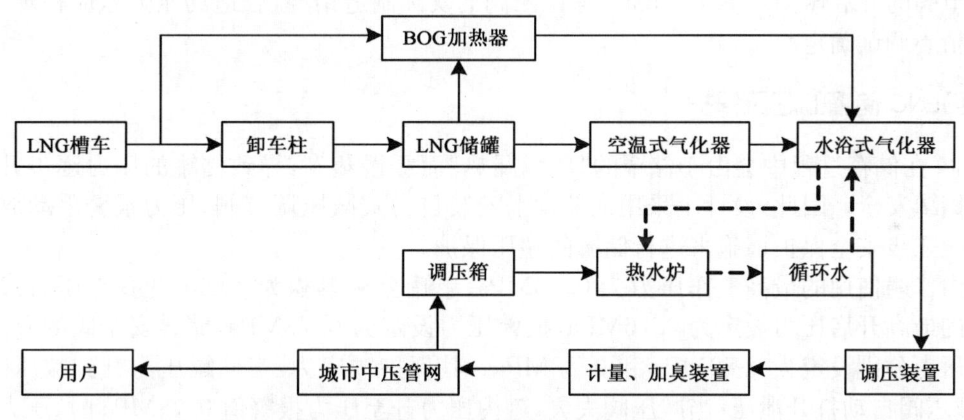

图 5－16　LNG 气化站工艺流程图

下面介绍一下 LNG 气化站工艺流程中的 LNG 卸车工艺、LNG 储罐的自动增压、储罐的压力控制、储罐的超压保护、储罐的过量充装与低液位保护以及 LNG 的翻滚与预防。

(一)LNG 卸车工艺

通过公路槽车或罐式集装箱车将 LNG 从气源地运抵用气城市 LNG 供气站后，利用槽车上的空温式升压气化器将槽车储罐升压到 0.6MPa(或通过站内设置的卸车增压气化器对罐式集装箱车进行升压)，同时将储罐压力降至约 0.4MPa，使槽车与 LNG 储罐间形成约 0.2MPa的压差，利用此压差将槽车中的 LNG 卸入供气站储罐内。卸车结束时，通过卸车台气相管线回收槽车中的气相天然气。

(二)LNG 储罐的自动增压

靠压力推动，LNG 从储罐中流向空温式气化器，气化后供应用户。随着罐内 LNG 的流出，罐内压力不断降低，LNG 出罐速度逐渐变慢直至停止。因此，正常运营操作中，需不断向储罐补充气体，将罐内压力维持在一定范围内，才能使 LNG 气化过程持续下去。储罐的增压是由自力式增压调节阀和小型空温式气化器组成的自动增压系统来完成的。

运行中常出现因开启压力调试不当，致使新安装的增压阀形同虚设，操作人员不得不打开旁通管进行人工增压的情况。人工增压时，应缓慢打开增压气化器液相进口阀，防止阀门开大而导致事故。曾经发生手工增压时增压气化器液相进口阀开度过大，大量 LNG 涌入增压气化器后不能完全气化，以气液两相状态进入增压气化器出口管道，并冲出安全阀喷射在 LNG 储罐外壁，将储罐外罐冻裂 350mm 的事故。因此，应尽可能采用自力式增压阀自动增压。

(三)LNG 储罐的压力控制

储罐的正常工作压力由自力式增压调节阀的定压值(后压)所限定和控制。储罐的允许最高工作压力由设置在储罐气相出口管道上的自力式减压调节阀定压值(前压)所限定和自动控制。

当储罐正常工作压力低于增压阀的开启压力时，增压阀开启自动增压；当储罐允许最高工作压力达到减压阀设定开启值时，减压阀自动开启卸压，以保护储罐安全。

为保证增压阀和减压阀工作时互不干扰，增压阀的关闭压力与减压阀的开启压力不能重叠，应保证有 0.05MPa 以上的压力差。例如，若增压调节阀的关闭压力设定为 0.693MPa，则减压调节阀的开启压力为 0.76MPa。考虑两阀的实际制造精度，合适的压力差应在现场安装阀门时精心调试确定。

(四)LNG 储罐的超压保护

LNG 在储存过程中会由于储罐的“环境漏热”而缓慢蒸发，导致储罐的压力逐步升高，最终危及储罐安全。因此，设计上采用在储罐上安装自力式减压调节阀、压力报警手动放空、安全阀起跳三级安全保护措施来进行储罐的超压保护。

国内普遍使用的最高工作压力为 0.80MPa、单罐公称容积为 100m^3 的真空压力式储罐，减压阀的最高开启压力设定为 0.76MPa，报警压力设定为 0.78MPa，储罐安全阀的开启压力和排放压力分别设定为 0.80MPa 和 0.88MPa。其保护顺序为：当储罐压力升到减压阀设定值时，减压阀自动打开泄压；当减压阀失灵，罐内压力升至压力报警值 0.78MPa 时，压力报警，手动放散卸压；当减压阀失灵且未能手动放散，罐内压力升至 0.80MPa 时，储罐安全阀开启，至排放压力 0.88MPa 时，安全阀排放卸压。这样既保证了储罐的安全，又充分发挥了储罐的强度储备(储罐设计压力为 0.84MPa)。随着安全阀的排放，当罐内工作压力降低到安全阀排放压力的 85%时，安全阀自动关闭将储罐密封。正常操作中，不允许安全阀频繁起跳。

(五)LNG 储罐的过量充装与低液位保护

LNG 的充装数量主要通过罐内的液位来控制。在储罐上装设有测满口和差压式液位计两套独立液位系统，用于指示和测量储罐液位。此外，还装备有高液位报警器(充装量 85%)、紧急切断(充装量 95%)、低限报警(剩余 10%LNG)。储罐高液位(最大罐容)95%是按工作压力条件下饱和液体的密度设定的，实际操作中需针对不同气源进行核定(下调)。

(六)LNG 的翻滚与预防

作为不同组分的混合物，LNG 在储存过程中会出现分层而引起翻滚，致使 LNG 大量蒸发导致储罐超压，如不能及时放散卸压，将严重危及储罐的安全。

大量研究证明，以下原因可能引起LNG出现分层而导致翻滚：①储罐中先后充注的LNG产地不同、组分不同，因而密度不同；②先后充注的LNG温度不同而密度不同；③先充注的LNG由于轻组分甲烷的蒸发与后充注的LNG密度不同。

防止罐内LNG出现分层常用的措施如下：

(1)将不同产地的LNG分开储存。

(2)为防止先后注入罐中的LNG产生密度差，采取以下充注方法：①槽车中的LNG与罐中LNG密度相近时，从储罐的下进液口充注；②槽车中的轻质LNG充注到重质LNG储罐中时，从储罐的下进液口充注；③槽车中的重质LNG充注到轻质LNG储罐中时，从储罐的上进液口充注。

(3)储罐中的进液管使用混合喷嘴和多孔管，可使新充注的LNG与原有LNG充分混合。

(4)对长期储存的LNG，采取定期倒罐的方式，防止其因静止而分层。

二、LNG的特点及潜在的危险性

LNG作为能源，其特点有：

(1)LNG燃烧后基本不产生污染。

(2)LNG供应的可靠性，由此整个链系的合同和运作得到保证。

(3)LNG的安全性是通过在设计、建设及生产过程中，严格地执行一系列国际标准的基础上得到充分保证。LNG运行至今30年，未发生过恶性事故。

(4)LNG作为电厂能源发电，有利于电网的调峰、安全运行和优化以及电源结构的改善。

(5)LNG作为城市能源，可以大大提高供气的稳定性、安全性及经济性。

LNG虽然是在低温状态下储存、气化的，但和管输天然气一样，均为常温气态应用，这就决定了LNG潜在的危险性。

(1)低温的危险性。人们通常认为天然气的密度比空气小，LNG泄漏后可气化向空气飘散，较为安全。但事实远非如此，当LNG泄漏后迅速蒸发，然后降至某一固定的蒸发速度。开始蒸发时，其气体密度大于空气的密度，在地面形成一个流动层，当温度上升到约－110℃以上时，蒸气与空气的混合物在温度上升过程中形成了密度小于空气的“云团”。同时，由于LNG泄漏时的温度很低，其周围大气中的水蒸气被冷凝成“雾团”，然后，LNG在进一步与空气混合过程中完全气化。LNG的低温危险性还能使相关设备材料脆性断裂和遇冷收缩，从而损坏设备。操作过程主要是防止LNG对操作人员的低温灼伤。

(2)BOG(蒸发气体)的危险性。虽然LNG存在于绝热的储罐中，但外界传入的能量均能引起LNG的蒸发，这种蒸发气体就是BOG。因此要求LNG储罐有一个极低的日蒸发率，要求储罐本身设有合理的安全系统放空。否则，BOG将大大增加，严重时使罐内温度、压力上升过快，直至储罐破裂。

(3)着火的危险性。天然气在空气中百分含量在5%～15%(体积分数)时，遇明火可产生爆燃。因此，必须防止可燃物、点火源、氧化剂(空气)这三个因素同时存在。

(4)涡旋的危险性。液化天然气在储运过程中常常发生一种被称为“涡旋”(Rollover)的非稳定性现象。涡旋是由于向已经装有LNG的低温储槽中注入新的LNG液体，或是由于LNG中的氮优先蒸发而引起储槽内液体发生分层(stratification)。分层后，各层液体在储槽壁漏热的加热下，形成各自独立的对流循环。该循环使得各层液体的密度不断发生变化，当相邻两层液体密度近似时，两个液层发生强烈混合，从而引起储槽内过热的天然气大量蒸发引发事故。

(5)翻滚的危险性。通常，储罐内的 LNG 长期静止将形成上下稳定的液相层，下层密度大于上层密度。当外界热量传入罐内时(如罐壁漏热)，两个液相层就会发生传质和传热进而相互混合，液层表面也开始蒸发，下层由于吸收了上层的热量，而处于过热状态。当上下液相层密度接近时，可在短时间内产生大量气体，使罐内压力急剧上升，这就是翻滚现象。

三、LNG 供气站的安全运营管理

LNG 供气站安全运营管理的基本要求是：(1)防止天然气泄漏与空气形成可燃的爆炸性混合物；(2)在储罐区、气化区、卸车台等可能产生天然气泄漏的区域均设置可燃气体浓度监测报警装置；(3)消除引发燃烧、爆炸的基本条件，按规范要求对 LNG 工艺系统与设备进行消防保护；(4)防止 LNG 设备超压和超压排放；(5)防止 LNG 的低温特性和巨大的温差对工艺系统的危害及对操作人员的冷灼伤。必须制定严格的安全措施，认真落实安全操作规程，消除潜在危险和火灾隐患。供气站站长应每日定时检查站内生产设备和消防设施。

(一)LNG 站的安全技术管理

LNG 固有的特性和潜在的危险性，要求必须对 LNG 站进行合理的工艺、安全设计及设备制造，这将为做好 LNG 站的安全技术管理打下良好的基础。

1. LNG 站的机构与人员配置

应有专门的机构负责 LNG 站的安全技术基础；同时应配备专业技术管理人员；要划清各生产岗位，并配齐岗位操作人员。不论是管理人员，还是岗位操作人员均应经专业技术培训，考核合格后方可上岗。

2. 技术管理

(1)建立健全 LNG 站的技术档案，包括前期的科研文件、初步设计文件、施工图、整套施工资料、相关部门的审批手续及文件等。

(2)制定各岗位的操作规程，包括 LNG 卸车操作规程、LNG 储罐增压操作规程、LNG 储罐倒罐操作规程、LNG 空浴(水浴)气化(器)操作规程、BOG 储罐操作规程、消防水泵操作规程、中心调度控制程序切换操作规程、LNG 进(出)站称重计量操作规程、天然气加臭操作规程等。

3. 生产安全管理

(1)做好岗位人员的安全技术培训，包括 LNG 站工艺流程、设备的结构及工作原理、岗位操作规程、设备的日常维护及保养知识、消防器材的使用与保养等，都应进行培训，做到应知应会。

(2)建立各岗位的安全生产责任制度、设备巡回检查制度，这也是规范安全行为的前提。如对长期静放的 LNG 应定期倒罐并形成制度，以防“翻滚”现象的发生。

(3)建立健全符合工艺要求的各类原始记录，包括卸车记录、LNG 储罐储存记录、中心控制系统运行记录、巡检记录等，并切实执行。

(4)建立事故应急抢险救援预案，预案应对抢险救援的组织、分工、报警、各种事故(如

LNG 少量泄漏、大量泄漏、直至着火等)的处置方法等，应详细明确，并定期进行演练，形成制度。

(5)加强消防设施的管理，重点对消防水池(罐)、消防泵、LNG 储罐喷淋设施、干粉灭火设施、可燃气体报警设施定期检修(测)，确保其完好、有效。

(6)加强日常的安全检查与考核，通过检查与考核，规范操作行为，杜绝违章，克服麻痹思想。如 LNG 的卸车，从槽车进站、计量称重、槽车就位、槽车增压、软管连接、静电接地线连接、LNG 管线置换、卸车完毕后余气的回收、槽车离位以及卸车过程中的巡检、卸车台(位)与进液储罐的衔接等，都应有一套完整的规程要求。

(二)设备的安全管理

由于 LNG 站的生产设备(储罐、气化设备等)均为国产，加之规范的缺乏，应加强对站内生产设施的管理。

(1)建立健全生产设备的台账、卡片，专人管理，做到账、卡、物相符。LNG 储罐等压力容器应取得《压力容器使用证》;设备的使用说明书、合格证、质量证明书、工艺结构图、维修记录等应保存完好并归档。

(2)建立完善的设备管理制度、维修保养制度和完好标准。具体的生产设备应有专人负责，定期维护保养。

(3)强化设备的日常维护与巡回检查。

①LNG 储罐:外观是否清洁;是否存在腐蚀现象;是否存在结霜、冒汗情况;安全附件是否完好;基础是否牢固等。

②LNG 气化器:外观是否清洁;(气化)结霜是否不均匀;焊口是否有开裂泄漏现象;各组切换(自动)是否正常;安全附件是否正常完好。

③LNG 工艺管线:(装)卸车管线、LNG 储罐出液管线保温层是否完好;(装)卸车及出液气化过程中，工艺管线伸缩情况是否正常，是否有焊口泄漏现象;工艺管线上的阀门(特别是低温阀门)是否有泄漏现象;法兰连接下是否存在泄漏现象;安全附件是否完好。

④对设备日常检验过程中查出的问题都不能掉以轻心，应组织力量及时排除。

(4)抓好设备的定期检查。

①LNG 储罐:储罐的整体外观情况(周期:一年);真空粉末绝热储罐夹层真空度的测定(周期:一年);储罐的日蒸发率的测定(可通过 BOG 的排出量来测定)(周期可长可短，但发现日蒸发率突然增大或减小时，应找出原因，立即解决);储罐基础牢固、变损情况(周期:三个月);必要时可对储罐焊缝进行复检。同时，应检查储罐的原始运行记录。

②LNG 气化器:外观整体状况;翅片有无变形，焊口有无开裂;设备基础是否牢固;必要时可对焊口进行无损检测。检查周期为一年。

③LNG 工艺管线:根据日常原始巡检记录，检查工艺管线的整体运行状况，必要时可检查焊口;也可剥离保冷层检查保冷情况;对不锈钢裸管进行渗碳情况检查。检查周期为一年。

④安全附件:对各种设备、工艺管线上的安全阀、压力表、温度计、液位表、压力变送器、差压变送器、温度变送器及连锁装置等进行检验。检验周期为一年。值得说明的是，上述安全附件的检验应有相应检验资质的单位进行。

⑤其他:防雷、防静电设施的检验一年两次。其他设备、设施也应定期检查。

第四节 LPG站安全管理

液化石油气供应系统的场站类型主要包括：储存站、灌瓶站和储配站、气化站、混气站和瓶装供应站。各场站功能分别如下：

(1)储存站：接收气源厂或外采的液化石油气加以储存；并将储存的液化石油气输送到城镇灌瓶站、气化站和混气站。

(2)灌瓶站：进行灌瓶作业，同时接受空瓶并倒空残液；将充装后的实瓶送往供应站或直接供给用户。

(3)储配站：同时兼有储存和灌瓶两种功能。

(4)气化站：将液化石油气气化后经调压，用管道供给各类用户。

(5)混气站：将液化石油气与空气以一定比例混合成混合燃气，经调压后用管道输送给用户。

(6)瓶装供应站：接受由灌瓶站或储配站运来的空瓶，向用户供应实瓶并回收空瓶，将空瓶送给灌瓶站和储配站。

液化石油气储配站是液化石油气供应系统中的一类重要和典型场站，因此本节主要阐述液化石油气储配站的工艺流程及其安全管理。

一、典型工艺流程

储配站的规模大小不同、液化石油气的运输方式、装卸车方法以及灌瓶方法的不同，储配站的工艺流程也不同。储配站按规模大小可以分为中、小型储配站和大型储配站，下面分别介绍这两种工艺流程。

(一)中、小型储配站工艺流程

液化石油气由生产厂商通过管道、汽车槽车、火车槽车、槽船送到储配站储罐，再由液化石油气泵送至灌瓶间进行灌瓶，将灌好的钢瓶用汽车运至各供应站供给用户，将用过的空瓶送回储配站，把瓶内的残液倒空再进行灌装。其工艺流程如图5-17所示。

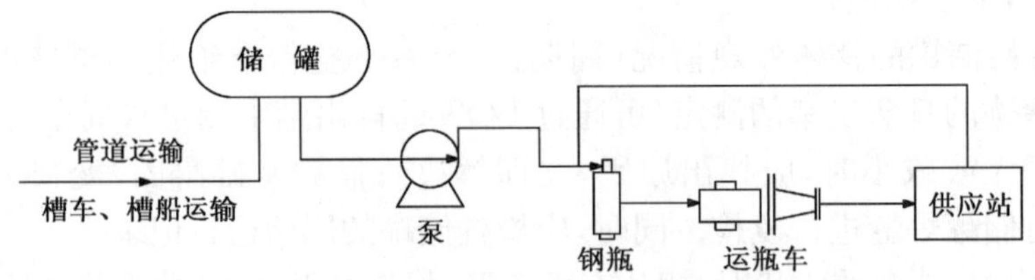

图5-17　管道槽车(汽车、火车)、槽船输送工艺流程

(二)大型储配站工艺流程

一般采用机械化、自动化的灌装和运输设备，通常采用泵—压缩机联合工作的工艺流程，即用压缩机卸车，而用泵来灌瓶，其工艺流程如图5-18所示。

为了完成卸火车槽车、灌瓶和灌装汽车槽车等任务，火车槽车卸车栈桥的液相干管与储罐的液相进口管相连；烃泵的入口管与储罐的液相出口管相连，而泵的出口管与灌瓶车间的液相管、汽车槽车装卸台的液相管相连。储配站的所有液相管道互相连通，形成统一的液相管道系统。

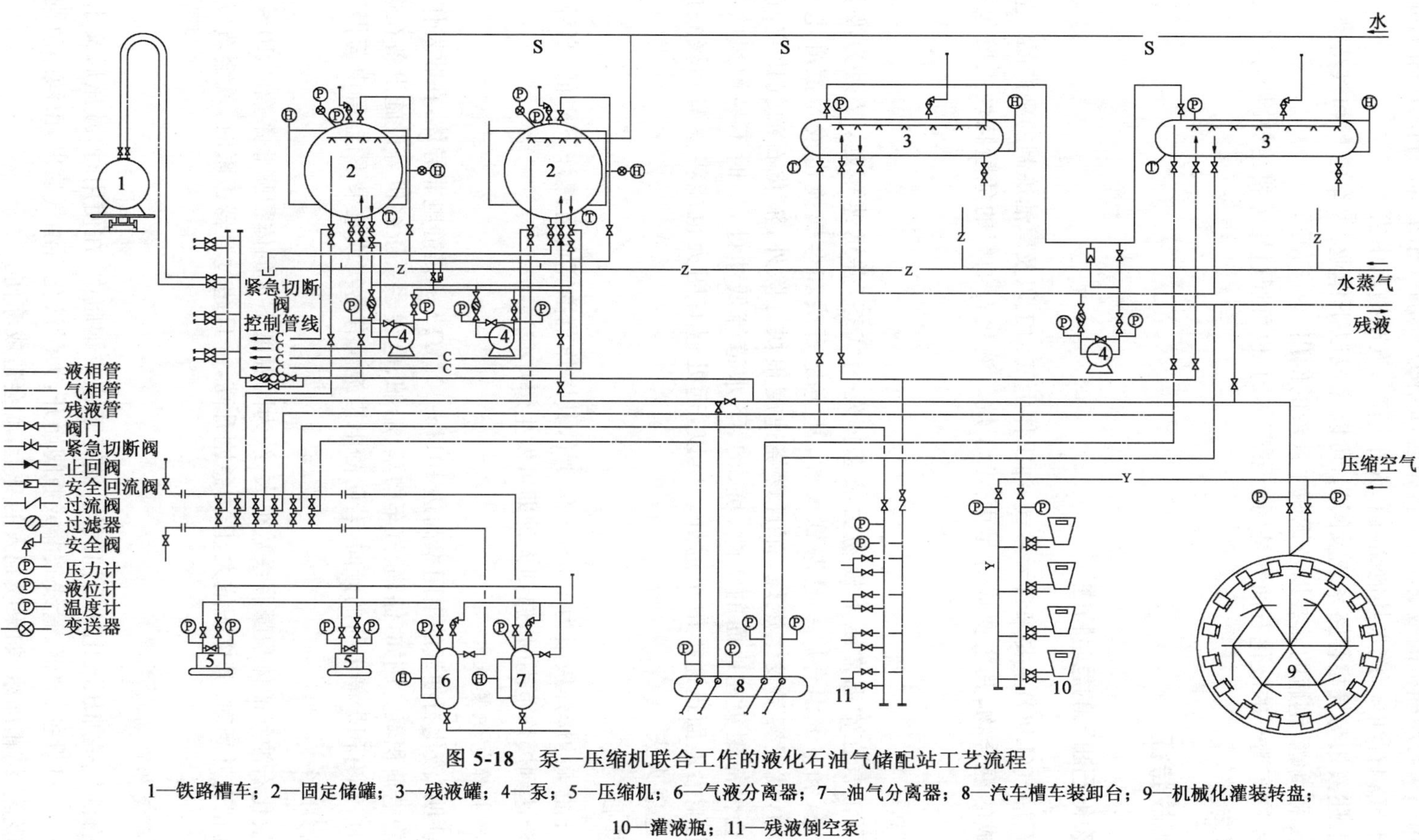

图 5-18　泵—压缩机联合工作的液化石油气储配站工艺流程

1—铁路槽车；2—固定储罐；3—残液罐；4—泵；5—压缩机；6—气液分离器；7—油气分离器；8—汽车槽车装卸台；9—机械化灌装转盘；10—灌液瓶；11—残液倒空泵

储配站内的火车槽车卸车栈桥、汽车槽车装卸台、储罐、残液罐以及残液倒空架的气相管，通过气相阀门组与压缩机的吸、排气干管相连，形成统一的气相系统。利用压缩机可以从任何储罐中抽出气相石油气，送入其他储罐和火车槽车、汽车槽车中去。

利用上述液相与气相管路系统及阀门，可以完成以下作业：火车槽车和汽车槽车的装卸，储罐的充装和倒罐，钢瓶的灌装以及钢瓶中残液的倒出。

钢瓶和汽车槽车的液化石油气是用烃泵灌装的，也可通过压缩机给储罐升压（从其他储罐抽气）来灌装。

二、事故特征

（一）液化石油气的危险特性

液化石油气（LPG）主要来自天然气、油田伴生气加工以及原油炼制的副产品，是由多种烃类气体组成的混合物，其主要成分是丙烷、丁烷。液化石油气的危险特性主要包括以下几方面：

1. 易燃性

液化石油气在常温常压下极易由液态挥发为气态，并迅速蔓延，又因为液化石油气的闪点很低，和空气混合后一旦遇到火种，甚至是石头和金属撞击或摩擦静电火花那样微小的火种，就很容易发生燃烧，而且燃烧速度很快。除外，液化石油气比空气重，如有逸出往往会停滞聚集在地面的空隙、坑、沟、下水道等低洼处，一时不易被风吹散。即使在平地，也能沿地面迅速扩散至远处。所以，远处遇有明火也能将渗漏和聚集的液化石油气引燃造成火灾。

2. 易爆性

液化石油气的爆炸极限为1.5%～9.5%，其爆炸范围宽而且爆炸下限低，当液化石油气和空气混合达到爆炸范围时，遇到火种即可发生爆炸。

3. 易产生静电积聚性

实验证明，液化石油气的电阻率高达1011～1014Ω·s，是静电非导体，在收发作业中易产生大量的静电荷积聚。例如，储罐、汽车槽车、船舶、电线、泵、压缩机等设施设备在进行装卸、储运作业时，都有积聚静电荷的倾向，若防静电措施没有落实或效果不佳，静电荷得以积聚。

4. 易膨胀性

由于液化石油气的体积膨胀系数很大，约为同温度下水的体积膨胀系数的10～15倍。因此，当温度稍有升高时，其体积增大，压力急剧升高，一旦超过容器极限时，就会造成容器破裂甚至爆炸。

5. 具有冻伤危险性

液化石油气是加压液化的石油气体，储存于罐或钢瓶中，在使用时，减压后又由液体气化变为气体。一旦设备、容器、管线破漏或瓶阀崩开，大量液化石油气喷出，由液态急剧减压变为气态大量吸热，结霜冻冰，如果喷到人的身上，就会造成冻伤。

6. 能引起中毒

由于构成液化石油气的主要成分是低碳数的烃类化合物，还可能有微量的硫化物，当人大量吸入液化石油气后会引发中毒，使人昏迷、呕吐或有不适，严重时可使人窒息死亡。

(二)事故特征

1. 极易引发火灾

由于液化石油气的易燃性，因此一旦泄漏极易引发火灾。

2. 爆炸的可能性大

由于液化石油气的爆炸极限较宽，因此使其爆炸的可能性大大增加，爆炸危险性也相应增加。

3. 破坏性强

液化石油气的爆炸速度约为2000～3000m/s，火焰温度达2100℃，在标准状况下1m^{3}液化石油气完全燃烧，其热值高达104670kJ。由于燃烧热值大，爆炸速度快，瞬间就会完成化学性爆炸。所以，爆炸的威力大，其破坏性也就很强。

同时，当液化石油气由液相变为气相时，体积变化很大，气相是液相的250～300倍，随着空气流动，液化石油气会扩散得很宽，如延续不断就是一种很大的危险，一处点燃波及一片，并向泄漏点扩散燃烧，这种特性对安全的威胁极大。一旦发生事故，通常都会造成人员伤亡和巨大的财产损失。

4. 影响范围大

液化石油气场站和天然气场站类似，一旦发生事故后，不仅会影响到场站本身，而且会波及场站周围。

三、主要设备设施安全管理

(一)液化石油气储配站总平面布置要求

(1)为了保证安全和便于生产管理，应将储配站分区布置，一般分为生产区(储罐区和灌装区)和辅助区。生产区宜布置在站区全年最小频率风向的上风侧或上侧风侧，灌装区宜布置在储罐区和辅助区之间，以利用装卸车回车场地，保证储罐区与辅助区之间有较大的安全防火距离。

(2)各建、构筑物之间，各区域之间以及各生产设备之间的防火间距应满足GB 50016—2006《建筑设计防火规范》的要求。

(3)生产区和辅助区内均应留有环形的消防通道。当液化石油气储罐总容积超过1000m^{3}时，生产区应设两个对外出入口，间距不应小于30m，出入口宽度不应小于4m。

(二)站内一般安全管理规定

(1)加强明火管理，严防火种进入。

(2)站内动火，须经审批。

(3)搞好事故抢险演练，及时堵住泄漏点。

(4)搞好电气管理，严防电火花产生。

(5)做好其他各项安全防范措施。

(三)站内管道的安全管理

(1)管道的公称压力(等级)应高于其设计压力。

(2)液化石油气站内气、液相管道宜采用焊接连接和在适当位置加法兰连接相结合的对接方式,气、液相管道的仪表管和公称直径小于或等于20mm的管径阀门可采用螺纹连接。

(3)生产区的所有管道宜采用低支架敷设方式,其管底与地面的净距宜为0.3m,并且液化石油气管道不能靠近热力管道排列。

(4)当管道系统局部采用耐油橡胶管时,其允许压力不应小于管道设计压力的4倍。

(5)液化石油气输送管道应有固定装置,严禁悬空。

(6)液化石油气站管道系统要避免出现碰撞、重叠和不必要的交叉,厂区的工艺管道应尽量最短。

(7)管线要定期按照有关检验规程进行检验。

(四)液化石油气储罐的安全管理

(1)液化石油气储罐及其附件的选择、设计应符合《压力容器安全技术监察规程》的规定。

储罐上应装设液位计、压力表、温度计、安全阀等安全附件,并应设置高、低液位报警装置和压力、温度的高限报警装置。

液化石油气储罐接管上安全阀件的配置应符合以下要求:①必须设置安全阀和检修用的放散管;②液相进口管必须设置止回阀;③储罐容积大于或等于50m³时,其液相出口管和气相管必须设置紧急切断阀,储罐容积大于20m³,但小于50m³时,宜设置紧急切断阀;④排污管应设置两道阀门,其间应采用短管连接,并采取防冻措施。

液化石油气储罐安全阀的设置应符合以下要求:①必须选用弹簧封闭全启式,其开启压力不应大于储罐设计压力,安全阀的最小排气截面积的计算应符合国家现行《压力容器安全技术监察规程》的规定;②容积为100m³及以上的储罐应设置2个或2个以上的安全阀;③安全阀应设置放散管,其管径不应小于安全阀的出口管径,地上储罐安全阀放散管管口应高出储罐操作平台2m以上,且应高出地面5m以上,地下储罐安全阀放散管管口应高出地面2.5m以上;④安全阀与储罐之间应装设阀门,且阀口应全开,并应铅封或锁定。

液化石油气储罐仪表的设置应符合以下要求:①必须设置就地指示的液位计、压力表;②就地指示液位计宜采用能直接观测储罐全液位的液位计;③容积大于1000m³的储罐,应设置远传显示的液位计和压力表。

(2)由于液化石油气具有易膨胀的特点,因此液化石油气储罐应严格控制充装量,以保证设计温度下压力容器内部存在足够的气相空间,容器内的液化石油气气液两相共存,并在一定温度下达到气液相动态平衡。

(3)液化石油气储罐要按照有关规定进行定期检验,安全状况等级为1、2级的储罐,每6年检验一次;安全状况等级为3级的储罐,每3年检验一次;安全状况等级为4级的储罐,检验周期由检验部门确定。新储罐投用后满3年时,应进行首次全面检验。储罐的检验应由具有资质的检验单位承担。检查项目通常包括外部检查(运行中的定期检查)、内外部检验(停机时的检验)和耐压试验。

外部检查的内容和要求主要包括:①储罐的防腐层、保温层和设备铭牌是否完好;②储罐表面有无裂纹、变形、局部过热等不正常现象；③储罐的接管、焊缝、受压元件等有无泄漏；④安全附件是否齐全、灵敏、可靠；⑤紧固螺栓是否完好，基础有无下沉或倾斜等异常现象。

内外部检验的内容和要求主要包括：①包括外部检查的全部内容；②储罐的内外表面、开孔接管处，有无介质腐蚀或冲刷磨损等现象；③储罐的所有焊缝、封头过渡区和其他有应力集中的部位有无裂纹，对有裂纹的部位，应进行表面探伤；④筒体、封头等通过上述检查后，发现内外表面有腐蚀等现象时，应对怀疑部位进行多处壁厚测量，测量的壁厚小于最小壁厚时，应重新进行强度核算，并提出可否继续使用的建议和许用最高工作压力；⑤储罐内壁如有温度、压力、介质腐蚀作用，有可能引起金属材料径向组织连续性破坏时，在必要时还应进行径向检验和表面硬度测量并作出检查报告；⑥储罐的主要紧固螺栓，应逐个进行外观宏观检查，并用磁粉或着色探伤检查有无裂纹。

（五）压缩机的安全管理

（1）压缩机安装质量的好坏将直接关系到设备的运行情况和使用的可靠性，因此要严格按照使用说明书中规定的要求和步骤安装。

（2）压缩机的烃泵的基础应牢固可靠，设备不应有明显偏斜。

（3）定期巡检时，应检查设备的声音、振动等有无异常。

（4）加强对压缩机的维护保养，其主要内容包括：①定期更换润滑油；②定期对安全阀、压力表和防爆接地进行校验测试，安全阀和压力表每年至少校验一次，接地防爆设施每半年测试一次；③各操作阀丝杠和连接螺栓涂黄油保护，油分、水分的排污阀每班应排泄一次，进、排气阀门每月检查清洗一次；④定期检查地脚螺栓和各紧固件是否牢固，及时清除机身及周围环境的灰尘、油污和水污；⑤对采用皮带传动的压缩机，当发现皮带打滑老化时，应及时更换新皮带。

（六）烃泵的安全管理

（1）严格按照安装规程完成烃泵及其附属设备的安装。

（2）严格按照烃泵的操作规程进行烃泵的操作。

（3）加强对烃泵的维护保养。视烃泵连续运行时间的长短，一般每个季度都要清洗一次过滤器，每月向两端轴承注润滑脂。当发现皮带松弛，需及时调整。其他维护保养事项可参见压缩机维护保养的有关要求。

第五节　CNG 站的安全管理

压缩天然气 CNG(Compressed Natural Gas)是天然气加压并以气态储存在容器中，它与管道天然气的组分相同。

CNG 技术主要应用于燃气系统的供应和汽车用气的供应。

CNG 技术用于燃气系统的供应方式源自天然气汽车加气的子母站系统。由于子母站系统技术成熟，灵活方便，而且投资比独立加气站少，因而提出借鉴子母站系统的运行方式用于 CNG 供应城镇燃气。

CNG 加气站的分类如下：

（1）按加气速度可分为快速充装站、慢速充装站。

(2)按站区现场或附近是否有天然气管线经过可分为母站、常规站、子站。CNG 加气站是压缩天然气供应系统中的一类重要和典型场站，因此本节主要阐述压缩天然气加气站的典型工艺流程、事故特点及其安全管理。

一、典型的工艺流程

(一)母站的工艺流程

CNG 加气母站气源来自天然气高压管网，过滤计量后进入干燥器进行脱水处理，干燥后的气体通过缓冲罐进入压缩机加压。压缩后的高压气体分为两路：一路通过顺序控制盘，进入储气井，再通过加气机给 CNG 燃料汽车充装 CNG；另一路进加气柱给 CNG 槽车充装 CNG。CNG 加气母站工艺流程如图 5－19 所示。

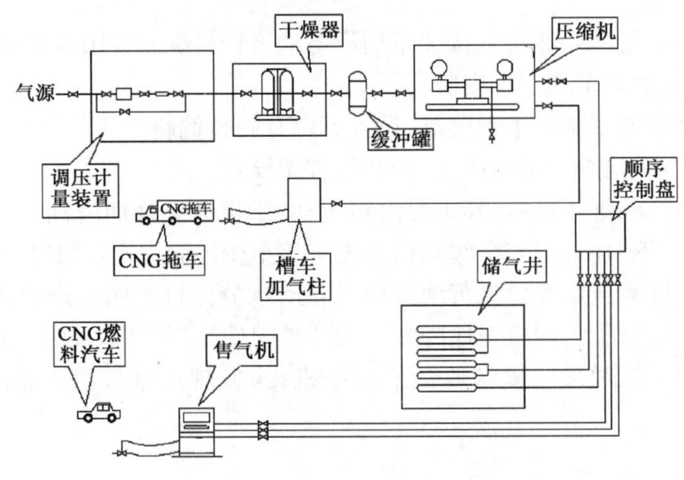

图 5－19　CNG 加气母站工艺流程图

CNG 加气母站，是依托于天然气主干网建造的为天然气集装罐车充装高压天然气的场所，工艺原理流程框图见图 5－20。

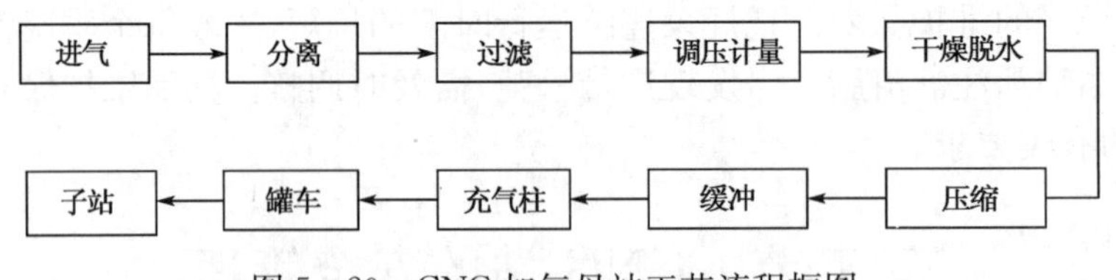

图 5－20　CNG 加气母站工艺流程框图

(二)常规站的工艺流程

加气常规站的天然气引自中压天然气管网，经过滤计量后进入干燥器，经干燥处理后，再经缓冲罐进入压缩机加压，通过优先/顺序控制盘为储气井组充装天然气，或直接输送至加气机为 CNG 燃料汽车加气，也可以利用储气井组内的天然气通过加气机为 CNG 燃料汽车加气。CNG 加气常规站工艺流程如图 5－21 所示。

CNG 加气常规站依托于城市管网建造的、为天然气汽车储气瓶充装高压天然气的场所，站内压缩设备采用橇装风冷式无油润滑压缩机，工艺原理流程框图如图 5－22 所示。

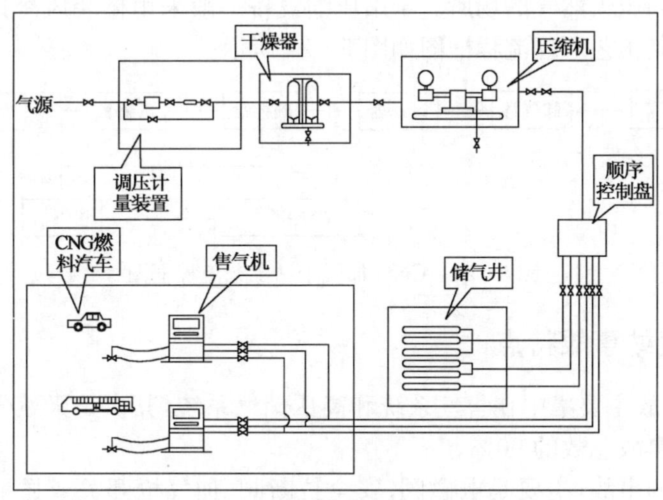

图 5-21　CNG 加气常规站工艺流程图

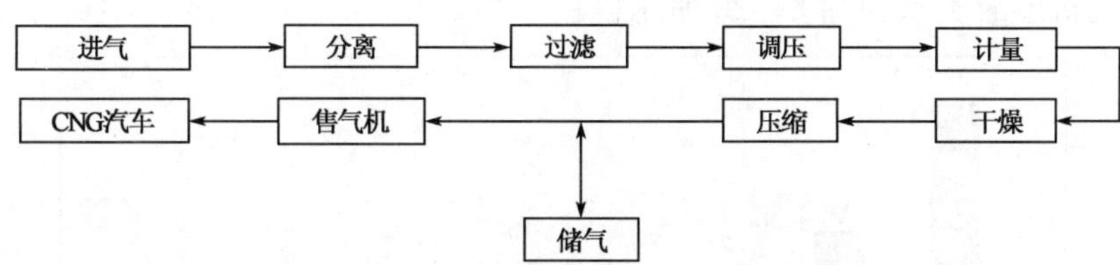

图 5-22　CNG 加气常规站工艺流程框图

(三)子站的工艺流程

CNG 子站拖车到达 CNG 加气子站后,通过卸气高压软管与卸气柱相连。启动卸气压缩机,CNG 经卸气压缩机加压后,通过顺序控制盘进入高、中、低压储气井组,储气井组里的 CNG 可以通过加气机给 CNG 燃料汽车加气。CNG 加气子站工艺流程如图 5-23 所示。

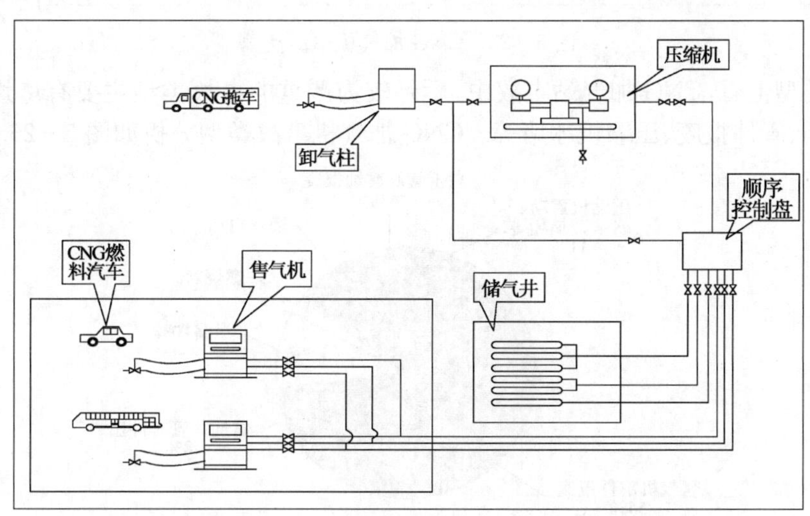

图 5-23　CNG 加气子站工艺流程图

CNG 加气子站是使用母站通过天然气集装罐车运送来的、充装好的高压天然气,为天然气汽车储气瓶充装高压天然气的场所。子站压缩设备一般采用橇装风冷式无油润滑压缩机，或液压式压缩机。其工艺原理流程框图如图 5-24 所示。

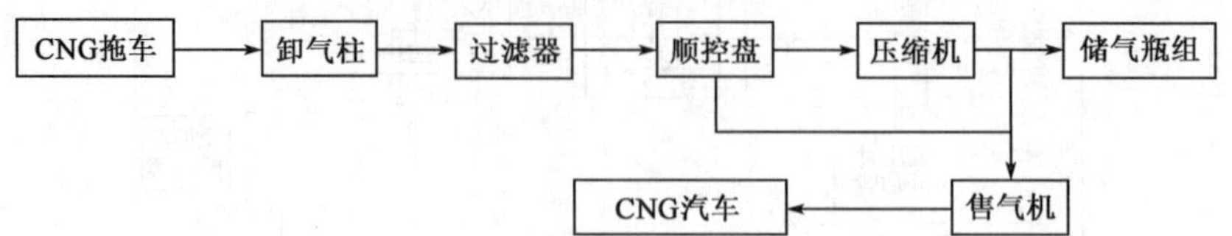

图 5-24　CNG 加气子站工艺流程框图

二、CNG 加气站事故特点

CNG 加气站事故主要集中在售气系统和高压储气系统，其次是天然气压缩系统，这三个系统发生的事故占事故总数的 90%。

售气系统发生的事故，主要是电磁阀、安全拉断阀、加气枪开关或显示器、质量流量计失效，还有就是气体质量不合格，严重损伤关键部件诱发事故。

CNG 加气机事故类型如图 5-25 所示。

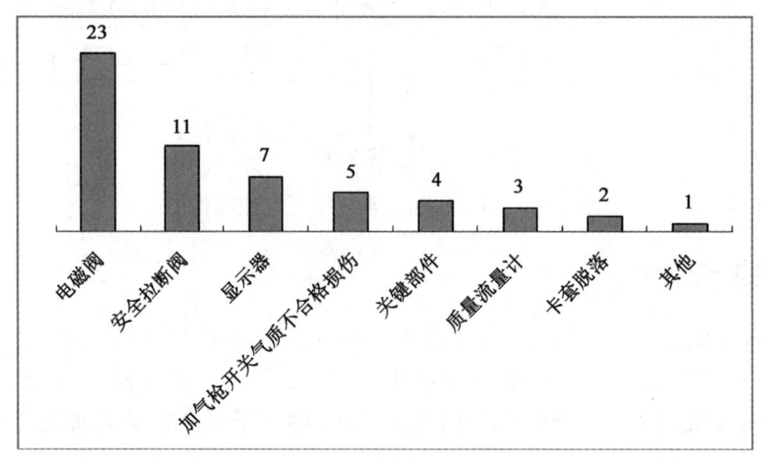

图 5-25　CNG 加气机事故类型

从事故类型上看，CNG 加气站事故中，后果较为严重的事故类型主要有爆炸、燃烧，其次是天然气泄漏、管件报废、压缩机冰堵等。CNG 加气机事故类型分析如图 5-26 所示。

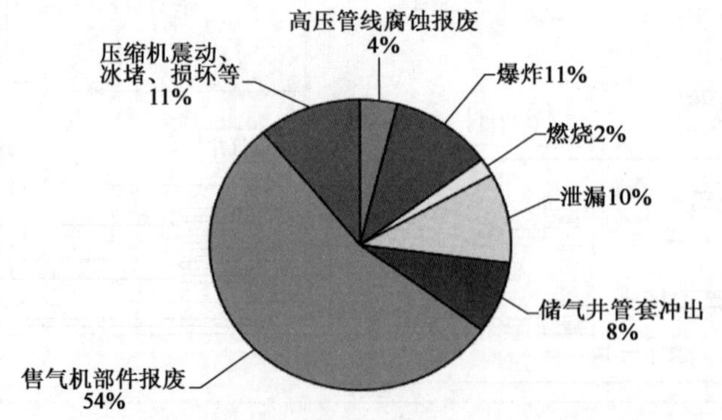

图 5-26　CNG 加气机事故类型分析

CNG 加气站事故中，由爆炸、燃烧、泄漏等引起事故的损失较为严重。从图 5-27 可以看出，车用气瓶爆炸、压缩机爆炸、站用气瓶爆炸、压缩机震动冰堵等，其总损失达到86.2%，是加气站事故损失的主要影响因素。CNG加气机事故损失统计分析如图5-27所示。

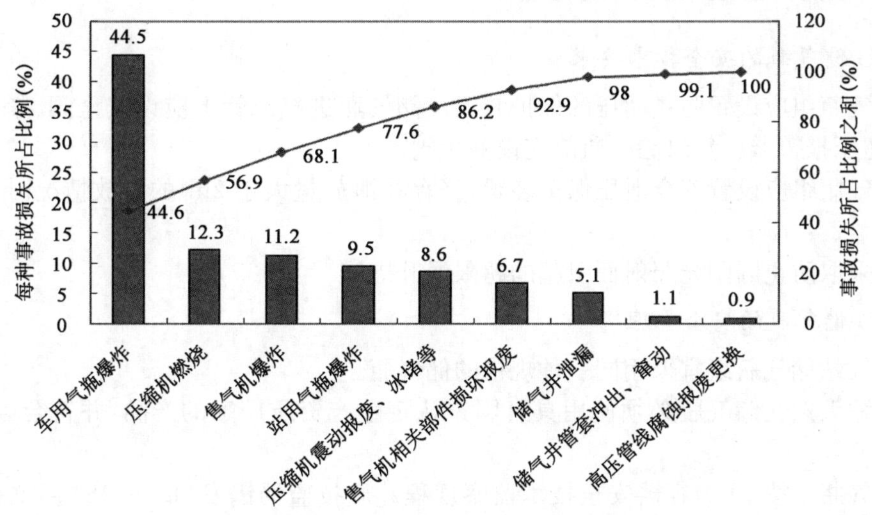

图5-27 CNG加气机事故损失统计分析

从以上分析可以看出，加气站的安全问题主要存在于四个方面：售气系统的安全、高压储气容器的安全、压缩机的安全和CNG气质问题。减少事故的发生要从以下几方面做起。

(1)危险系统重点管理：售气系统、储气系统、压缩系统。

(2)充装安全管理：不合格气瓶严禁充装，加强司机的安全教育。

(3)分级安全教育：公司级、站级、班组级。

三、CNG加气站主要设备的安全技术与管理

CNG加气站的主要设备包括加气机、储气瓶组(或储气井)、压缩机、管线、脱硫装置和脱水装置等。下面介绍一下这些主要设备的安全技术与管理。

(一)加气机的安全技术与管理

加气机是加气站的主要设备之一，应具备加气量和收费金额、累计加气量显示的功能，并具有手动控制流量的功能，加气枪的加气嘴应与汽车的加气口配套。加气机的正常工作、计量准确、正确操作，不仅关系到加气站的经济效益，更重要的是关系到加气站和人员的安全。

加气机的安全技术要求为：CNG加气机的数量应根据加气汽车数量，并按每辆汽车加气4～6min计算确定。加气机的选择应符合下列要求：

(1)加气机应具有自动控制和手动操作两种功能。

(2)加气机的额定工作压力为20MPa，并设安全液压装置。加气速度不应大于0.25 m^3/min。

(3)加气机的计量精度不应低于1.0级，以m^3为计量单位，最小分度值为0.1m^3。

(4)加气枪上的加气嘴应与汽车受气口配套。加气嘴应配置自密封阀，加气完毕卸开后应自行关闭，其操作过程中天然气泄漏量不得大于0.01m^3(标准状态)。

(5)加气机附设的拉断阀在外力作用下分开后，两端应自行密封。工作压力为20MPa时，分离拉力范围宜为400～600N。

(6)加气机附近应设防撞柱(栏)。

(二)CNG储气瓶的安全技术与管理

1. CNG储气瓶的安全技术要求

(1)储气瓶组应设置防止超压的保护装置。储气瓶进气总管上应设安全阀、紧急放散管、压力表和超压报警器。每组储气瓶前应设截止阀。

(2)储气瓶组应设置安全泄压保护装置,当存在泄放量大于 $2m^3$ 的排放情况时,应设置专用储罐。

(3)应采取防止因阳光照射而引起的超限温升措施。

2. CNG储气瓶的安全管理

(1)加气站储气瓶组宜采用同一种规格的储气瓶。

(2)压缩天然气储气瓶必须使用具有国家认定生产资质厂家的产品,并符合国家标准的规定。

(3)储气瓶应按《压力容器安全技术监察规程》[质技监局锅发(1999)154号文件]要求定期送检,以保证钢瓶安全,严禁使用过期未检钢瓶。

(三)压缩机的安全技术与管理

1. 压缩机的安全技术要求

(1)为防止压缩机超压运行,压缩机出口应设置安全阀,其设定压力不应高于设备或容器的设计压力。安全阀的泄放能力应不低于压缩机的最大排放量。

(2)CNG压缩机进出口应设置高低限压力报警和超高限压力联锁停车装置。冷却系统、润滑油系统应设置高温报警和超温停车及压力低限报警装置。

(3)CNG加气机安全系统应能保证在充装设备压力达到工作压力的90%时,自动停止加气作业。

(4)CNG加气胶管应进行2倍于工作压力的强度试验和4MPa压力的气密试验,并应具有导电功能。

(5)加气软管应配有拉断阀、过流阀等快速切断阀,以确保气体流速突然增大时关闭输气系统。

2. 压缩机的安全管理

(1)压缩机的固定应牢固可靠,避免其振动影响其他设备。

(2)定期巡检时,应检查机泵的声音、振动、温升有无异常。

(3)经常检查机泵润滑系统,定期加注润滑油。电动机、泵每两月加注一次润滑脂,每半年化验一次压缩机油,不符合要求时应立即更换。特殊情况下随时安排化验检查,及时依据检查情况决定更换与否。

(4)每半年至少进行一次压缩机的气门组件检查。

(四)管线、阀门和安全附件的安全技术与管理

管线、阀门和安全附件的安全技术需符合以下要求:CNG加气站所有管线、阀门和安全附件的设计压力应比最大工作压力高10%,并能满足在任何情况下其设定压力不低于安全阀起

跳的工作压力要求。

(1)管道的使用和检验应符合《压力管道安全管理与监察规定》(劳动部1996年4月23日颁布)。

(2)敷设管道的管沟应该用沙子填实;管道进入建筑物、构筑物、防火堤时必须密封。

(3)定期检查管线各部件的连接部位,保持密封良好,无渗漏。

(4)阀门应定期进行检查,保持启闭灵活,无渗漏现象。

(5)紧急切断阀应每月进行一次校验,泄压后应在3秒内关闭阀门发挥作用。

(6)储气罐、管道、泵和加气机的安全附件应按国家有关规定定期进行检定校验,高压储气罐每三年一次;压力表、温度计每半年一次,流量计每半年一次,安全阀每年至少要校验一次。

(五)CNG加气站的安全管理措施

做好加气站的安全管理工作,确保加气站经营活动的正常开展,只靠设备的配置是不够的,还必须根据加气站的特点,结合石油行业关于消防管理的有关规定,制订一套切实可行的安全管理办法和各项操作规程,并落实到岗和人,严格执行,以有效地预防、控制和消除火灾爆炸事故的发生。

1. 建立防火、防爆和防泄漏制度

(1)建立防火安全责任制,落实专人管理,把防火、防爆、防泄漏安全管理工作放在各项工作的首位。在加气站经营过程中,不能存有一丝麻痹思想和侥幸心理。

(2)根据加气站实际,科学合理地制订适应加气站的各岗位工作制度和操作规程。

(3)强化员工的安全教育,包括气体燃料知识的学习,树立安全观念,增强安全意识。

2. 强化明火管理制度,严防火种进入

俗话说“水火无情”,CNG加气站的“火”更无情,其火灾爆炸造成损失和危害比其他行业都大。一般物质火灾蔓延和扩展的速度相对较慢,在发生的初期,范围较小,扑灭比较容易。天然气火灾蔓延和扩展速度极快,其火焰速度达200m/s以上,且难以扑灭,特别是爆炸事故,一旦发生,将立即造成重大灾害。加强明火管理,严防火种的进入,是加气站安全管理的一项旨要措施,具体应做好以下几点:

(1)加气站内应在醒目位置设立“严禁烟火”等警戒标语和标牌,操作和维修设备时,应采用防爆工具;

(2)进入站内的汽车车速不得超过5km/h,禁止拖拉机、电瓶车、摩托车和自行车等进入站内。

3. 接卸气作业安全管理

(1)认真查验送货单据,核对品名、数量、质量化验和进气储罐位号,严禁腐蚀介质超标的气体卸入储罐。

(2)严格按操作规程进行卸气作业。

(3)送气车应按指定位置停车、熄火,并将车钥匙交操作员暂时保管。

(4)接卸气时,需先接静电接地线,确认气、液相软管上截止阀(球阀)处于关闭状态,再连接卸气管。槽车卸液设备应由送气方操作。

(5)卸气期间,操作员必须监护现场,随时检查压力、温度和液位。CNG储气罐的压力不得越过25MPa。

(6)操作员应监督送气司机离开送气车辆，但不得离开作业现场，不得清扫、维修车辆。

(7)卸气结束后，由操作员拆卸输气管、静电接地线，检查无误后，将车钥匙交给司机，送气车辆方可启动，离开现场。

4. 加气作业安全管理

(1)作业时，每台加气机应有一名操作人员，但一人不能同时操作两把加气枪作业。

(2)操作人员应站在侧面引导车辆进站，汽车应停在有明显标识的指定位置，保持与加气机 1m 以上距离。

(3)汽车停稳后，操作员应监督司机拉紧手刹，引擎熄火，取下钥匙。夜间应关闭车灯。

(4)加气前，操作员应对车辆的储气瓶仪表、阀门管道进行安全检查，查看是否在使用期限内。

(5)作业时，加气胶(软)管不得交叉或绕过其他设备。

(6)CNG 放空时，枪口严禁对准人。

(7)加气过程中，应注意监视加气机计量仪表及车辆的压力是否正常。

(8)加气期间，操作人员不得离开现场，严禁让非操作人员代为操作，严禁非操作人员自己主动充装。

(9)加气过程中，如遇紧急情况(如车辆或设备泄漏)，应立即停止作业。

(10)加气结束，关闭加气枪、车辆储气瓶阀、加气管阀，卸下加气枪，护盖，核对加气数量，并确认无漏气现象后，方可容许司机启动车辆。

加气站严禁为无技术监督部门检验合格证的汽车储气瓶加气；严禁为汽车储气瓶以外的任何燃气装置、气瓶加气。

5. 加气安全操作规程

(1)加气员必须具备 CNG 知识及消防知识，并应持证上岗。

(2)加气车辆定位后，加气员应检查发动机是否熄火、手刹是否刹住。

(3)对改装车辆，加气前，加气员应要求驾驶员打开车辆后盖，检查容器是否在使用期内以及贴有规定的标签。通过看、听、嗅等方法，检验容器的阀门、配管是否有气体泄漏或出现其他异常情况。对非改装车辆，应要求驾驶员配合做好上述工作。

(4)加气员经过检查，将加气枪与车辆加气口连接，确认牢靠。严禁加气管交叉和缠绕在其他设备上。

(5)加气员在加气时要观察流量及容器的标尺，CNG 加气压力不得越过 20MPa。

(6)加气作业中，加气员严禁将加气枪交给顾客操作，禁止一人操作两把加气枪，不得擅自离开正在加气的车辆。

(7)加气员应监督驾驶员不能用毛刷清洁车辆或打开发动机前盖维修车辆。

(8)加气过程中发生气体严重泄漏时，加气员应立即关闭车辆气瓶阀，同时按下现场紧急关闭按钮，把气体泄漏量控制在最小范围内。

(9)加气结束后，卸下并正确放好加气枪。

(10)加气必须分车进行，各车之间不得连码加气。在加气区域禁止使用手机等移动通信设备。加气站如遇有严重电闪雷击天气、计量器具发生故障、加气站周围发生不能保障加气站安全和正常工作的事件，应暂停加气作业。

6. 应急措施

为了切实做好“预防为主，防消结合”工作，确保加气站经营活动的正常进行，并及时处理可能发生的突发事件，应制订应急措施。

1)停电应急措施

加气站一旦发生停电，应立即开启应急灯，检查各重点部位；关闭各类开关，以防突然来电损坏电器设备，并及时向上级主管部门报告；查清停电原因，记录停电时间和来电时间。

2)漏气应急措施

加气站内如发现管网漏气，应迅速查明泄漏点，立即关闭与该管线相连接的阀门和与该管线连接的储罐阀门，把气源切断；切断电源，停止一切作业，做好人员和外来车辆的疏散工作，消除一切火源，并防止因抢险造成气瓶或其他金属物品的碰撞而产生火花；用湿棉被包住泄漏点，用水对其冷却；如果泄漏量大，一时难以控制，应扩大警戒区域，迅速报警“119”。

如果是卸车台处发生管线或阀门泄漏，应立即关闭槽车的气管，槽车立即停泵，分别用惰性气体吹扫和消防水冲淋，一时难以控制时应迅速报警“119”。

四、CNG 加气站常见故障的诊断和排除

CNG 加气站上的主要设备，压缩站、干燥器和售气机，都是机电一体化设备，自动化程度高，工作安全可靠。这类设备一般都没有设置手动操作系统，一旦出现故障，哪怕是很小的故障，都可能引起系统的保护性自动停机，而无法手动启动。只有熟练地掌握这些设备的故障诊断和排除技术，才能及时排故，使设备恢复生产，确保加气站的正常运营。

(一)压缩机润滑系统

润滑系统出现故障，会给压缩机造成比较大的损坏，所以为了安全起见，控制系统都要让压缩机自动停机，并显示相应的故障代码或故障位置。常见的故障可能有以下几种情况：

1. 润滑油位过低

油位传感器(开关)位置过高。当油位过低的故障代码出现时，观察压缩机端面的玻璃视窗中的油位是否在中线以上。否则，应将油位开关的安装位置予以调整。

如果确实缺油，应及时补充。但要注意，油位应在压缩机运行时不低于中线，停机时应略高于中线。

2. 润滑系统油压过低

(1)过滤器过脏，堵塞油路，压降增大，会使后续的管路油压降低。应检查清理过滤器或更换滤芯。

(2)油路系统漏油时油压必然降低，检查管路接头是否有漏油现象。

(3)管路油压传感器失灵会产生虚假信息，应对照油压表读数，并检查压力传感器有无故障。

(4)压力调节器调整不当，也会造成油压降低。应检查和调节油压调节器的位置。

(5)润滑油泵工作不正常。检查油泵，是否由于磨损使啮合间隙或断面间隙增大，以及漏油等原因造成压力降低。

(6)启动过程中出现油压低的故障信号而不能启动。若在冬天，有可能因温度低油黏度高，短时间油压达不到所致，可多启动几次就可恢复正常，或由技术人员将预润滑泵延时工作

时间设置适当加长即可。

3. 气缸润滑系统缺油

(1)油不流动传感器失灵产生错误信号。首先检查或更换油不流动传感器(大多情况是固化在壳体内的电池耗尽。并不像厂商允诺的工作寿命6～10年,经常几个月就没电了)。更换时应将整个总成全部换掉,否则仍然可能出现问题。如果身边暂时没有备件,在确信系统并不缺油的前提下,为了不停机影响生产,亦可采取两种临时办法。修改控制软件使计算机不再监测该信号。或者,将传感器输出的两根信号线短接即可。注意,这只能解决燃眉之急,其间必须经常用其他方法监测油路。

(2)柱塞泵出现故障,无法向系统供油。应及时检查维修或更换。

(3)润滑油分配器滑阀卡死。一般是由润滑油中的杂质引起的。不仅要将分配器分解清洗,还要进一步查清润滑油不干净的原因,比如油过滤器过脏或破损,应该立即清洗或更换过滤元件。

(4)安全爆破片破裂。这是由于管路油压过高引起的。先检查润滑油分配器几个油输出口是否有油,若无油就可能是分配器中的滑阀卡死,引起管路油压升高。将分配器分解清洗并更换爆破片后就可恢复正常。

(5)单向阀卡死打不开或者油箱出油口有杂物堵塞,使柱塞泵吸不上油。检查维修相关部位。

4. 润滑油温过高

(1)油冷却器的散热片内被杂物或脏物堵塞,冷却效率降低。检查并予以清除。

(2)油路中机械式冷热转换阀(有些称静热力阀)有故障,使润滑油无法经过油冷却器降温,检查维修或更换转换阀。

(3)过滤器过脏堵塞后使油流不畅,阻力增加发热使油温上升,应清理或更换过滤器滤芯。

(4)润滑油过脏或黏度过高,使摩擦面容易发热,且带走热量降低温度的效果变差,应更换合适的润滑油。

5. 预润滑系统故障

(1)油压降低的原因之一,可能是润滑油黏度过低或者夏季应用了冬季润滑油,应更换黏度较高的润滑油。

(2)预润滑泵磨损、啮合间隙或端面间隙增大、漏油等故障也可使油压降低。应予检修或更换。

(3)预润滑泵电动机运转不正常,如不容易启动或者运转一会儿又不转了。预润滑泵电动机大多选用110V/220V单相电机。当频率为60Hz(我国标准为50Hz),且功率的选择刚好为临界状态,若负载略有增加,电动机达不到额定转速,启动绕组分离不开,使转矩降低而不能启动,甚至把绕组烧坏。同样的电动机和预润滑泵,同样的润滑油牌号和油压设定,有些加气站可正常运行,有些则难于启动,估计是电压和其他因素略有不同所致。这种情况多发生在压缩机站调试时,解决的办法是更换频率为50Hz功率稍大的电动机即可。

(二)压缩机进排气系统

1. 进气压力过低

输气管道的压力过低,尤其是加气站从城市管网的中压管道取气,在用气高峰时容易出现这种情况。

进站管道的气压还高于设定的最低进气压力时，压缩机就不能启动。因为压缩机的进气压力的设定，是由压缩机一级入口处的传感器检测的。其前面的脱水干燥器，还有大约0.03～0.07MPa的压降。尽管进站输气管道的气压还未到设定的进气压力的下限，但压缩机入口气压已到下限，所以压缩机保护停机。

出现进气压力过低的情况时，可通过三种办法解决：如果压力低得不多，且是临时性的，可以通过计算机将进气压力下限值略调低一些，等压力恢复后再调回来；如果是经常性的，可以将回收罐的反馈调压器的压力适当调高一些，这应由有一定经验的人员进行，否则会引起其他故障；如果储气瓶组的压力较高，仍可给汽车加气，则等进气压力上升后再开机。

2.进气压力过高

首先检查压缩机一级进气压力表（一般设在降噪箱体外壁）读数是否超过最高进气压力。这种情况不多见，因为压缩机选型时已经考虑并允许管网的最高压力，如0.3MPa。如果偶然超过0.3MPa，只要不超过控制系统设定的最高限，如0.4MPa，短时间运行是没有问题的，可以不管。如果超过最高限，压缩机会自动停机，等待管网压力的降低。如果长期超限，就必须在进站管线中增加调压器。

检查回收罐反馈调压器的设置是否正常（一般约高于压缩机一级进气压力3%），否则应将该反馈压力适当调低。

3.排气压力过低

(1)进气压力过低。过低的进气压力会使压缩机达到额定排气压力的时间加长，而且后两级气缸的温升明显增加。

(2)是否有泄漏。排气管路系统的严重泄漏是造成排气压力过低的常见故障。

(3)检查压缩机进排气阀。进气阀关闭不严，会使进气量在压缩时返回而减少，压力降低，最终的排气压力必然降低，或使压缩时间延长；排气阀关闭不严，会使压缩气体在进气冲程时返回气缸，减少了气量，也降低了排气压力。

(4)进气管路可能堵塞。进气管路的堵塞，增加了压降，减少了进气量，必然降低了排气压力。

(5)各级过滤器太脏。清理/更换滤芯，尤其是末级过滤器，以减少压缩气体在过滤器中的压降。

(6)通向回收罐的气动泄压排放球阀关闭不严。这将使压缩机排出的气体经过滤器不断进入回收罐，排气管路的压力自然降低。主要原因是气动执行器和球阀之间的转动部位间隙过大，关不到位。将位置调正并紧固后即可正常。

4.排气压力过高

(1)检查压缩机。如果压力高出现在中间级，有可能是下一级进气阀开度不够、卡死或者排气阀打不开。

(2)排气管路中可能有堵塞。如果中间级压力高，估计是过滤器堵塞。如果是最终排气压力高，则应检查管路中的过滤器是否过脏，单向阀、限压阀是否失效，尤其是手动球阀维修后容易忘记打开。

(3)监测控制系统失灵。最终排气压力达到设定值时（一般为25MPa），控制系统就会发出停机指令，如果控制系统失灵，如压力传感器等元器件失效，就会使排气压力一直上升。

5. 排气量减小

(1)管路系统有泄漏。主要指外泄漏,检查主气路上各个阀门(尤其是安全阀)和管接头处是否有较大的泄漏。

(2)压缩机阀门关闭不严,引起内泄漏。如果某一级进气阀关不严,活塞压缩时,气体就可能通过该进气口返回到上一级,使排气量减少;如果是排气阀关闭不严,则使压缩后的气体在吸气冲程时又返回气缸。

(3)进气压力可能过低。这种情况多是在用气高峰,城市输气管网压力降低引起的。等输气压力恢复后,就会正常。

(4)驱动机转速是否正常。和压缩机直联的电动机多为异步电动机,转速降低的可能性不大。若是天然气发动机驱动则要检查。

如果电动机和压缩机是通过皮带传动,则要检查皮带是否松动,影响了压缩机的转速,适当调整皮带涨紧装置。

6. 排气温度过高

(1)压缩机阀是否失灵。压缩机阀开启不够,使气体流动阻力增大,流速增高,排气温度自然要升高。

(2)冷却风扇工作是否正常。如果冷却风扇是通过皮带传动,应检查风扇皮带是否太松,或者皮带断裂,使风扇转速下降甚至停转,排气温度必然升高。

(3)检查清理冷却器的散热片。这种情况多是散热器被灰尘堵塞太脏,冷却效果降低所致。

7. 输出气体带油过多

(1)清理或更换级间和最后一级凝聚式过滤器。过滤器过脏或者破损使过滤器失效,含油气体未经严格过滤而排出。

(2)废液自动排放过程是否正常。系统正常工作时,凝聚在过滤器下部的重烃和油的混合物会定时自动排放到回收罐中。否则,这些废油就会滞留在过滤器中,当液位高过滤芯时,必然被气体带出。

(3)检查气缸润滑系统的注油速率。气缸中的润滑油量增加超标,使气体中所携带的油量超过了过滤器的额定容量,最终排出的气体中所带的油量也必然超标,应及时调整注油速率。

8. 回收罐压力过高

(1)泄压排放阀可能关闭不严。按照预先设定,该泄压排放阀 60min 打开一次,每次打开 15s。如果该阀关闭不严,压缩机排出的压缩气体就会不断地排进回收罐,使压力升高。常见的故障现象是,连接球阀的转轴与气动执行器的固定螺钉松动,造成球阀关闭不到位。

(2)检查回收罐排气调节器的设置。这个调压器的压力设置一般是稍高于进气压力,若调得过高就会引起回收罐的压力升高。

(3)确认液位开关工作正常、回收罐排液正常。如果排液管道堵塞,或者不能定时打开排放阀放掉废液,设置的液位开关失灵,都会使回收罐压力升高。

(4)如果停机后,主进气阀关闭不严,压缩机气缸中所留下的气体(高于进气压力)也会通过回收管路返回,进入回收罐使压力升高(由于主进气阀前的主管路中有单向阀,所以不会返回进气管路)。

(三)压缩站安全放散系统

1.级间安全阀动作

(1)下一级气缸进气阀开度不够或卡死打不开,使该回路压力上升,以致超过安全阀的起跳压力,应首先检查该级进气阀门是否有故障。

(2)下一级进气管路中的过滤器太脏,使管路堵塞压力升高,应定期清洗过滤器。

(3)过滤器下的排液管路和单向阀不通畅,使过滤器下部液位升高,污染滤芯,应拆开检查,必要时更换单向阀。

(4)回收罐旁的泄压排放阀没有定时打开,或打开时间太短,也会出现上述故障。

(5)回收罐反馈调压器的设定压力调高了,引起进气压力超高所致,只要重新调低就可以了。

2.末级安全阀动作

(1)主气路通向充气回路的手动球阀未打开,致使末级管路压力升高。这种情况多发生在系统检修后,忘记打开阀门。

(2)末级过滤器太脏使管路堵塞,压力升高,应定期清洗过滤器。

(3)过滤器下的排液管路和单向阀不通畅,使过滤器下部液位升高,污染滤芯,应拆开检查,必要时更换单向阀。

(4)回收罐旁的泄压排放阀没有定时打开,或打开时间太短,也会出现上述故障。

3.回收罐安全阀动作

(1)主气路到充气回路之间的单向阀关闭不严,致使停机时低压气瓶组的高压气体回流到回收罐中引起超压,使安全阀起跳释压。

(2)压缩机运行中,通向回收罐的泄压排放阀关闭不严,大量压缩气体进入回收罐,引起压力急剧升高,导致安全阀起跳。

(四)压缩站控制系统

1.控制系统开关电源损坏

控制系统开关电源一般不耐冲击,如果频繁接通或断开电源,容易损坏开关电源。

电网电压过高,或在加气站的输电变压器上接有其他工业负载,造成电压不稳定,忽高忽低,甚至冲击,都容易使该电源损坏。

和先进工业国家相比,我国电网的质量较低,如果损坏的次数较多时,不妨将其更换成国产电源,可较好适应电网,比较耐用,不容易坏。

2.输入隔离栅损坏

系统接地电阻超标,静电易使 PLC 控制器的输入端隔离栅烧坏。国内标准的静电接地电阻应不大于 10Ω,而有些进口设备则要求不大于 1Ω,这点一定要注意。

静电接地连接不牢或松动断开,使接地电阻时大时小甚至无穷大,造成隔离栅成批烧坏。

一般情况下,一个设备只需设置一个接地点,如果超过两个,且两个的接地电阻又不一样,所产生的电位差也容易将隔离栅烧坏。

频繁接通或断开电源,所产生的冲击也容易烧坏隔离栅。

3. 计算机显示数据混乱甚至出现负数

控制程序紊乱，或个别文件丢失，只要将控制程序重新安装一次就可正常。PLC 控制器(Programmable logic controller，可编程逻辑控制器，是一种数字运算操作的电子系统，专为在工业环境应用而设计)输入板上某元件(电容、电阻)失效，测量桥失去平衡而倒相，造成某个温度或压力值显示为负数。

4. 气动控制系统的减压阀自动放气

其现象是在停机时，隔一段时间就自动放气。这是因为减压阀下部一个方形塑料密封垫磨损漏气所致。只要将密封垫拆下后，竖直方向旋转 90°装上即可。

5. 系统启动时各气动阀不动作

出现这种现象时，首先检查气动系统的压力是否正常，一般为 100～150psig(英制压力单位 Pound per square inch，gauge 的缩写)或 0.7～1.0MPa，若远低于该值时，说明气动系统的压力没有建立起来。这种情况多发生在压缩机第一次调试时，或者气动系统检修后。只要将压缩机站的气动进气阀用扳手拧开一些，使系统压力达到设定值，就可以正常工作。

如果气动系统压力正常，则应检查各电磁阀的供电系统电压，导线接头是否有松动现象，并予以排除。

可能是控制软件出了问题，如丢失文件、程序混乱等。这种情况比较少见，可将控制软件重新安装一次，就能解决问题。

6. 给地面储气瓶组充气时，高压瓶组常常超压

这是指超过设定的最高压力值，比如 3600psig(25MPa)。

(1)压力表和压力传感器的读数有误差，直观地看压力表指针已超过，而实际上压力传感器还没到。只要超过不多，可以不管。

(2)如果充气时采用的控制程序是，当高压瓶组一直充到最高压力时再打开中压充气阀，中压瓶组达到最高压力时再打开低压充气阀，假若后一个充气阀因故滞后打开，往往就会引起高、中压瓶组超压。只要把控制程序修改一下就可避免，将后一个充气阀打开的时间设定为低于最高压力的某个值，如 3200psig 或 23MPa，当三组气瓶都达到这个值时，再同时充气直到设定的最高压力。

(五)其他

1. 驱动器、压缩机转速低

检查进气压力是否过高。一般控制系统都会在进气压力高于设定值时，发出停机信号。假若控制系统失灵，就会引起压缩机超载。如果是电动机驱动，通过皮带传动，皮带可能会打滑；如果电动机和压缩机直联，电动机电流增大，引起过流保护装置跳闸，时间长了还会烧坏线圈；若是天然气发动机驱动，转速会明显降低。

检查电动机启动器的电压是否过低。一般只有电网电压降低时引起。

2. 压缩机不能启动或启动后很快停机

当顺序控制系统以高压瓶组的低、高限气压值，作为压缩机的启动或停机的信号时，一旦售气机的高压电磁阀因故不能打开，高压瓶组的气压降不下来，将导致压缩机无法启动。这时必须设法用高压瓶组给汽车加气，以降低其压力，压缩机就可启动。

控制室的低压配电柜无380V动力输出或缺相。这时主电动机的控制回路正常，预润滑泵也可以启动，但就是压缩机和冷却风扇无法启动，或只是嗡嗡响。这种情况有可能是低压配电柜上的空气开关实际没有合到位(表面看是合上的)，重新扳开再合上可能就好了。

主电动机控制电路故障。如控制回路接线松动，或者中间继电器损坏等都可使主回路上的继电器无法闭合，主电动机当然不能启动。

预润滑泵或者冷却风扇的故障所致。为了保证压缩机的运行安全，程序设计要求必须首先运行预润滑泵，使润滑系统的压力达到规定值，接着冷却风扇运行若干秒钟后，压缩机才能启动。所以，预润滑泵和冷却风扇的故障也会影响压缩机不能启动。

加气站供电变压器调整失当。如果变压器次级整定电流调得太小，或者过电延迟时间太短。这种情况下，压缩机一启动运行，很短时间就可能因超载而跳闸。当变压器所带负载过多，压缩机又采用直接启动的方式时，容易出现这种现象，应经过试验后调到适当数值。

◇ 思考题 ◇

1. 天然气储配站的事故特征是什么？
2. 如何进行天然气储配站的安全管理？
3. LNG的组成、性质及特点各是什么？
4. LNG潜在的危险性有哪些？如何进行运营安全管理？
5. 液化石油气的危险特征是什么？
6. 液化石油气储配站的事故危害是什么？
7. 如何进行液化石油气储配站的安全管理？
8. CNG有无储气装置的供气站工艺流程各是什么？异同点是什么？
9. 如何对CNG加气站进行安全管理？
10. 简述CNG加气站常见故障的诊断和排除方法。

参 考 文 献

[1] 袁宗明，等. 城市配气. 北京：石油工业出版社，2004.

[2] 李长俊. 天然气管道输送. 北京：石油工业出版社，2008.

[3] 花景新，等. 燃气场站安全管理. 北京：化学工业出版社，2007.

[4] 詹淑惠，杨光. 城镇燃气安全管理. 北京：中国建筑工业出版社，2007.

[5] 白世武. 城市燃气实用手册. 北京：石油工业出版社，2008.

[6] 段长贵. 燃气输配. 4版. 北京：中国建筑工业出版社，2011.

[7] 张应立. 液化石油气储运与管理. 北京：中国石化出版社，2007

[8] GB 50028—2006 城镇燃气设计规范.

[9] SY 6186—2007 石油天然气管道安全规程.

[10] SY/T 5922—2012 天然气管道运行规范.

[11] SY/T 6470—2011 油气管道通用阀门操作维护检修规程.

[12] GB/T 18603—2001 天然气计量系统技术要求.

[13] SY 5985—2007 液化石油气安全管理规程.

第六章　城市燃气终端用户安全应用管理

第一节　终端用户室内燃气管道施工

城市燃气终端用户的类型一般可分为城镇居民、商业和工业企业用户。这些燃气终端用户应用的设备主要包括燃气调压器、燃气表、燃烧器具等，应用中首先考虑使用燃气类别及其特性、安装条件、工作压力和用户要求等因素加以选择，强调燃气应用设备铭牌上规定的燃气必须与当地供应的燃气一致。

为保障终端用户用气安全，首先需确保室内燃气管道的安全施工。

一、燃气管道压力

由于室内燃气管道长度、燃气的密度与空气密度不同，管道内压力会随之变化。压力过大就会造成用户燃具前压力波动增大，超出燃具稳定工作范围，影响用户燃具的正常燃烧，情况严重时可能引发火灾爆炸等危险事故。因此，将燃气管道压力控制在一定范围内，是保证用户安全用气的基本条件。

室内燃气管道的最高压力不应大于表 6-1 的规定。

表 6-1　用户室内燃气管道的最高压力（表压 MPa）

燃气用户		最高压力
工业用户及锅炉房	独立、单层建筑	0.8
	其他	0.4
商业用户		0.2
居民用户（中压进户）		0.1
居民用户（低压进户）		<0.01

注：(1)液化石油气管道的最高压力不应大于 0.14MPa；
(2)管道井内的燃气管道的最高压力不应大于 0.034MPa；
(3)室内燃气管道压力大于 0.8MPa 的特殊用户设计应按有关专业规范执行。

供应压力应根据用户设备燃烧器的额定压力及其允许的压力波动范围确定。民用低压用气设备燃烧器的额定压力宜按表 6-2 采用。

表 6-2　民用低压用气设备燃烧器的额定压力（表压 kPa）

燃气 燃烧器	人工煤气	天然气		液化石油气
		煤层气	天然气、石油伴生气、液化石油气混空气	
民用燃具	1.0	1.0	2.0	2.8

二、燃气管材

室内燃气管道宜选用钢管，也可选用铜管、不锈钢管、铝塑复合管和连接用软管。在施工中，应根据实际情况并严格遵守各类管材规范进行燃气管材的选择。

(一)钢管的选用

1.钢管类型的选择

在选择钢管类型时，应按照低压、中压燃气管道不同规定进行选择。

(1)低压燃气管道应选用热镀锌钢管(热浸镀锌)，其质量应符合现行国家标准 GB/T 3091—2008《低压流体输送用焊接钢管》的规定。

(2)中压燃气管道宜选用无缝钢管，其质量应符合现行国家标准 GB/T 8163—2008《输送流体用无缝钢管》的规定。

2.钢管壁厚的选择

(1)选用符合 GB/T 3091—2008 标准的焊接钢管，低压宜采用普通管，中压应采用加厚管。

(2)选用无缝钢管，其壁厚不得小于 3mm，用于引入管时不得小于 3.5mm。

(3)在避雷保护范围以外的屋面上的燃气管道和高层建筑沿外墙架设的燃气管道，采用焊接钢管或无缝钢管时，其管道壁厚均不得小于 4mm。

3.钢管螺纹连接规定

(1)室内低压燃气管道(地下室、半地下室等部位除外)、室外压力小于或等于 0.2MPa 的燃气管道，可采用螺纹连接。

(2)管件选择应符合下列要求：

①管道公称压力 PN≤0.01MPa 时，可选用可锻铸铁螺纹管件；

②管道公称压力 PN≤0.2MPa 时，应选用钢或铜合金螺纹管件；

③管道公称压力 PN≤0.2MPa 时，应采用现行国家标准 GB/T 7306.2—2000《55°密封管螺纹 第 2 部分：圆锥内螺纹与圆锥外螺纹》规定的螺纹连接；

④密封填料宜采用聚四氟乙烯生料带、尼龙密封绳等性能良好的填料。

4.钢管的焊接

中低压燃气管道(阀门、仪表处除外)宜采用焊接或法兰连接，并应符合有关标准的规定。

(二)铜管的选用

(1)铜管的质量应符合现行国家标准 GB/T 18033—2007《无缝铜水管和铜气管》的规定。

(2)铜管道应采用熔点大于 538℃的硬钎焊连接(银铜磷钎料)，钎焊合金所含的磷应大于 0.05%。铜管接头和焊接工艺可按现行国家标准 GB/T 116181—2008《铜管接头 第 1 部分：钎焊式管件》的规定执行。

铜管道不得采用对焊、螺纹或软钎焊(熔点小于 500℃)连接。

(3)埋入建筑物地板和墙中的铜管应是覆塑铜管或带有专用涂层的铜管，其质量应符合有关标准的规定。

(4)燃气中硫化氢含量小于或等于 7mg/m³ 时，中低压燃气管道可采用现行国家标准 GB/T 18033—2007《无缝铜水管和铜气管》中“表 2 管材的外形尺寸”进行选择。

(5)燃气中硫化氢含量大于 7mg/m³ 而小于或等于 20mg/m³ 时，中压燃气管道应选用带耐腐蚀内衬的铜管；无耐腐蚀内衬的铜管只允许在室内的低压燃气管道中采用；铜管类型可按(4)的规定执行。

(6)铜管必须有防外部损坏的保护措施。

(三)不锈钢管的选用

1.薄壁不锈钢管

薄壁不锈钢管的壁厚不得小于0.8m(DN15及以上),其质量应符合现行国家标准GB/T 12771—2008《流体输送用不锈钢焊接钢管》的规定。

薄壁不锈钢管的连接方式,应采用承插氩弧焊式管件连接或卡套式管件机械连接,并宜优先选用承插氩弧焊式管件连接。承插氩弧焊式管件和卡套式管件应符合有关标准的规定。

2.不锈钢波纹管

不锈钢波纹管的壁厚不得小于0.2mm,其质量应符合国家现行标准的规定,还应采用卡套式管件机械连接,卡套式管件应符合有关标准的规定。

薄壁不锈钢管和不锈钢波纹管必须有防外部损坏的保护措施。

(四)铝塑复合管的选用

铝塑复合管的选用应符合下列规定:

(1)铝塑复合管的质量应符合现行国家标准GB/T 18997.1—2003《铝塑复合压力管第1部分:铝管搭接焊式铝塑管》和GB/T 18997.2—2003《铝塑复合压力管第2部分:铝管对接焊式铝塑管》的规定。

(2)铝塑复合管应采用卡套式管件或承插式管件机械连接,承插式管件应符合国家现行标准CJ/T 110—2000《承插式管接头》的规定,卡套式管件应符合国家现行标准CJ/T 111—2000《铝塑复合管用卡套式铜制管接头》和CJ/T 190—2004《铝塑复合管用卡压式管件》的规定。

(3)铝塑复合管安装时,必须对铝塑复合管材进行防机械损伤、防紫外线(UV)伤害及防热保护,并应符合下列规定:

①环境温度不应高于60℃;

②工作压力应小于10kPa;

③在户内的计量装置(燃气表)后安装。

(五)软管的选用

(1)燃气用具连接部位、实验室用具或移动式用具等处可采用软管连接。

(2)中压燃气管道上应采用符合现行国家标准GB/T 14525—2010《波纹金属软管通用技术条件》、GB/T 10546—2013《在2.5MPa及以下压力下输送液态或气态液化石油气(LPG)和天然气的橡胶软管及软管组合件 规范》或同等性能以上的软管。

(3)低压燃气管道上应采用符合国家现行标准HG 2486—1993《家用煤气软管》和国家有关标准规定的燃气用不锈钢波纹软管等。

(4)软管最高允许工作压力不应小于管道设计压力的4倍。

(5)软管与家用燃具连接时,其长度不应超过2m,并不得有接口。

(6)软管与移动式的工业燃具连接时,其长度不应超过30m,接口不应超过2个。

(7)软管与管道、燃具的连接处应采用压紧螺帽(锁母)或管卡(喉箍)固定,在软管的上游与硬管的连接处应设阀门。

(8)橡胶软管不得穿墙、顶棚、地面、窗和门。

三、燃气管道敷设

室内燃气管道的敷设方式主要有两种,分别是室内明设和室内暗设。一般埋于地下,或敷设在地下室、半地下室以及设备层的管道敷设方式为室内暗设;肉眼能够观察到的则为室内明设。不论采用何种敷设方式,都应遵守以下安全规范:

(1)地下室、半地下室、设备层和地上密闭房间敷设燃气管道时,应符合下列要求:

①净高不宜小于2.2m。

②应有良好的通风设施。房间换气次数不得小于3次/h;并应有独立的事故机械通风设施,其换气次数不应小于6次/h。

③应有固定的防爆照明设备。

④应采用非燃烧体实体墙与电话间、变配电室、修理间、储藏室、卧室、休息室隔开。

⑤应设置燃气监控设施。

⑥燃气管道应符合有关的要求。

⑦当燃气管道与其他管道平行敷设时,应敷设在其他管道的外侧。

⑧地下室内燃气管道末端应设放散管,并应引出地上。放散管的出口位置应保证吹扫放散时的安全和卫生要求。

注:地上密闭房间包括地上无窗或窗仅用作采光的密闭房间等。

(2)液化石油气管道和烹调用液化石油气燃烧设备不应设置在地下室、半地下室内。当确需要设置在地下一层、半地下室时,应针对具体条件采取有效的安全措施,并进行专题技术论证。

(3)敷设在地下室、半地下室、设备层和地上密闭房间以及竖井、住宅汽车库(不使用燃气,并能设置钢套管的除外)的燃气管道应符合下列要求:

①管材、管件及阀门、阀件的公称压力应按提高一个压力等级进行设计。

②管道宜采用钢号为10、20的无缝钢管或具有同等及同等以上性能的其他金属管材。

③除阀门、仪表等部位和采用加厚管的低压管道外,均应焊接和法兰连接,应尽量减少焊缝数量,钢管道的固定焊口应进行100%射线照相检验,活动焊口应进行10%射线照相检验。其质量不得低于现行国家标准GB 50236—1998《现场设备、工业管道焊接工程施工及验收规范》中的Ⅲ级;其他金属管材的焊接质量应符合相关标准的规定。

(4)燃气管道不应敷设在潮湿或有腐蚀性介质的房间内。确需敷设时,必须采取防腐蚀措施。

输送湿燃气的燃气管道敷设在气温低于0℃的房间或输送气相液化石油气管道处的环境温度低于其露点温度时,其管道应采取保温措施。

(5)室内燃气管道与电气设备、相邻管道之间的净距不应小于表6-3的规定。

(6)沿墙、柱、楼板和加热设备构件上明设的燃气管道,应采用管支架、管卡或吊卡固定。管支架、管卡、吊卡等固定件的安装不应妨碍管道的自由膨胀和收缩。

(7)室内燃气管道穿过承重墙、地板或楼板时,必须加钢套管,套管内管道不得有接头,套管与承重墙、地板或楼板之间的间隙应填实,套管与燃气管道之间的间隙应采用柔性防腐、防水材料密封。

表 6-3 室内燃气管道与电气设备、相邻管道之间的净距

<table>
<tr><td colspan="2" rowspan="2">管道和设备</td><td colspan="2">与燃气管道的净距(cm)</td></tr>
<tr><td>平行敷设</td><td>交叉敷设</td></tr>
<tr><td rowspan="5">电气设备</td><td>明装绝缘电线或电缆</td><td>25</td><td>10</td></tr>
<tr><td>暗装或管内绝缘电线</td><td>5(从所做的槽或管子的边缘算起)</td><td>1</td></tr>
<tr><td>电压小于 1000V 的裸露电线</td><td>100</td><td>100</td></tr>
<tr><td>配电盘或配电箱、电表</td><td>30</td><td>不允许</td></tr>
<tr><td>电插座、电源开关</td><td>15</td><td>不允许</td></tr>
<tr><td colspan="2">相邻管道</td><td>保证燃气管道、相邻
管道的安装和维修</td><td>2</td></tr>
</table>

注:(1)当明装电线加绝缘套管且套管的两端各伸出燃气管道 10cm 时,套管与燃气管道的交叉净距可降至 1cm。
(2)当布置确有困难,在采取有效措施后,可适当减小净距。

(8)工业企业用气车间、锅炉房以及大中型用气设备的燃气管道上应设放散管,放散管管口应高出屋脊(或平屋顶)1m 以上或设置在地面上安全处,并应采取防止雨雪进入管道和放散物进入房间的措施。

当建筑物位于防雷区之外时,放散管的引线应接地,接地电阻应小于 10Ω。

(9)室内燃气管道的下列部位应设置阀门:燃气引入管;调压器前和燃气表前;燃气用具前;测压计前;放散管起点。

室内燃气管道阀门宜采用球阀。

输送干燃气的室内燃气管道可不设置坡度。输送湿燃气(包括气相液化石油气)的管道,其敷设坡度不宜小于 0.003。燃气表前后的湿燃气水平支管应分别坡向立管和燃具。

敷设燃气引入管、立管、干管和支管时,应根据不同工程需要,严格遵守相关规范,采用不同的敷设方式。

(一)燃气引入管

燃气引入管敷设位置应符合下列规定:

(1)燃气引入管宜沿外墙地面上穿墙引入。室外露明管段的上端弯曲处应加不小于 DN15 清扫用三通和丝堵,并作防腐处理。寒冷地区输送湿燃气时应保温。

(2)燃气引入管不得敷设在卧室、卫生间、易燃或易爆品的仓库、有腐蚀性介质的房间、发电间、配电间、变电室、不使用燃气的空调机房、通风机房、计算机房、电缆沟、暖气沟、烟道和进风道、垃圾道等地方。

(3)住宅燃气引入管宜设在厨房、外走廊、与厨房相连的阳台内(寒冷地区输送湿燃气时阳台应封闭)等便于检修的非居住房间内。当确有困难,可从楼梯间引入(高层建筑除外),但应采用金属管道且引入管阀门宜设在室外。

(4)商业和工业企业的燃气引入管宜设在使用燃气的房间或燃气表间内。

(5)引入管可埋地穿过建筑物外墙或基础引入室内。当引入管穿过墙或基础进入建筑物后,应在短距离内出室内地面,不得在室内地面下水平敷设。

(6)燃气引入管穿墙与其他管道的平行净距应满足安装和维修的需要,当与地下管沟或下水道距离较近时,应采取有效的防护措施。

(7)燃气引入管穿过建筑物基础、墙或管沟时,均应设置在套管中,并应考虑沉降的影响,

必要时应采取补偿措施。

(8)套管与基础、墙或管沟等之间的间隙应填实，其厚度应为被穿过结构的整个厚度。套管与燃气引入管之间的间隙应采用柔性防腐、防水材料密封。

(9)当建筑物设计沉降量大于 50mm 时，可对燃气引入管采取如下补偿措施：

①加大引入管穿墙处的预留洞尺寸。

②引入管穿墙前水平或垂直弯曲 2 次以上。

③引入管穿墙前设置金属柔性管或波纹补偿器。

此外，燃气引入管的最小公称直径应符合下列要求：

①输送人工煤气和煤层气不应小于 25mm；

②输送天然气不应小于 20mm；

③输送气态液化石油气不应小于 15mm。

(10)燃气引入管阀门宜设在建筑物内，对重要用户还应在室外另设阀门。

(11)输送湿燃气的引入管，埋设深度应在土壤冰冻线以下，并宜有不小于 0.01 坡向室外管道的坡度。

(二)燃气干管、立管和支管

(1)燃气水平干管和立管不得穿过易燃易爆品仓库、配电间、变电室、电缆沟、烟道、进风道和电梯井等。

(2)燃气水平干管宜明设，当建筑设计有特殊美观要求时可敷设在能安全操作、通风良好和检修方便的吊顶内，管道应符合有关的要求；当吊顶内设有可能产生明火的电气设备或空调回风管时，燃气干管宜设在与吊顶底平的独立密封 Ⅱ 型管槽内，管槽底宜采用可卸式活动百叶或带孔板。燃气水平干管不宜穿过建筑物的沉降缝。

(3)燃气立管不得敷设在卧室或卫生间内。立管穿过通风不良的吊顶时应设在套管内。

(4)燃气立管宜明设，当设在便于安装和检修的管道竖井内时，应符合下列要求：

①燃气立管可与空气、惰性气体、上下水、热力管道等设在一个公用竖井内，但不得与电线、电气设备或氧气管、进风管、回风管、排气管、排烟管、垃圾道等共用一个竖井；

②竖井内的燃气管道应符合有关的要求，并尽量不设或少设阀门等附件。竖井内的燃气管道的最高压力不得大于 0.2MPa；燃气管道应涂黄色防腐识别漆；

③竖井应每隔 2～3 层做相当于楼板耐火极限的不燃烧体进行防火分隔，且应设法保证平时竖井内自然通风和火灾时防止产生“烟囱”作用的措施；

④每隔 4～5 层设一燃气浓度检测报警器，上、下两个报警器的高度差不应大于 20m；

⑤管道竖井的墙体应为耐火极限不低于 1h 的不燃烧体，井壁上的检查门应采用丙级防火门。

(5)高层建筑的燃气立管应有承受自重和热伸缩推力的固定支架和活动支架。

(6)燃气水平干管和高层建筑立管应考虑工作环境温度下的极限变形，当自然补偿不能满足要求时，应设置补偿器；补偿器宜采用Ⅱ形或波纹管形，不得采用填料型。补偿量计算温差可按下列条件选取：

①有空气调节的建筑物内取 20℃；

②无空气调节的建筑物内取 40℃；

③沿外墙和屋面敷设时可取 70℃。

(7)燃气支管宜明设。燃气支管不宜穿过起居室。敷设在起居室、走道内的燃气管道不宜有接头。当穿过卫生间、阁楼或壁柜时，燃气管道应采用焊接连接(金属软管不得有接头)，并应设在钢套管内。

(8)住宅内暗埋的燃气支管应符合下列要求：

①暗埋部分不宜有接头，且不应有机械接头，暗埋部分宜有涂层或覆塑等防腐蚀措施；

②暗埋的管道应与其他金属管道或部件绝缘，暗埋的柔性管道宜采用钢盖板保护；

③暗埋管道必须在气密性试验合格后覆盖；

④覆盖层厚度不应小于 10mm；

⑤覆盖层面上应有明显标志，标明管道位置，或采取其他安全保护措施。

(9)住宅内暗封的燃气支管应符合下列要求：

①暗封管道应设在不受外力冲击和暖气烘烤的部位；

②暗封部位应可拆卸，检修方便，并应通风良好。

(10)商业和工业企业室内暗设燃气支管应符合下列要求：

①可暗埋在楼层地板内；

②可暗封在管沟内，管沟应设活动盖板，并填充干砂；

③燃气管道不得暗封在可以渗入腐蚀性介质的管沟中；

④当暗封燃气管道的管沟与其他管沟相交时，管沟之间应密封，燃气管道应设套管。

(11)民用建筑室内燃气水平干管，不得暗埋在地下土层或地面混凝土层内。工业和实验室的室内燃气管道可暗埋在混凝土地面中，其燃气管道的引入和引出处应设钢套管。钢套管应伸出地面 5～10cm。钢套管两端应采用柔性的防水材料密封；管道应有防腐绝缘层。

(12)室内燃气管道的计算流量应按下列要求确定：

①对于居民生活用燃气计算流量，计算公式为：

$$Q_h = \sum kNQ_n \tag{6-1}$$

式中 Q_h——燃气管道的计算流量，m^3/h；

k——燃具同时工作系数；

N——同种燃具或成组燃具的数目；

Q_n——燃具的额定流量，m^3/h。

②工业企业生产用燃气流量的计算方法，应按所有用气设备的额定流量并根据设备的实际使用情况确定。

第二节　居民用户的安全用气管理

一、居民用户安全用气

居民生活的各类用气设备应采用低压燃气，用气设备前(灶前)的燃气压力应在 0.75～1.5倍的燃具额定压力。

燃气主管部门及经营企业、传媒和教育机构，应加强对居民燃气安全知识的宣传和普及，提高用户安全意识，积极防范燃气事故的发生。

(一)安全使用燃气的注意事项

管道燃气用户需要扩大用气范围、改变燃气用途或者安装、改装、拆除固定的燃气设施和燃气器具的，应当与燃气经营企业协商，并由燃气经营企业指派专业技术人员进行操作。

燃气用户应当安全用气，不得有如下行为：盗用燃气，损坏燃气设施；用燃气管道作为负重支架或者接引电器地线；擅自拆卸、安装、改装燃气计量装置和其他燃气设施；实施危害室内燃气设施安全的装饰、装修活动；使用存在事故隐患或者明令淘汰的燃气器具；在不具备安全使用条件的场所使用瓶装燃气；使用未经检验、检验不合格或者报废的钢瓶；加热、碰撞燃气钢瓶或者倒卧使用燃气钢瓶；倾倒燃气钢瓶残液；擅自改换燃气钢瓶检验标志和漆色；无故阻挠燃气经营企业的人员对燃气设施的检验、抢修和维护更新；法律、法规禁止的其他行为。

安全使用燃气应注意以下几点：

(1)居民生活用气设备严禁设置在卧室内；

(2)住宅厨房内宜设置排气装置和燃气浓度检测报警器；

(3)厨房内不能堆放易燃、易爆物品；

(4)使用燃气时，一定要有人照看，人离关火，一旦人离开，燃气就有被风吹灭或锅烧干、汤溢出的后果，致使火焰熄灭而燃气继续排出，造成人身中毒或引起火灾、爆炸事故；

(5)装有燃气管道及设备的房间不能睡人，以防漏气，造成煤气中毒或引起火灾、爆炸事故；

(6)教育小孩不要玩弄燃气灶的开关，防止发生危险；

(7)检查燃具连接是否漏气可用携带式可燃气检测仪或采用刷肥皂水的方法，如发现有漏气应及时紧固、维修；严禁用明火试漏。

(二)燃气设备的安全使用

1.燃气灶

1)燃气灶的安装要求

(1)厨房的面积不应小于 $2m^2$，安装燃气灶的房间净高不宜低于 2.2m。因为燃气一旦漏气，尚有一定的缓冲余地。同时，燃气燃烧时会产生一些废气，如果厨房空间小，废气不宜排除，易发生人身中毒事故。

(2)厨房应设门并与卧室隔开，防止泄漏的燃气相互串通。

(3)燃气灶与墙面的净距不得小于 10cm。当墙面为可燃或难燃材料时，应加防火隔热板。燃气灶的灶面边缘和烤箱的侧壁距木质家具的净距不得小于 20cm，当达不到时，应加防火隔热板。

(4)放置燃气灶的灶台应采用不燃烧材料，当采用难燃材料时，应加防火隔热板。

(5)厨房为地上暗厨房(无直通室外的门和窗)时，应选用带有自动熄火保护装置的燃气灶，并应设置燃气浓度检测报警器、自动切断阀和机械通风设施，燃气浓度检测报警器应与自动切断阀和机械通风设施连锁。

(6)厨房内不能放置易燃、易爆物品。

(7)燃气管道与灶具用软管连接时，要使用经燃气公司技术认定的耐油胶管，软管与管道、灶具的连接处应采用压紧螺帽(锁母)或管卡(喉箍)固定。在软管的上游与硬管的连接处应设阀门(球阀)，软管长度不应超过 2m，并不得有接口，使用 2 年后胶管容易老化变质，应及时更换。

(8)厨房内保持通风良好，室内空气清新。

(9)不带架的灶具应水平放在不可燃材料制成的灶台上，灶台不能太高，一般以600～700mm为宜。同时，灶具应放在避风的地方，以免风吹火焰，降低灶具的热效率，还可能把火焰吹熄引起事故。

(10)燃气灶从售出当日起，判废年限为8年。

2)燃气灶的安全使用

(1)非自动打火灶具应先点火后开气，即"火等气"。如果先开气后划火柴，燃气向周围泄漏，再遇火易形成爆炸。

(2)要调节好风门。根据火焰状况调节风门大小，防止脱火、回火或黄焰。

(3)要调节好火焰大小。在做饭的过程中，炒菜时用大火，焖饭时用小火。调节旋塞阀时宜缓慢转动，切忌猛开猛关，火焰不出锅底为度。

3)燃气灶一般故障与排除方法

家用燃气灶故障常有漏气、回火、离焰、脱火、黄焰、连焰、点火率不高、阀门旋转不灵活等，一般情况下可自行排除，故障原因不清时，需及时向燃气公司报修。一般故障的排除方法如下：

(1)火苗很小，点火时易回火。这说明喷嘴部分被堵住了，再用几天就会点不着火了。处理方法是先把进气阀关闭，然后把燃烧器头部取下来，将开关转至开的位置，用细钢丝将喷嘴内污物捅出。有时喷嘴捅过后过几天又发生了堵塞，这说明喷嘴孔内以及开关转芯内油污太多了。为了彻底解决这一问题，必须把开关转芯拆下来，用干燥的软布把转芯孔内以及喷嘴内的油污仔细擦干净，然后抹上一层润滑脂(俗称黄油)，按要求装好。

(2)灶具漏气。漏气的原因较多，如输气管接头松动、阀芯与阀体之间的配合不好、采用的橡胶管年久老化产生龟裂等。针对上述情况分别采取以下措施：管路接头不严或松动时，应拆开接头，重新缠聚四氟乙烯条，并紧固严密；阀门漏气应更换阀门，或拆开阀门，擦净旋塞，重新加上密封脂；橡胶管老化，应更换新管，并用管箍固紧。

(3)燃烧器回火故障。燃烧器回火的原因有燃烧器火盖与燃烧器的头部配合不好、风门开度过大、放置的加热容器过低、室内风速过大等。属于第一种原因时，应调整或互换或向厂家更换火盖；属于第二种原因时，应将风门关小些；属于第三种原因时，应调整炊事容器底部与火焰的距离；若因室内风速大时，应关上室内的门窗。

(4)离焰或脱火现象。燃烧器离焰或脱火的原因有风门开度过大、部分火孔堵塞、环境风速过大、供气压力过高等。因风门开度过大时，应关小风门开度；因部分火孔堵塞时，应疏通火孔；因管网供气压力过高时，应将燃气节门关小。

(5)黄焰现象。燃气在燃烧过程中产生黄焰的原因及排除方法为：风门的开度太小或二次空气不足，此时应将风门调大或清除燃烧器周围的杂物；喷嘴与燃烧器的引射器不对中，此时应调整燃烧器，使引射器的轴线与喷嘴的轴线对中；喷嘴的孔径过大，此时应将喷嘴孔径铆小或更换喷嘴；有时因室内炸食品或清扫地面而产生黄焰，应打开门窗或排风扇，或停止清扫工作，黄焰即可消失；加热容器过低时也会产生黄焰，这时应调整锅架的高度。

(6)火焰连焰现象。燃气燃烧时连焰的原因有燃烧器的加工质量差或火盖变形。出现这种现象时，应转动火盖，调到一恰当的位置。若确实不能调整，应向销售部门或厂家要求更换新火盖。

(7)阀门故障。阀门旋转不灵活的原因有长期使用导致密封脂干燥、阀芯的锁母过紧、旋塞与阀体粘在一起。此时应拆开阀门检查，针对不同原因进行修理。

(8)新灶具的火力不足。新灶具或刚刚修理过的灶具火力不足的原因有旋塞加密封脂过多,密封脂堵塞了旋塞孔。排除这种现象的方法是:拆开阀门,清理掉旋塞孔内的密封脂;也可以关上燃气总节门,将灶具的燃气入口管拆下,打开灶具节门,把打气筒的胶管接在灶具的燃气入口处,通过打气冲走旋塞孔中的密封脂。

2.燃气烤箱灶

(1)要熟悉使用方法和注意事项。初次使用燃气烤箱灶用户应认真阅读产品使用说明书,掌握使用方法和注意事项。

(2)首次使用时要检查重要部件的状况。检查灶具的部件是否齐全,零配件的安放位置是否适宜。如果部件位置不合适,应及时更正,否则会妨碍使用效果。

(3)烤箱排烟口附近不要放物品。禁止在烤箱灶的排烟口及灶面上堆放易燃物品,以免堵塞排烟口或引燃堆放物品而引起火灾。

(4)要确认烤箱的燃烧或熄火状态。点燃烤箱燃烧器后,应确认是否已经点着;关闭燃烧器时,应确认是否熄火。在烘烤食物过程中,操作人员不可远离厨房或外出办事。

(5)定期检修燃气管路接头和阀门。燃气烤箱在工作过程中周围的温度较高,管路接头的密封材料或阀门的密封脂容易损坏或干涸,从而引起漏气。因此,需要定期检查或更换管接头的密封填料,重新添加阀门密封脂。

(6)要注意室内通风换气。烘烤食物时,应打开厨房的换气扇或排油烟机;未设排风扇或排油烟机时,应打开外窗,以保持室内有良好的空气环境和燃烧器的正常工作状态。

3.燃气热水器

1)燃气热水器的安装要求

热水器应当安在通风良好和给排气方便的非居住房间、过道或阳台内,但不得安装在浴室、客厅、卧室、地下室、楼梯间和橱柜内。安装热水器的房间必须有进气口,进气口的最小面积应按其热负荷的大小而配置。热水器应装在厨房,用户不得自行拆、改、迁、装,烟道式热水器未安烟道的不得使用。

(1)有外墙的卫生间内,可安装密闭式热水器,但不得安装其他类型热水器。

(2)装有半密闭式热水器的房间,房间门或墙的下部应设有效截面积不小于 0.02m^2 的格栅,或在门与地面之间留有不小于 30mm 的间隙。

(3)房间净高宜大于 2.4m。

(4)可燃或难燃烧的墙壁和地板上安装热水器时,应采取有效的防火隔热措施。

(5)热水器的给排气筒宜采用金属管道连接。

(6)热水器的安装位置应便于操作和检修,且不易被碰撞。其高度一般距地面 1.2~1.5m,即热水器的观火孔与一般身高人的眼部相齐为宜。

(7)热水器的安装部位应是由不可燃材料建造,否则应采用防热板隔热,防热板与墙面距离应大于 10cm。不允许把热水器安装在燃气表处,二者的水平间距不得小于 0.5m。热水器安装处不得存放易燃、易爆及产生腐蚀气体物品。

(8)热水器安装位置的上方不得有明装的电线、电器、燃气管道,下方不能设置燃气烤炉、燃气灶等燃气具。

2)燃气热水器的安全使用

不论在何时使用热水器,厨房必须开窗或启用排风换气装置,并关闭对内的房门,使烟气排向室外，以保证室内空气新鲜。打开安装热水器房间的外窗，检查进气口是否畅通。燃气热水器的安全使用应注意以下几点：

(1)热水器附近不准放置易燃、易爆物品，不能将任何物品放在热水器的排烟口处和进风口处。

(2)在使用热水器淋浴过程中，如果突然关闭热水阀，热水器内存留了少量热水，而且水温还要升高18℃左右。因此，再打开阀门用热水淋浴时，容易被热水烫伤。所以，要特别注意在重开热水阀门的瞬间不能将热水直接淋到身上。

(3)在使用热水器过程中，如果出现热水阀关闭而主燃烧器不能熄灭时，应立即关闭燃气阀，并通知燃气管理部门或厂家的维修中心检修，切不可继续使用。

(4)热水器发现故障时，必须立即停止使用，并及时报修，不得自行修理、拆卸。

(5)在淋浴时，不要同时使用热水洗衣或做他用，以免影响水温和使水量发生变化。

(6)使用热水器时间过长(超过0.5小时)时，室内要通风换气，以免因排烟效果差而使室内出现缺氧或一氧化碳超标现象。

(7)发现热水器有燃气泄漏现象，应立即关闭燃气阀门，打开外窗，禁止在现场点火或吸烟。随后应报告燃气管理单位或厂家的维修中心检修热水器，严禁自己拆卸或“带病”使用。

(8)在炊事时，不要使用热水器淋浴，以免因烟气污染或缺氧而影响炊事人员的健康。

(9)浴室内注意通风换气，以防缺氧发生意外事故。身体虚弱的人员洗澡时，家中应有人照顾，连续使用时间不应过长。

(10)燃气热水器从售出当日起，人工煤气热水器判废年限为6年，液化气和天然气热水器判废年限为8年。

3)燃气热水器一般故障与排除方法

常见的热水器故障有点不着火焰、打开热水阀无热水、主燃烧器火焰不稳定或有黄焰、关闭自来水后主燃烧器不熄灭、主燃烧器火焰突然熄灭等。故障的排除方法如下：

(1)点不着火焰。由于软管曲折而不过气点不着火时，要调整软管；因按压点火开关时间不够而点不着火时，应延长按压点火开关旋钮的时间；因点火器的燃气喷嘴与挡板的角度不当而点不着火时，应调整点火器燃气孔与挡板的角度；刚接通燃气，管路内有残留空气而点不着火时，要稍稍放掉刚接通燃气，管路内有残留空气而点不着火时，要稍稍放掉一部分气再点火；点火装置的干电池电压低，应更换干电池；因电极间距不合适点不着火，应调整一下电极间距；因导线接触不良点不着火，应接好导线。

(2)主燃烧器火焰突然熄灭。火焰突然熄灭的原因有水压太低或突然断水、燃气切断或液化石油气用完、火焰被吹灭。出现这种故障后，首先要分析原因，进行处理。当时不能排除故障时，应将热水器的燃气阀关闭，以免来水、来气时因泄漏燃气而酿成爆炸或火灾。

(3)关闭自来水后主燃烧器不熄灭。出现这种现象原因是水—气联动阀失灵。当出现此故障时，用户不要自行处理，应向有关部门报修。

(4)主燃烧器火焰不稳定或有黄焰。这种故障的原因有热交换器翘片处的排烟腔体局部堵塞污物、室内的空气污浊等。应打开门窗换气；若因换热器堵塞，清除污物。

(5)打开热水阀无热水。此故障的原因有进水滤网堵塞、水压太低、常明火熄灭、未打开冷水阀等。分析故障原因后，针对不同情况排除故障。

4. 燃气壁挂炉

1)燃气壁挂炉的安装要求

(1)应有熄火保护装置和排烟设施。

(2)应设置在通风良好的走廊、阳台或其他非居住房间内。

(3)设置在可燃或难燃烧的地板和墙壁上时,应采取有效的防火隔热措施。

2)燃气壁挂炉的安全使用

安全使用燃气壁挂炉,需保证操作压力范围以及内锅炉烟管的吸、排气通畅。

用户在使用前,首先应检查锅炉的水压表指针是否在规定的范围内,说明书中规定的标准水压为 0.1～0.12MPa。但在实际使用过程中,由于暖气系统和锅炉内都存在一些空气,当锅炉运行时,系统中的空气不断从锅炉内的排气阀排出,锅炉的压力就会无规律地下降。在冬季取暖时,暖气系统中的水受热膨胀,系统水压力会上升,待水冷却后压力又下降,这是正常现象。实验表明,壁挂炉内的水压只要保持在 0.03～0.12MPa,就完全不会影响壁挂炉的正常使用。如水压低于 0.02MPa 时,可能会造成生活热水忽冷忽热或无法正常启动,采暖时如水压高于 0.15MPa,系统压力会升高,如果超过 0.3MPa,锅炉的安全阀就会自动泄水,可能造成不必要的损失,正常情况下一个月左右补一次水即可。

系统补水后,一定要关闭锅炉的补水开关,长期出差的业主应将供水总阀关闭。建议在锅炉的安全阀上加装一根排水管,以避免锅炉水压过高时带来不必要的损失。

壁挂炉烟管的构造为直径 60mm/100mm 的双芯管,锅炉工作时由外管吸入新鲜空气,内管排除燃烧废气。锅炉燃烧时,需要吸入的空气量大约为 $40m^3/h$,所以产生的废气量也较多。因此用户在装修封闭阳台或移机时,必须将烟管的吸、排口伸出窗外,不得将其封在室内或是使用单芯管,否则锅炉在燃烧时容易将排出的废气吸回,造成燃烧时供氧不足,极易导致锅炉发生爆炸、点不着火、频繁启动等现象,给生命财产安全留下隐患。

(1)壁挂炉在工作时,底部的暖气、热水出水管、烟管温度较高,严禁触摸,以免烫伤。

(2)冬季防冻。锅炉可以长期通电,特别是冬季,如果锅炉或暖气内已经充水,必须对锅炉设置防冻,准备充足的电和燃气,以避免暖气片及锅炉的水泵、换热器等部件被冻坏,各种品牌的供暖用壁挂炉都设有防冻功能,具体操作方法参照说明书。

(3)使用中应尽量节水。热水龙头一下开到最大。打开热水龙头直至热水流出时,锅炉大约有 6s 的延时过程,这时锅炉和水龙头间的管线内都为冷水,所以这段时间内即使将水龙头开至最大,流出的也是凉水。如果开到最大,将会有大量的冷水白白浪费掉。所以使用热水时应该先开小水流,等待锅炉启动至点火延时后,再根据需要调整水流大小,这样就可以节省很多水,而且水的升温时间短。特别是浴室离锅炉较远的大户型尤为明显。

在洗澡的过程中,应尽量减少水龙头的开关次数。因为每开关一次热水龙头,锅炉就要启动一次,就要有 6s 左右的延时,这段时间内又有大量的冷水浪费掉。而且锅炉在烧热水时,没有达到设定温度前都是以大火燃烧,这样也增加了燃气的使用量。

(4)使用中应尽量节气。关闭或调低无人居住房间的暖气片阀门。如用户的住房面积较大、房间较多、人口又比较少,不住人或者使用频率低的房间的暖气片阀门完全可以关闭或调小,这样相当于减少了供热面积,不仅节能,而且在正常使用的空间供暖温度上升也会加快,减少了燃气的消耗。

白天上班家中无人时不宜关闭壁挂炉,将温度挡位调至最低即可。很多上班族习惯在家中无人时,将锅炉关闭,下班后再将锅炉放置高挡进行急速加热,这种做法非常不科学。

如果用户长期出差或尚未居住则将锅炉与暖气片内的水放掉。建议求助专业人员将锅炉和暖气片中的水排放干净，这样不仅可以不使用燃气，更不用担心锅炉或暖气片被冻坏。

3)燃气壁挂炉及暖气片的结垢问题

(1)壁挂炉的结垢原理及危害。壁挂炉的核心问题是热交换的效率和使用寿命，而影响这两个方面的最大因素就是水垢问题。尤其是在使用生活热水时，由于需要不断充入新水，有些地区水质较硬，这样就使换热器的结垢率大大增加。随着附着在换热器内壁上的水垢不断加厚，换热器管径便会越来越细，水流不畅，不仅增加了水泵及换热器的负担，而且壁挂炉换热效率也会大大降低，主要表现为壁挂炉耗气量增大、供热不足、卫生热水时冷时热、热水量减小等症状。若壁挂炉的换热部件保持在这样一种高负荷的状态下运行，对壁挂炉的损害是非常厉害的。

(2)暖气片内杂质及水垢对锅炉的影响。壁挂炉担负着暖气系统内水的循环，由于水内含有杂质并且具有酸性，对暖气片及管道内部会有一定的腐蚀。而日常所用暖气片大都是铸铁材质，暖气片内的砂模残留物和其他杂质在工程安装时不可能完全冲洗干净；加上暖气系统内的水始终是封闭循环的，锅炉的暖气部分又没有过滤网，这样暖气片及管道内部的锈蚀残渣及水自身的杂质就会通过壁挂炉的循环水泵再度进入到换热器内。这些杂质在高温情况下不断分解，又有一部分变成水垢附着在换热器的内壁上，让其管径变得更细，从而使循环水泵的压力进一步加大，长期运行就会造成壁挂炉的循环水泵转速降低甚至卡死，严重影响其使用寿命。

(3)暖气片内的水不宜经常更换。对于暖气系统，由于初次使用时暖气片内含有大量的杂质，建议使用一年后将其中的脏水放掉，重新注入新水，间隔几年后再进行更换。因为每更换一次水都会有大量的水碱被带入，而固定的水中含碱量则是一定的；因此暖气系统内的水不宜频繁更换。经过一个取暖季后，若清洗保养也只需对壁挂炉单独进行即可。

5.燃气采暖器

1)燃气采暖器的安装要求

(1)安装采暖器的房间一定要有良好的通风换气条件。燃气在燃烧过程中，除消耗室内大量的氧气外，还释放大量的烟气，而且随着采暖时间的延续，释放的烟气量持续上升，从而使室内空气中的氧含量大大降低。如果没有良好的通风换气条件，室内的烟气得不到及时排放，室内的新鲜空气得不到及时补充，这将严重危及室内人员的健康和生命安全，而且燃烧状况会因室内缺氧而逐渐恶化，这是十分危险的。因此，安装直排式采暖器的房间必须设置进气口和排气口(或安装换气扇)。安装无给排气功能的采暖器的房间应有足够面积的进气口(一般进、排气口面积不小于 $0.04m^2$)。

(2)应有熄火保护装置和排烟设施。

(3)应设置在通风良好的走廊、阳台或其他非居住房间内。

(4)设置在可燃或难燃烧的地板和墙壁上时，应采取有效的防火隔热措施。

(5)采暖器的周围严禁放置易燃、易爆物品。采暖器不得靠近木壁板，不得直接放在木地板的上面。

(6)严禁把燃气管道和采暖器设在居室内，以免因漏气造成中毒、火灾或爆炸事故。

(7)安装热水采暖器时，水路和气路均应进行密封性能试验。待试验合格后方可使用。

(8)安装采暖器的房间应设置燃气泄漏和一氧化碳报警器。

2)燃气采暖器的安全使用

安全使用燃气采暖器需注意以下几点：

(1)每次点火之前应检查采暖器是否漏气，设置采暖器的房间的进、排气口是否敞开。

(2)禁止不熟悉操作方法的人、神智不太清楚的老年、少年儿童等操作燃气采暖器，也不许酗酒者进行操作。

(3)无论采暖器工作与否，均不得在采暖器上放置物品。

(4)使用直排式采暖器时，室内要有良好的给排气条件，连续采暖时间在1小时内为宜。

(5)采用自动化程度低的采暖器时，采暖过程中，房间内应有人管理。当外出时应关掉采暖器。

(6)采暖期过后，应将采暖器的燃气和冷热水阀门关闭。对某些部件应进行保养，对坏损件进行修理。如果使用的是红外线采暖器或热风采暖器，应擦拭干净，用纸包好或装入纸袋，存放在干燥通风之处。如果使用的是热水采暖器，应放掉水，擦净盖好，来年再使用时，要对水路、气路重新进行严密性试验后方可使用。

6.液化石油气钢瓶的安全使用

液化石油气钢瓶属于压力容器，为了安全，其产品必须是国家劳动部门指定厂家生产的合格产品，钢瓶必须按国家规定的时间进行定期检验。居民用户使用时应注意：

(1)正确使用液化石油气钢瓶上的减压阀。

①减压阀和角阀是以反扣连接的。装减压阀先要对正，然后逆时针方向旋转手轮，以手拧紧不漏气即可。

②装减压阀时不可用力过猛，这样很容易将密封圈拧坏，造成漏气。

③更换钢瓶换下减压阀时，要特别注意密封圈是否粘在角阀内。如果不慎将密封圈随钢瓶带走，换回新钢瓶后还是照常装减压阀，势必造成漏气。一旦出现这种情况，要及时关闭角阀，再购置或换取密封圈，不能随意用垫料代替密封圈。

④严禁乱拧、乱动或拆卸减压阀。发现损坏，要及时修理或更换。

⑤减压阀要保持清洁，呼吸孔不要堵塞。

⑥检查新换的减压阀好坏的方法是：卸下减压阀后，从进气口用嘴吹，如果通气，表明减压阀未堵塞。再从出气口用嘴吹，慢慢吹有些通气，但用劲吹却不通，表明减压阀正常好用；如果用劲吹也通气，表明里边的胶皮膜片已经损坏，必须更换新膜，切不可勉强使用，应立即送检修站维修，否则会引起高压送气造成意外事故。

(2)进行液化石油气钢瓶各连接部位的漏气检查。液化石油气钢瓶在使用前(指新充装后的钢瓶)，应认真检查瓶体、角阀、减压阀等各部位连接处是否漏气。可用携带式可燃气检测仪或采用刷肥皂水的方法，如发现有漏气显示报警或冒泡的部位，应及时紧固、维修。严禁用明火试漏，以免发生着火事故。

(3)钢瓶内充装液化石油气不能超装。一般居民使用钢瓶为YSP-15型，允许充装量为15kg，在20℃时体积为28.85L。如果在20℃时充装17kg，则体积是32.7L，温度再升高时，钢瓶就有爆破的危险。为了安全起见，绝不能过量超装。

(4)盛装液化石油气的钢瓶要轻拿轻放，禁止摔、碰。液化石油气钢瓶的设计壁厚只有2.7～3.0mm。它属于薄壁压力容器，所以在使用时要轻拿轻放和禁止摔、碰，以免在钢瓶使用中产生不必要的缺陷，影响强度，造成事故。

(5)液化石油气的体积随温度的升高而膨胀，其容积膨胀系数约比水大10～16倍。所以，在使用和管理上必须十分注意，严禁曝晒和靠近火源、热源，也不要在液化石油气快用完时，用开水烫或其他方法加热，以免发生意外事故。

(6)液化石油气钢瓶不能倒立或卧放使用。钢瓶的使用是靠自然蒸发，它的下部是液相，上部是气相。气体从角阀出口流出，经过减压阀把压力降低到使用压力，供燃烧使用。如果钢瓶倒立和卧放使用，就易使液体从角阀流出，减压阀也就失去了减压的作用，造成高压送气，同时容易使液体外漏。外漏的液化石油气气化后体积迅速扩大至200倍以上，遇明火很容易造成爆炸、火灾事故。

(7)一般要求钢瓶和灶具的外侧距离应保持在1～2m之间，小于1m或大于2m，均属于不安全距离。

(8)注意钢瓶内的液化石油气残液的处理。液化石油气主要成分是烷烃和烯烃。点燃时，沸点低的丙烷、丙烯先蒸发燃烧，而后丁烷、丁烯蒸发燃烧，沸点高的戊烷和戊烯不易挥发，留在瓶内即所谓残液。有的用户为了节约，将钢瓶加热或倒出私自处理，结果造成重大事故。用户不准私自处置残液，而应集中由液化气站或其他充装单位统一进行倒残处置。

(9)使用液化石油气冬季与夏季不同。冬季气温低，液化石油气挥发性差，若使用不当易引起火灾。所以，冬季使用时应注意以下几点：

①不要将液化石油气罐放在火炉旁、暖气上烘烤。由于液化气受热后体积膨胀，其容积膨胀系数约比水大10～16倍，一旦受热膨胀，往往引起爆炸或火灾事故。

②不要将液化石油气罐放在盛有热水的容器内或用开水淋烫，以免受热引起爆炸。

③不要放置在寒冷的低温场所。因为钢瓶在低温时脆性增强，抗压强度下降，容易破裂。特别是有薄层、锈蚀等缺陷的钢瓶，受到摩擦撞击，就有可能发生爆炸。

④不要私自倾倒液化气的残液，以免遇到明火引起爆炸。

(10)新换来的液化石油气罐要进行消毒。由于液化石油气罐是千家万户轮换使用，其外壳特别是罐顶端的角阀，经多人触摸，有大量致病菌存在。据从液化石油气罐上采样检验，发现6.5%的罐上有肝炎病毒、结核杆菌和引起传染病的细菌。因此，换回的液化石油气罐需用肥皂水或漂白粉溶液将外面擦洗干净。尤其罐的底部是蟑螂的隐身之处，需要一并处理，避免把病菌及蟑螂卵带回家中，消毒后务必把罐体擦干，以免引起腐蚀。

(11)钢瓶要定期检验。钢瓶在使用过程中，由于多种原因产生下列缺陷，致使机械强度降低：

①在空气中接触工作介质的腐蚀作用，使瓶壁厚度减薄；

②在制造过程产生的局部应力过大或焊接质量低劣等因素，使焊缝附近或某些应力集中的地方产生裂纹；

③钢瓶在制造时由于用材不当、强度不够或受温度的影响，使材料的机械性能严重恶化；

④在使用过程中碰撞等原因，使瓶体产生机械损伤。

由于上述的缺陷或损伤，不及时发现或清除，任其发展，势必发生重大事故。所以，安全主管部门必须对钢瓶定期进行检查。

二、燃气计量安全

计量燃气的装置称燃气表或燃气流量计，用以累计通过管道的燃气的体积或质量。

目前，城市居民使用最广泛的燃气计量表是普通家用皮膜式燃气流量计，计量原理简单明了，读数简单，操作方便。随着城市发展，越来越多家庭开始使用IC卡智能燃气表，先付费后用气，方便快捷。

民用燃气计量表的安全管理，是燃气企业管理中的一项重要工作。燃气用户应单独设置燃气表。燃气表应根据燃气的工作压力、温度、流量和允许的压力降(阻力损失)等条件选择。

(一)民用燃气表

1.皮膜式燃气表

城市燃气供应的主要对象是居民用户，即居民生活用户和商业用户，尤其是前者数量极大，但每户的燃气流量值很小，燃气输送压力较低，流量计量的准确度要求高，而且必须一户一表。居民用户所用的燃气流量计一般为皮膜式燃气流量计，简称燃气表，将用于居民用户的燃气表称为家用燃气表。图6-1为皮膜式燃气表外观图。

图6-1　皮膜式燃气表

皮膜式燃气表由于结构不同而有不少类型，但其计量原理却都基本相同，都是燃气进入容积恒定的计量室，待燃气充满后将其排出，通过一定的特殊机构，将充气、排气的循环次数转换成容积单位(一般是 m^3)，传递到燃气表的外部计数指示面板上，直接读出煤气所通过的容积量。由于使气体从一个计量室内部排出比较困难，故一般均设有两个或两个以上的计量室交替进行充气和排气。

皮膜式燃气表采用独立式一体化机芯，结构紧凑，体积小，气体通道大，回转体积大，压损小，计量量程宽，计量准确且使用寿命长；

2.IC卡智能燃气表

多年来，城市燃气管理部门一直采用先用气后入户抄表收费的方式，这种传统方式不仅浪费了大量的人力与物力，而且由于收费难、窃气等原因，给燃气管理部门造成高额资金滞压和损失。

IC卡燃气表用一块永久的IC卡作为购、用气中介，用户随购随用，极大地方便了管理部门及用户。在用户用气的过程中，IC卡智能燃气表中的微电脑可自动核减剩余气量，所购气量用尽后便会自动关阀断气，用户需重新购气方能再次使IC卡智能燃气表开阀供气。此外，它还能记录燃气表的运行情况，在管理机或管理软件下将表的总用气量、总购气量、开关阀状态等信息进行管理。带漏气报警功能的IC卡智能燃气表可以监测表内气体的泄漏，当表内可燃气体泄漏时，该燃气表的可燃气体探测器会发出声光报警提示，同时表内的液晶屏也会显示报警信息，并自动关闭阀门，以达到保障人民生命财产安全的效果。

图6-2　IC卡智能燃气表

该类型燃气表将传统皮膜式燃气表和IC卡计费器巧妙结合，不但可以起到方便用户的作用，还可以避免查表收费给用户和工作人员带来诸多不必要的麻烦。图6-2为IC卡智能燃气表外观图。

(二)燃气表的选用

用户燃气计量应根据燃气的工作压力、温度、燃气的最大流量和最小流量以及房间的温度等条件选择相应的计量表。

由燃气管网供气的居民生活用户，一般为气态供应，供气压力小于5kPa，每户的供气量约在

1～4m^3/h，供气管径一般为15mm。选择其他形式的燃气表价格较高，压力损失远远大于皮模式，从而增大输气输送成本。安装时尚需过滤器和较长直管与其连接，这是居民用户的环境条件难以满足的，所以，居民生活用户通常选用J2.5(额定流量单位为m^3/h)的家用燃气表。

(三)燃气表的正确安装与使用

1.居民用户燃气表的正确安装

居民用户燃气表的正确安装位置应符合下列要求：

(1)宜安装在不燃或难燃结构、室内通风良好和便于查表、检修的地方。

(2)燃气表的环境温度，当使用人工煤气和天然气时，应高于0℃；当使用液化石油气时，应高于其露点5℃以上。

(3)住宅内燃气表可安装在厨房内，当有条件时也可设置在户门外。

(4)住宅内高位安装燃气表时，表底距地面不宜小于1.4m；当燃气表装在燃气灶具上方时，燃气表与燃气灶的水平净距不得小于30cm；低位安装时，表底距地面不得小于10cm。

居民用户燃气表严禁安装在下列场所：

(1)卧室、浴室、更衣室及厕所内；

(2)有电源、电器开关及其他电器设备的管道井内，或有可能滞留燃气的隐蔽场所；

(3)环境温度高于45℃的地方；

(4)经常潮湿的地方；

(5)堆放易燃易爆、易腐蚀或有放射性物质等危险的地方；

(6)有变、配电等高压电气设备的地方；

(7)有明显震动影响的地方；

(8)高层建筑中的避难层及安全疏散楼梯间内。

2.居民用户燃气表的正确使用

正确使用IC卡燃气表需要注意：

(1)用户初次使用IC卡燃气表时，应根据随气表附带的使用明说正确操作。

(2)IC卡燃气表是一表一卡，必须使用属于本气表的燃气卡，否则将损坏气表和磁卡。

(3)用户使用燃气卡对燃气表充气时，应注意卡片金属面插入燃气表IC卡插口的方向。IC卡插入IC卡底座后，当听到“嘟”的一声短音后，方可取卡，否则会损失气量。

(4)当燃气表液晶显示原剩余气量与新购气量之和时，表示充气成功。

(5)当IC卡燃气表在电池电量不足或气量为0时，会出现关阀提示，请在确认问题后，按使用说明书提示处理。

(6)用户在卡片不使用期间，应妥善保管，以便下次充值购气时使用。

国家计量检测规程JJG 577—2012《膜式煤气表》明确规定：以天然气为介质的燃气表使用年限不得超过10年，超过规定使用年限的必须报废、更换新表。

三、居民用户燃气事故的处理措施

(一)室内燃气泄漏事故

少量燃气泄漏虽不会引起着火、爆燃事故，但如果缺乏监控，气体泄漏量慢慢积累，就会使空气中含有较高浓度的有毒气体，对人体造成严重危害。

家用燃气泄漏的原因主要有：点火不成功，燃气出来未燃烧；使用时发生沸汤、沸水浇灭灶火或被风吹灭灶火；关火后，阀门未关严；燃气器具损坏；管道腐蚀或阀门、接口损坏漏气；连接灶具的胶管老化龟裂或两端松动漏气；搬迁、装修等外力破坏造成接口漏气等。

发现燃气泄漏，切断气源是保证自身安全的关键。妥善处理并做好以下几点：

(1)首先关闭厨房内的燃气进气阀门；

(2)立即打开门窗，进行通风；

(3)不能开关电灯、排风扇及其他电气设备，以防电火花引起爆炸；

(4)严禁把各种火种带入室内；

(5)进入煤气味大的房间不能穿带有钉子的鞋；

(6)通知燃气公司来人检查，但严禁在本室使用电话，以免有电火花产生引起爆炸。

(二)室内火灾事故

一旦发生由燃气引发的火灾，要沉着冷静，并立即采取有效措施。

(1)迅速切断燃气源。如果是液化石油气罐引起火灾，应立即关闭角阀，移至室外(远离火区)的安全地带，以防爆炸。

(2)起火处可用湿毛巾或湿棉被盖住，将火熄灭。无法接近火源时，应用沙土覆盖，利用灭火器控制火势，利用水降温，以防爆燃。

(3)若火势很大，个人不能扑灭，要迅速报火警。

第三节　商业、工业企业用户的安全用气管理

一、商业、工业企业用户安全用气

商业、工业企业用气是指除居民用户以外的各类单位用气。单位燃气用户的用气量大，用气设备、设施一般自行管理，燃气使用的安全责任一般不同于居民用户。为保障商业、工业企业用户的安全用气，各单位燃气用户应健全燃气管理制度，定期进行燃气安全知识培训。

(一)商业用户安全用气

1.商业用气设备选择

商业用气的安全管理首先应贯彻安全第一的管理思想。商业用户涉及的是聚集的人员、大量的公共财产，必须将用气安全放在第一位。其次，商业用气设计要考虑最大用气量，一般情况下不能按居民生活用气同时工作系数计算水力压力损失。

在选择商业用气设备时，注意以下几点：

(1)商业用气应考虑低压用气设备，特殊情况需要设计中压用气设备时须慎重；

(2)商业用气管材一般应选用无缝钢管；

(3)阀门宜选用法兰阀。

2.商业用气设备的安装

合理安装商业用气设备是商业用气工程设计中的重要环节，其安装必须符合以下要求：

(1)用气设备之间及用气设备与对面墙之间的净距，应满足操作和检修的要求，特别要满

足事故处理时人员安全疏散通道畅通。

(2)用气设备与可燃或难燃的墙壁、地板和家具之间应采取有效的防火隔热措施。

(3)大锅灶和中餐炒菜灶应有排烟设施,大锅灶的炉膛和烟道处必须设爆破门。

(4)大型用气设备应安装必要的防爆设施。

(5)商业用气设备应安装在通风良好的专用房间内。

(6)商业用气设备不得安装在易燃易爆物品的堆存处,也不应设置在兼作卧室的警卫室、值班室、人防工程等处。

(7)当设备设置在地下室、半地下室(液化石油气除外)或地上密闭房间内时,需符合以下要求:

①燃气引入管应设手动快速切断阀和紧急自动切断阀,紧急自动切断阀停电时必须处于关闭状态(常开型);

②用气设备应有熄火保护装置;

③用气房间应设置燃气浓度检测报警器,并由管理室集中监视和控制;

④宜设烟气一氧化碳浓度检测报警器;

⑤应设置独立的机械送排风系统,通风量需满足一定要求(正常工作时,换气次数不应小于6次/h;事故通风时,换气次数不应小于12次/h;不工作时,换气次数不应小于3次/h;当燃烧所需的空气由室内吸取时,应满足燃烧所需的空气量;应满足排除房间热力设备散失的多余热量所需的空气量)。

(8)当燃气设备安装至屋顶上时,需满足以下要求:

①燃气设备应能适用当地气候条件,设备连接件、螺栓、螺母等应耐腐蚀;

②屋顶应能承受设备的荷载;

③操作面应有1.8m宽的操作距离和1.1m高的护栏;

④应有防雷和静电接地措施。

(9)当需要将燃气应用设备设置在靠近车辆的通道处时,应设置护栏或车挡。

(二)工业企业生产安全用气

工业企业生产用气设备的燃烧器选择,应根据加热工艺要求、用气设备类型、燃气供给压力及附属设施的条件等因素,经技术、经济比较后确定。

1.工业企业生产用气设备的燃气用量

(1)未定型燃气加热设备,应根据设备铭牌标定的用气量或标定热负荷,采用经当地燃气热值折算的用气量。

(2)定型燃气加热设备应根据热平衡计算确定,或参照同类型用气设备的用气量确定。

(3)用其他燃料的加热设备需要改用燃气时,可根据原燃料实际消耗量计算确定。

2.工业企业生产用气设备的安装

工业企业生产需要的用气设备,在安装时需注意以下几点:

(1)台用气设备应有观察孔或火焰监测装置,并宜设置自动点火装置和熄火保护装置。

(2)燃气设备上应有热工检测仪表,加热工艺需要和条件允许时,应设置燃烧过程的自动调节装置。

(3)燃气管道上应安装低压和超压报警以及紧急自动切断阀。

(4)烟道和封闭式炉膛均应设置泄爆装置,泄爆装置的泄压口应设在安全处。

(5)风机和空气管道应设静电接地装置,接地电阻不应大于100Ω。

(6)用气设备的燃气总阀门与燃烧器阀门之间,应设置放散管。

(7)当城镇供气管道压力不能满足用气设备要求时,需要安装加压设备。

①在城镇低压和中压B供气管道上严禁直接安装加压设备。

②在城镇低压和中压B供气管道上间接安装加压设备时,应符合下列规定:加压设备前必须设低压储气罐,其容积应保证加压时不影响地区管网的压力工况;储气罐容积应按生产量较大者确定;储气罐的起升压力应小于城镇供气管道的最低压力;储气罐进出口管道上应设切断阀,加压设备应设旁通阀和出口止回阀;由城镇低压管道供气时,储罐进口处的管道上应设止回阀;储气罐应设上、下限位的报警装置和储量下限位与加压设备停机和自动切断阀连锁。

③城镇供气管道压力为中压A时,应有进口压力过低保护装置。

(8)燃气燃烧需要带压空气和氧气时,应有防止空气和氧气回到燃气管路和回火的安全措施。

①气管路上应设背压式调压器,空气和氧气管路上应设泄压阀。

②燃气、空气或氧气的混气管路与燃烧器之间应设阻火器,混气管路的最高压力不应大于0.07MPa。

③用氧气时,其安装应符合有关标准的规定。

(9)阀门的安装要求。

①用气车间的进口和燃气设备前的燃气管道上均应单独设置阀门,阀门安装高度不宜超过1.7m;燃气管道阀门与用气设备阀门之间应设放散管;

②每个燃烧器的燃气接管上,必须单独设置有启闭标记的燃气阀门;

③每个机械鼓风的燃烧器,在风管上必须设置有启闭标记的阀门;

④并联装置的鼓风机,其出口必须设置阀门;

⑤散管、取样管、测压管前必须设置阀门。

二、燃气计量安全

商业、工业企业生产用户也应单独设置燃气表。燃气表应根据燃气的工作压力、温度、流量和允许的压力降(阻力损失)等条件选择。

(一)商业、工业企业生产用户燃气表

目前,商业、工业企业生产用户使用的燃气表主要有涡轮流量计、罗茨流量计和商用膜式燃气表。每种燃气表的量程选择范围见表6-4。

表6-4 燃气表的量程范围

量程范围(m^3/h)	>100	16~100	≤16
表型	涡轮流量计	罗茨流量计	商用膜式燃气表

量程超过100m^3/h的罗茨流量计,随着量程增加,体积相对大而且笨重,而此时涡轮流量计可以准确计量;对于量程超过16m^3/h选择罗茨流量计,是因为一方面其性能稳定,另一方面具备温压修正功能。

1. 涡轮流量计

涡轮流量计采用多叶片的转子(涡轮)感受流体平均流速,从而推导出流量或总量。它具

备测量范围宽、重复性好、准确度高、结构轻便、脉冲量输出便于与计算机配套、具备实现远程传输等功能，适合大流量场所使用。

涡轮流量计一般使用在锅炉房或生产车间中，流量计的选型应使锅炉最大流量在流量计进入精度的最大流量（q_{max}）的 0.6～0.8 倍范围内。用气设备的常用流量最好控制在（0.3～0.8）q_{max}范围内。当然，在选型时也要满足涡轮流量计进入精度的最小流量（q_{min}）小于设备最小用气量，这样才能保证小流量的计算精度。

2. 罗茨流量计

罗茨流量计又称腰轮流量计，主要用于对管道中气体或液体流量进行连续或间歇测量的高精度计量仪表。它具有精度高、可靠性好、重量轻、寿命长、运行噪声低、安装使用方便等特点。腰轮流量计可现场指示累积流量、瞬时流量，单次流量等，亦可输出脉冲信号、4～20mA或1～5V模拟信号、485通讯、4～20mA＋HART、MODBUS协议等。

罗茨流量计用于小型锅炉房、企业食堂和商业用户，用气设备常用流量段应控制在（0.2～1.0）q_{max}范围内。如果用于企业食堂或商业用户，选型时应仔细核算灶具的使用工况，大小流量点兼顾。表 6-5 为某公司的罗茨流量计选用规定。

表 6-5　某公司罗茨流量计选用规定

罗茨流量计型号	流量计流量范围(m^3/h)	用户设备情况
JLQ-Z-A-20	1.00～20.00	食堂、商业用户、0.21MW 及以下锅炉
JLQ-Z-A-30	1.50～30.00	食堂、商业用户、0.28MW 及以下锅炉
JLQ-Z-A-65	3.25～65.00	食堂、商业用户、0.7MW 及以下锅炉
JLQ-Z-A-100	5.00～100.00	0.7～1.05MW 锅炉

商用膜式燃气表一般安装在商业用户或企业食堂。其工作原理与第二章第二节介绍的民用皮膜式燃气表类似，量程选择要求类似于罗茨流量计。

（二）商业、工业企业生产用户燃气表的选用

对于选择多种流量计的燃气公司，由于流量计的种类多，性能各不相同，安装现场条件不同，因此选型时必须同时考虑各种因素。首先，应了解各类流量计的计量特点，包括其原理、精度、量程、压力损失、是否具备温度压力修正功能、是否配套智能积算仪等；其次，明确工况，如环境的温湿度、周围设备的噪声、电磁干扰情况、安装空间、天然气介质的压力、温度、洁净度等；另外，还应考虑经济因素。对于不同用户，流量计的选用不同。表 6-6 为某燃气公司针对不同用户选用的流量计类型。

表 6-6　某公司针对各类用户流量计选型

用 户 种 类	流量计类型
供暖、制冷	涡轮流量计
工业	涡轮流量计、罗茨流量计、商用膜式燃气表
商业	罗茨流量计、商用膜式燃气表
居民	民用皮膜式燃气表

(三)商业、工业企业生产用户燃气表的安装与使用

1.用户燃气表的安装位置要求

(1)宜安装在不燃或难燃结构的、室内通风良好和便于查表、检修的地方。

(2)严禁安装在下列场所:

①卧室、卫生间及更衣室内;

②有电源、电器开关及其他电器设备的管道井内,或有可能滞留泄漏燃气的隐蔽场所;

③环境温度高于45℃的地方;

④经常潮湿的地方;

⑤堆放易燃易爆、易腐蚀或有放射性物质等危险的地方;

⑥有变、配电等电器设备的地方;

⑦有明显振动影响的地方;

⑧高层建筑中的避难层及安全疏散楼梯间内。

(3)燃气表的环境温度,当使用人工煤气和天然气时,应高于0℃;当使用液化石油气时,应高于其露点5℃以上。

(4)住宅内燃气表可安装在厨房内,当有条件时也可设置在户门外。

住宅内高位安装燃气表时,表底距地面不宜小于1.4m;当燃气表装在燃气灶具上方时,燃气表与燃气灶的水平净距不得小于30cm;低位安装时,表底距地面不得小于10cm。

(5)商业和工业企业的燃气表宜集中布置在单独房间内,当设有专用调压室时,可与调压器同室布置。

2.用户燃气表的正确使用

正确使用各种类型流量计的前提,是仔细阅读说明书,了解各种流量计原理。此外,还要和技术人员沟通,不断解决日常管理中出现的各种问题。

1)涡轮流量计

智能涡轮流量计除了按规定安装,使用中还要定期对仪表显示的各种参数进行检查,同时要定期清理过滤器杂质,以免影响流态,对于非自润滑仪表还要定期定量加油。

2)罗茨流量计

(1)由于罗茨流量计转子与壳体之间间隙较小,大于间隙的颗粒杂质不能通过。为防止卡表,应选择合适的过滤器,以防施工中的焊渣、杂质进入流量计。

(2)罗茨流量计应垂直安装,且流量计应高出工艺管道,以便定期排出积液,防止计量腔积液影响计量准确性。

(3)加强监护,定期进行润滑和校验,以确保其准确度。

3)膜式燃气表

膜式燃气表安装及使用维护要求简单,但在使用过程中出现计量偏差不易发现。因此,应定期进行抽样检测,以保证精度。

三、燃气事故的应急处理

居民用户燃气事故多发生于室内,急救抢险措施相对简单易行。对于商业、工业企业用户,由于生产作业区域较大,发生燃气事故后必须及时采取有效措施,否则事故影响进一步扩

大，造成巨大损失。

(一)急救设备

1. 自救苏生器

这是一种自动进行正负压人工呼吸的急救设备，它能把含有氧气的新鲜空气自动地输入伤员的肺内，然后又自动地将肺内的气体抽出并连续工作，具有清理口腔喉腔、人工呼吸及氧吸入功能，适于抢救呼吸麻痹或呼吸抑制的伤员。如胸外伤、一氧化碳(或其他有毒气体)中毒、溺水、触电等原因造成的呼吸抑制或窒息，都能适用。

2. 高压氧舱

这是指医疗上给病人进行氧气治疗用的高压密封舱。将病人放入富氧空气的舱内，逐渐增加舱内气压到2～3个绝对压力，然后让病人吸入并渗入氧气。在高压下给氧，可以迅速提高血液氧含量、血氧张力和氧弥散率，从而改善全身细胞和组织的氧合情况。对中毒的人员进行高压氧治疗，特别是对煤气中毒人员的抢救，治愈率高达97.6%。高压氧舱可同时供给7～8人使用。

(二)通用处理

发生燃气中毒、着火、爆炸和大量泄漏燃气等事故，应立即报告生产总调度室和安全环保处燃气防护站，如发生燃气着火事故，应立即打火警电话“119”；发生燃气中毒，应立即通知医院或安全环保处防护站前来现场急救。

发生燃气事故后，应迅速弄清事故现场情况，采取有效措施，严防冒险抢救，扩大事故。抢救事故的所有人员都必须服从统一领导和指挥，并由事故单位厂长、车间主任或班组长负责，并视事故性质和涉及范围划定危险区域，布置岗哨，阻止非抢救人员进入。进入燃气危险区域的抢救人员必须佩带氧气呼吸器等防毒用具。严禁只凭热情或一时冲动，以口罩或其他物品代替防毒用具进入险区，扩大事故。

(三)煤气中毒的抢救

应尽快将患者移至新鲜空气处，解开上衣衣扣，保持呼吸畅通，冬季注意保暖，恢复后喝点浓茶，使血液循环加快，减轻症状，随后根据症状轻重对症治疗。

及时输氧效果好，可加速一氧化碳排出体外，在有条件的情况下，可送高压氧舱进一步治疗。

当呼吸停止或呼吸微弱时，应立即进行人工呼吸和体外心脏按压术，同时速送医院抢救。

(四)燃气爆炸事故的处理

发生燃气爆炸事故，一般是燃气设备被炸坏，导致跑、冒燃气或冒出的燃气着火。因此，燃气爆炸事故发生后，一般接着而来的是可能发生煤气中毒、着火事故或产生二次爆炸。所以，发生爆炸事故时，应立即切断燃气气源，并迅速把燃气处理干净；对出事地点严加警戒，绝对禁止通行，以防更多的人中毒；在爆炸地点40m之内禁止火源，以防着火事故。迅速查明事故原因，在未查明原因和采取可靠措施前，不准送燃气。燃气爆炸后，产生着火事故，按着火事故处理；产生燃气中毒事故，按燃气中毒事故处理。

(五)燃气着火事故的处理

由设备不严密而轻微小漏引起着火，可用湿泥、湿麻袋等堵住着火处灭火，火熄灭后，再按有关规定补漏。

直径小于 100mm 的管道着火时，可直接关闭阀门，切断燃气灭火。

直径大于 100mm 的管道着火时，切记不能突然把燃气阀门关死，以防回火爆炸。

对直径大于 100mm 的燃气管线泄漏着火，应采取逐渐关阀门降压，通入蒸汽或氮气灭火。在降压时，必须在现场安装临时压力表，使压力逐渐下降，不致造成突然关死阀门引起回火爆炸，其压力不能低于 100Pa。

燃气设备烧红时，不得用水骤然冷却，以防管道和设备急剧收缩，造成变形或断裂。

燃气设备附近着火，引起燃气设备温度升高，但还未引起燃气着火和设备烧坏时，可正常供气生产，但必须采取措施将火源隔开并及时熄灭。当燃气设备温度不高时，可用水冷却设备。

燃气设备内的沉积物如萘、焦油等着火时，可将设备的人孔、放空阀等一切与大气相通的附属孔关闭，使其隔绝空气自然熄灭；或通入蒸汽或氮气灭火，熄火后切断燃气来源，再按有关规程处理。

第四节　终端用户安全用气的其他安全规范

一、烟气的排除

燃气具在燃烧供给热能的同时，都会产生大量烟气，当燃气完全燃烧时，会产生二氧化碳、水蒸气以及少量的二氧化硫等烟气；而当燃气不完全燃烧时，还会产生一氧化碳和氮氧化物等烟气。由于大部分燃气具燃烧所产生的烟气是直接排入室内的，烟气中的有害成分会直接污染生态环境，或首先污染室内空气，而后再污染生态环境，而且有害烟气在污染室内的同时会对人体健康造成极大的危害。在提倡环保和可持续发展的现今，控制减少燃气燃烧产生的有害烟气污染问题非常重要。

关于终端用户燃气燃烧的烟气排除有很多规范，在设计和安装管道、燃气设备时，需谨遵规范要求。

(一)家用燃具排气装置的选择要求

(1)燃具和热水器(或采暖炉)应分别采用竖向烟道进行排气。

(2)住宅采用自然换气时，排气装置应按国家现行标准 CJJ 12—1999《家用燃气燃烧器具安装及验收规程》中 A.0.1 的规定选择。

(3)住宅采用机械换气时，排气装置应按国家现行标准 CJJ 12—1999《家用燃气燃烧器具安装及验收规程》中 A.0.3 的规定选择。

(4)浴室用燃气热水器的给排气口应直接通向室外，其排气系统与浴室必须有防止烟气泄漏的措施。

(5)燃气燃烧所产生的烟气必须排出室外。设有直排式燃具的室内容积热负荷指标超过 $207W/m^3$ 时，必须设置有效的排气装置将烟气排至室外。

(二)燃气用气设备的排烟设施要求

(1)不得与使用固体燃料的设备共用一套排烟设施。

(2)一台用气设备宜采用单独烟道，当多台设备合用一个总烟道时，应保证排烟时互不影响。

(3)容易积聚烟气的地方，应设置泄爆装置。

(4)设有防止倒风的装置。

(5)从设备顶部排烟或设置排烟罩排烟时，其上部应有不小于 0.3m 的垂直烟道方可接水平烟道。

(6)有防倒风排烟罩的用气设备不得设置烟道闸板；无防倒风排烟罩的用气设备，在至总烟道的每个支管上应设置闸板，闸板上应有直径大于 15mm 的孔。

(7)安装在低于 0℃房间的金属烟道应作保温。

(三)水平烟道的设置要求

(1)水平烟道不得通过卧室。

(2)居民用气设备的水平烟道长度不宜超过 5m，弯头不宜超过 4 个(强制排烟式除外)；商业用户用气设备的水平烟道长度不宜超过 6m；工业企业生产用气设备的水平烟道长度，应根据现场情况和烟囱抽力确定。

(3)水平烟道应有大于或等于 0.01 坡向用气设备的坡度。

(4)多台设备合用一个水平烟道时，应顺烟气流动方向设置导向装置。

(5)用气设备的烟道距难燃或不燃顶棚或墙的净距不应小于 5cm；距燃烧材料的顶棚或墙的净距不应小于 25cm。当有防火保护时，其距离可适当减小。

(四)烟囱的设置要求

(1)住宅建筑的各层烟气排出可合用一个烟囱，但应有防止串烟的措施；多台燃具共用烟囱的烟气进口处，在燃具停用时的静压值应小于或等于零。

(2)当用气设备的烟囱伸出室外时，其高度应符合下列要求：

①当烟囱离屋脊小于 1.5m 时(水平距离)，烟囱应高出屋脊 0.6m；

②当烟囱离屋脊 1.5～3.0m 时(水平距离)，烟囱可与屋脊等高；

③当烟囱离屋脊大于 3.0m 时(水平距离)，烟囱应在屋脊水平线下 10°的直线上；

④在任何情况下，烟囱应高出屋面 0.6m；

⑤当烟囱的位置临近高层建筑时，烟囱应高出沿高层建筑物 45°的阴影线。

(3)烟囱出口的排烟温度应高于烟气露点 15℃以上。

(4)烟囱出口应有防止雨雪进入和防倒风的装置。

(五)用气设备排烟设施的烟道抽力(余压)要求

(1)负荷 30kW 以下的用气设备，烟道的抽力(余压)不应小于 3Pa。

(2)负荷 30kW 以上的用气设备，烟道的抽力(余压)不应小于 10Pa。

(3)工业企业生产用气工业炉窑的烟道抽力，不应小于烟气系统总阻力的 1.2 倍。

(六)排气装置的出口位置规定

(1)建筑物内半密闭自然排气式燃具的竖向烟囱出口应符合规定。

(2)建筑物壁装密闭式燃具的给排气口距上部窗口和下部地面的距离不得小于0.3m。

(3)建筑物壁装半密闭强制排气式燃具的排气口距门窗洞口和地面的距离应符合下列要求：

①排气口在窗的下部和门的侧部时，距相邻卧室的窗和门的距离不得小于1.2m，距地面的距离不得小于0.3m。

②排气口在相邻卧室的窗的上部时，距窗的距离不得小于0.3m。

③排气口在机械(强制)进风口的上部，且水平距离小于3.0m时，距机械进风口的垂直距离不得小于0.9m。

高海拔地区安装的排气系统的最大排气能力，应按在海平面使用时的额定热负荷确定，高海拔地区安装的排气系统的最小排气能力，应按实际热负荷(海拔的减小额定值)确定。

二、燃气的监控

为避免燃气泄漏对人员、环境的危害，在有燃气管道通过、燃气设备安装的场所，需设置燃气浓度检测报警器和燃气紧急自动切断阀，并保证报警器和自动切断阀的正常运作，当燃气浓度超过定值时及时报警，通知工作人员采取有效急救措施。

(一)燃气浓度检测报警器

1.燃气浓度检测报警器的设置场所

(1)建筑物内专用的封闭式燃气调压、计量间。

(2)地下室、半地下室和地上密闭的用气房间。

(3)燃气管道竖井。

(4)地下室、半地下室引入管穿墙处。

(5)有燃气管道的管道层。

2.燃气浓度检测报警器的安装要求

(1)当检测比空气轻的燃气时，检测报警器与燃具或阀门的水平距离不得大于8m，安装高度距顶棚0.3m以内，且不得设在燃具上方。

(2)当检测比空气重的燃气时，检测报警器与燃具或阀门的水平距离不得大于4m，安装高度应距地面0.3m以内。

(3)燃气浓度检测报警器的报警浓度应按国家现行标准CJ 3057—1996《家用燃气泄漏报警器》的规定确定。

(4)燃气浓度检测报警器宜与排风扇等排气设备连锁。

(5)燃气浓度检测报警器宜集中管理监视。

(6)报警器系统应有备用电源。

(二)燃气紧急自动切断阀

燃气紧急自动切断阀在设备故障、腐蚀破坏、密封失效，出现泄漏或紧急情况时，用以切断上游危险物料来源，避免事故范围扩大，控制事故影响，减少事故损失。

1.燃气紧急自动切断阀的设置场所

(1)地下室、半地下室和地上密闭的用气房间。

(2)一类高层民用建筑。

(3)燃气用量大、人员密集、流动人口多的商业建筑。

(4)重要的公共建筑。

(5)有燃气管道的管道层。

2.燃气紧急自动切断阀的安装要求

(1)紧急自动切断阀应设在用气场所的燃气入口管、干管或总管上。

(2)紧急自动切断阀宜设在室外。

(3)紧急自动切断阀前应设手动切断阀。

(4)紧急自动切断阀宜采用自动关闭、现场人工开启型，当浓度达到设定值时，报警后关闭。

三、防雷防静电

(一)燃气管道及设备的防雷、防静电设计要求

(1)进出建筑物的燃气管道的进出口处，室外的屋面管、立管、放散管、引入管和燃气设备等处，均应有防雷、防静电接地设施。

屋面燃气金属管道、放散管、排烟管等燃气设施宜设置在建筑物防雷保护范围之内。应尽量远离建筑物的屋角、檐角、屋脊等雷击率较高的部位。屋面燃气金属管道与避雷网至少应有两处采用金属线跨接，且跨接点的间距不应大于30m。当屋面燃气金属管道与避雷网的水平、垂直净距小于100mm时，也应跨接。沿外墙竖直敷设的燃气金属管道应采取防侧击和等电位的防护措施，应每隔不大于10m就近与防雷装置连接。每根立管的冲击接地电阻不应大于10Ω。

(2)防雷接地设施的设计应符合现行国家标准GB 50057—2010《建筑物防雷设计规范》的规定；储气罐和压缩机室、调压剂量室等处于燃烧爆炸危险环境的生产用房，其防雷设计应符合现行的国家标准《建筑物防雷设计规范》“第二类防雷建筑物”的规定；生产管理、后勤服务及生活用建筑物，其防雷设计应符合现行的国家标准《建筑物防雷设计规范》“第三类防雷建筑物”的规定。

(3)防静电接地设施的设计应符合国家现行标准HG/T 20675—1990《化工企业静电接地设计规程》的规定。

(二)燃气应用设备的电气系统规定

(1)燃气应用设备和建筑物电线、包括地线之间的电气连接应符合有关国家电气规范的规定。进出站区的管线应设置切断阀和绝缘法兰，站区内接地干线应在不同方向上与接地装置相连接，且不应少于两处。站区内电气设备的接地装置与防止直接雷击的独立避雷针的接地装置应分开设置。站区内供电系统的电缆金属外皮或电缆金属保护管两端均应接地，在供配电系统的电源端应安装与设备耐压水平相适应的过电压(电涌)保护器。

(2)电点火、燃烧器控制器和电气通风装置的设计，在电源中断情况下或电源重新恢复时，

不应使燃气应用设备出现不安全工作状况。

(3)自动操作的主燃气控制阀、自动点火器、室温恒温器、极限控制器或其他电气装置(这些都是和燃气应用设备一起使用的)使用的电路应符合随设备供给的接线图的规定。

(4)使用电气控制器的所有燃气应用设备,应让控制器连接到永久带电的电路上,不得使用照明开关控制的电路。

◇ 思考题 ◇

1. 民用低压用气设备燃烧器的额定压力是多少?
2. 室内燃气管道采用软管时,应符合哪些规定?
3. 室内燃气管道的哪些部位应设置阀门?
4. 燃气终端用户安全使用燃气的注意事项是什么?
5. 发生燃气泄漏时的安全措施是什么?
6. 发生由燃气引起的火灾的安全措施是什么?

参 考 文 献

[1] 詹淑慧,杨光. 城镇燃气安全管理. 北京:中国建筑工业出版社,2007.
[2] GB 50028—2006 城镇燃气设计规范.
[3] 李益. 民用燃气安全知识问答. 2 版. 北京:中国石化出版社,2004.
[4] 田申,吴庆起. 燃气用户安全用气手册. 北京:化学工业出版社,2010.
[5] 刘松涛. 工商业用户天然气计量管理. 煤气与热力,2011,10~13.
[6] JJG 577—2012　膜式燃气表.
[7] GB/T 18033—2007　无缝铜水管和铜气管.

第七章　城市燃气 HSE 与应急管理

第一节　HSE 管理体系概述

一、HSE 管理体系概念

HSE 管理体系(Health,Safety and Environment Management System)即健康、安全与环境管理体系。HSE 管理体系是三位一体管理体系,H(健康)是指人身体上没有疾病,在心理上保持一种完好的状态;S(安全)是指在劳动生产过程中,努力改善劳动条件、克服不安全因素,使劳动生产在保证劳动者健康、企业财产不受损失、人民生命安全的前提下顺利进行;E(环境)是指与人类密切相关的、影响人类生活和生产活动的各种自然力量或作用的总和,它不仅包括各种自然因素的组合,还包括人类与自然因素间相互形成的生态关系的组合。HSE 有时候也称 EHS、SHE,都是指健康(Health)、安全(Safety)和环境(Environment)形成一个整体的管理体系。

HSE 管理体系是一个企业确定其自身活动可能发生的灾害,以及采取措施管理和控制其发生,以便减少可能引起的人员伤害的正规管理形式,是一个系统化工程,是指实施安全、环境与健康管理的组织机构、职责、做法、程序、过程和资源等构成的整体,不以工作岗位上的个人能力和工作方式为转移。HSE 管理体系由许多要素构成,这些要素通过先进、科学的运行模式有机地融合在一起,相互关联,相互作用,形成一套结构化动态管理系统。从其功能上讲,它是一种事前进行风险分析,确定其自身活动可能发生的危害和后果,从而采取有效的防范手段和控制措施防止其发生,以便减少可能引起的人员伤害、财产损失和环境污染的有效管理模式。它突出强调了事前预防和持续改进,具有高度自我约束、自我完善、自我激励机制,因此是一种现代化的管理模式,是现代企业制度之一。

二、建立和实施 HSE 管理体系的目的

HSE 体系从其诞生及其发展,已经在国外石化行业中运行了几十年,并仍在逐渐发展完善中,HSE 体系在企业长期发展中将对企业起着保驾护航的作用。

做好安全、健康与环境管理工作,既是法律规定的义务、政府的要求,也是社会的需要、企业的切身利益所在。凡是健康、安全与环境工作做得好的企业,都会有一套健全、文件化和可行的安全、健康与环境管理方式和制度。安全、健康与环境管理工作做得好,员工的安全、健康有保障,公司的财产不受损失,环境受到保护,就可以促进生产力发展,提高经济效益,同时可以树立公司良好形象,培养一批好的雇员,增强市场竞争力。

进行 HSE 管理的目的主要有:

(1)满足政府对健康、安全和环境的法律、法规要求。为了加强对城市燃气的管理,防止重特大燃气燃爆事故的发生,国家有关部委联合颁布了一系列有关燃气事业管理的法规性条例,各省市自治区人民政府也相应地制定了一系列燃气管理和燃气设施维护的规定和地方性法规

条例。遵守法律法规是HSE管理体系的基本原则，是企业公开承诺的内容之一。

(2)为企业提出的总方针、总目标以及各方面具体目标的实现提供保证。建立HSE管理体系，可以全面落实健康、安全与环境责任制，将健康、安全与环境作为一项关键的管理要素，有机地融入到每一项生产经营业务活动之中，使每一名员工都对健康、安全与环保负责，最终达到“零伤害、零事故、零污染”的目标。

(3)减少事故发生，保证员工的健康与安全，保护企业的财产不受损失。由于燃气的特殊性，燃气行业作为一个高危行业，任何简单作业都可能引发安全事故，因此，简单、有效、切实可行的操作程序是必不可少的。HSE体系规范了燃气企业操作规程，制定了操作标准，使繁琐、复杂的作业变得简单化、程序化，各项工作根据要求按部就班完成，减少安全事故发生几率。坚持实施HSE体系，即是减少事故发生概率。

(4)保护环境，满足可持续发展的要求。在燃气行业中，由于作业程序的不当，极易造成环境污染，如高含硫天然气泄漏或天然气加臭装置密封不当导致臭剂扩散到空气中等。实施HSE体系，既是为了避免安全事故，也是为了避免环境污染，从而避免引发社会动荡，影响社会稳定。实施HSE体系，有助于燃气企业转换经营观念，使企业从单纯追求经济利益转换为夯实企业发展基础，实现可持续发展。

(5)提高原材料和能源利用率，保护自然资源，增加经济效益。作为燃气经营企业，实施HSE体系，能有效、快速地发现泄漏的天然气，减少经济损失，消除安全隐患。HSE体系的实施，规范了燃气企业施工作业标准，提高燃气企业施工质量，进而最大限度提高经济效益。有些燃气企业，由于在早年的天然气管线安装中为了获取更大经济效益，未按照HSE体系执行，使安装非标准、不规范，大幅缩短了输气管线使用寿命，增加了更换频率，直接增加成本，因此企业近些年投入大量资金对早些年的管道设施进行改造，所投入资金已远远超出当初所获取利益。

(6)减少医疗、赔偿、财产损失费用，降低保险费用。HSE管理体系的有效运行，使企业的安全管理水平有了较大的提升，推动了职业健康安全法规和制度的贯彻执行，使安全管理变“事后管理型”为“事先管理型”，变“被动管理”为“主动管理”，切实落实了全员、全方位、全过程的管理。

(7)满足公众的期望，保持良好的公共和社会关系。燃气企业作为公众企业，一举一动受社会监督，实施HSE管理体系，正是燃气企业履行社会责任的体现。

(8)维护企业的名誉，增强市场竞争能力。燃气企业作为一个服务行业，只有提高服务标准，才能赢得用户的青睐，只有加强安全管理，杜绝安全事故的发生，才能赢得市场，获得各界认可。HSE体系的实施，是燃气企业站稳脚跟、赢得市场的保证。

三、HSE管理体系的产生和发展

国外有些专家曾这样评述过安全工作的发展过程，20世纪60年代以前，主要是通过对装备的不断完善，如利用自动化控制手段使工艺流程的保护性能得到完善等，来达到对人们保护的目的；70年代以后，注重了对人的行为研究，注重考察人与环境的相互关系；80年代之后，逐渐发展形成了一系列全面、系统、全新的管理模式。纵观HSE发展历程，大致可分为以下三个阶段。

(一)HSE管理体系的开端

1985年，壳牌石油公司首次在石油勘探开发领域提出了强化安全管理(Enhance Safety

Management)的构想和方法。1986 年，在强化安全管理的基础上，形成手册，以文件的形式确定下来，HSE 管理体系初现端倪。

(二)HSE 管理体系的开创发展期

80 年代后期，国际上的几次重大事故对安全工作的深化发展与完善起了巨大的推动作用。如 1987 年的瑞士 SANDEZ 大火、1988 年英国北海油田的帕玻尔·阿尔法平台事故，以及 1989 年的 EXXON 公司 VALDEZ 泄油等引起了国际工业界的普遍关注，大家都深深认识到，石油石化作业是高风险的作业，必须进一步采取更有效、更完善的 HSE 管理系统以避免重大事故的发生。1991 年，在荷兰海牙召开了第一届油气勘探、开发的健康、安全、环保国际会议，HSE 这一概念逐步为大家所接受。许多大石油公司相继提出了自己的 HSE 管理体系。如壳牌公司在 1990 年制定出自己的安全管理体系(SMS)；1991 年，壳牌公司委员会颁布健康、安全与环境(HSE)方针指南；1992 年，正式出版 EP 92－01100《安全管理体系标准》；1994 年，正式颁布《健康、安全与环境管理体系导则》。

(三)HSE 管理体系的蓬勃发展期

1994 年，油气开发的安全、环保国际会议在印度尼西亚的雅加达召开，由于这次会议由 SPE 发起，并得到 IPICA(国际石油工业保护协会)和 AAPG 的支持，影响面很大，全球各大石油公司和服务厂商积极参与，HSE 的活动在全球范围内迅速展开。

1996 年 1 月，ISO/TC67 的 SC6 分委会发布 ISO/CD 14690《石油和天然气工业健康、安全与环境管理体系》，成为 HSE 管理体系在国际石油业普遍推行的里程碑，HSE 管理体系在全球范围内进入了一个蓬勃发展时期。

四、我国 HSE 管理体系现状

20 世纪 90 年代，在与国际石油公司的合作交流中，国外石油企业先进的 HSE 管理体系令国内石油企业逐步认识到了 HSE 管理体系的重要性、科学性和先进性，逐步开始引入并实施 HSE 管理体系。1997 年，我国将 ISO/CD 14690《石油和天然气工业健康、安全与环境管理体系》标准草案进行了翻译和转化，1997 年 6 月 27 日作为中华人民共和国石油天然气行业标准 SY/T 6276—1997《石油天然气工业健康、安全与环境管理体系》正式颁布。该标准自 1997 年 9 月 1 日起实施，标志着我国石油行业 HSE 管理体系步入了大范围的推广实施阶段。2011 年 1 月 9 日国家能源局发布 SY/T 6276—2010《石油天然气工业健康、安全与环境管理体系》代替 SY/T 6276—1997，并于 2011 年 5 月 1 日起实施。

随着我国 HSE 管理体系日渐完善，近十几年来，我国三大石油公司都根据各自的特点，先后颁布了本企业的 HSE 管理体系企业标准。

(一)中国石油天然气集团公司的 HSE 管理体系

中国石油天然气集团公司(以下简称“中石油”)从 1997 年即按照石油行业标准 SY/T 6276—1997《石油天然气工业健康、安全与环境管理体系》开始建立与实施 HSE 管理体系的系统工程。在 1999 年发布了《石油天然气集团公司 HSE 管理体系管理手册》，标志着中国石油 HSE 管理体系全面推行。目前在勘探开发、工程技术服务、炼化以及油品销售等各专业领域的石油企业都已全面实施 HSE 管理体系，在基层实施加强风险管理的“两书一表”(HSE

作业指导书、HSE 作业计划书、HSE 检查表)管理模式，并在实践过程中形成了一些具有中国石油特色的惯例和做法。

2007 年 8 月 20 日，中石油发布了最新的《健康、安全与环境管理体系　第 1 部分:规范》标准 Q/SY 1002.1—2007，该标准融合了职业健康安全管理体系(GB/T 28001—2001《职业健康安全管理体系规范》)和环境管理体系(GB/T 24001—2004《环境管理体系要求及使用指南》)的要素，拓展了 SY/T 6276—1997《石油天然气工业健康、安全与环境管理体系》已有技术内容。

2008 年，又相继起草发布了 Q/SY 1002.2—2008《健康、安全与环境管理体系　第 2 部分:实施指南》、Q/SY 1002.3—2008《健康、安全与环境管理体系　第 3 部分:审核指南》，为各级组织建立、实施、保持和改进 HSE 管理体系提供了方法指南。

(二)中国石油化工集团公司的 HSE 管理体系

中国石油化工集团公司(以下简称“中石化”)在 2001 年依据石油行业标准 SY/T 6276—1997《石油天然气工业健康、安全与环境管理体系》的基础上，制定发布了该公司的 HSE 管理体系规范标准 Q/SHS 0001.1—2001《中国石油化工集团公司安全、环境与健康(HSE)管理体系》，并按照炼油化工企业、油田勘探开发企业、施工企业、勘察设计企业等四个不同专业分别制定了 HSE 管理体系实施指南，并要求其所属企业建立和实施 HSE 管理体系。

(三)中国海洋石油总公司的 HSE 管理体系

中国海洋石油总公司(以下简称“中海油”)的 HSE 管理体系更多地体现了满足法规的要求。由于海洋石油的特点，海洋石油设施应按照国际海事组织的有关公约、规则、标准等运作。中海油根据国际海事组织 1993 年发布的《国际船舶安全营运和防止污染管理规则》(国际安全管理规则或称为 ISM 规则)所要求的实施安全(HSE)管理体系的要求，在 1997 年发布了《中国海洋石油总公司安全(HSE)管理体系原则及文件编制指南》，阐明有关 HSE 管理体系建立和实施的政策。2003 年，中海油总部编制了持续改进计划，促进各单位的体系执行。

目前，中海油参考 OGP(国际石油天然气生产者协会)和 API(美国石油学会)的有关 HSE 管理体系指南，进一步改进其体系，逐步形成以安全评价为基础的海洋石油作业 HSE 管理体系。

五、HSE 管理体系的基本原理

管理是指管理者根据目标要求，对职责范围内的事情进行的控制和处理，即管理者通过对管理对象的调查研究，形成决策和计划，确定要达到的目标，然后将可支配的资源(人力、物力、财力、设备、技术和时间等)以一定的方式组成一个有机的系统，对管理对象进行有效的控制。为了保证既定目标的实现，在控制过程中，还要经常注意内部和外部的信息传递、交换、反馈和控制及与外界环境的协调和相对平衡。通过这种控制，使控制对象按照人们所计划和决策的方向进行和发展并达到预定目标。

在企业管理中，必须把整个管理对象看成一个有机整体，建立起合理、科学和系统的管理体系，并有效地运行管理体系。

企业管理体系是企业各种控制的有机组合，它是由多个相对独立的要素有机地结合在一起构成的。在这个总体系下，可能有多个并存的管理体系，如财务管理体系、人事管理体系，以及质量管理体系(QMS)、安全管理体系(SMS)、环境管理体系(EMS)等。健康、安全和环境管理体系,简称为HSE管理体系,也是企业管理体系的一种。它将企业的健康(H)、安全(S)和环境(E)管理纳入了一个管理体系之中,体现了企业一体化管理思想。

戴明模式是质量管理体系、环境管理体系和HSE管理体系所依据的管理模式,该模式由"计划(Plan)、实施(Do)、检查(Check)和改进(Act)"四个阶段的循环组成,简称为PDCA循环模式,如图7-1所示。

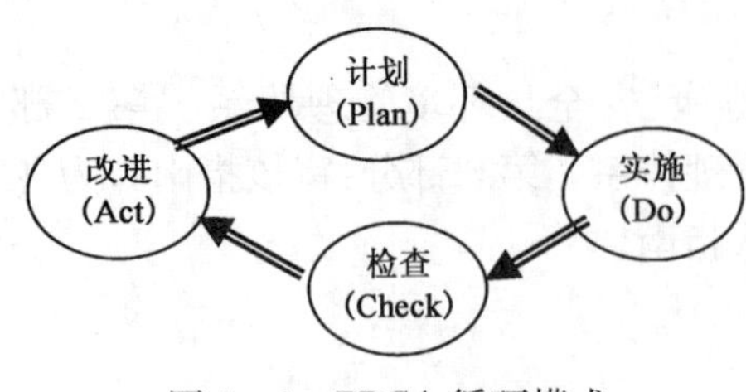

图7-1 PDCA循环模式

公司的企业管理过程是一个多层次的管理过程,既有平行的层次,也有垂直的层次,企业管理过程也按戴明管理模式的计划、实施、检查和改进链运转。各下属公司的企业过程,如调查、创意、设计、建造、生产、维护和结束或废弃等过程也按这样的模式运转,过程链的"Do"(即实施)部分通常是由多个过程和任务组成的。而每一个这样的过程或任务都有自己的计划、实施、检查和改进链。

HSE管理体系是企业整个管理体系的有机组成部分,它将健康、安全和环境三种密切相关的管理体系科学地结合在一起,并按图7-1所示的循环链运行。HSE管理体系为企业实现持续发展提供了一个结构化的运行机制,并为企业提供了一种不断改进HSE表现和实现既定目标的内部管理工具。

HSE管理体系是在企业现存的各种有效的健康、安全和环境管理组织结构、程序、过程和资源的基础上建立起来的,并按HSE管理体系标准的要求加以规范和补充,使之转化为体系的有机组成部分。HSE管理体系的建立不必一切从头开始。

HSE管理体系只是企业管理体系的一部分。企业往往有多个并存的管理体系,可能分属不同的部门操作,因此应通盘考虑此体系的组织、过程、程序和资源,尽量合理设置和共享共用,以简化内部各项管理工作的复杂程度,防止相互冲突,实现相互协调。

HSE管理体系要完全描述HSE企业过程链的所有活动和任务是不可能的,因此实现HSE有效管理的关键,是识别确定那些需要管理系统控制的HSE关键过程和活动,并进行重点控制。即HSE管理体系的主要作用就是在全面管理HSE事项的基础上,确定HSE的关键活动及其风险和影响,加强有效控制,预防事故的发生,将风险降低到合理实际并尽可能低的水平。

六、HSE管理体系标准

为了规范HSE管理体系的基本框架,1996年1月,ISO/EC67的SC6分委会发布了ISO/CD14690《石油天然气工业健康、安全与环境管理体系》(标准草案),它具有国际先进的健康、安全与环境管理模式,规定了建立、实施和保持健康、安全与环境管理所必需的要素和基本框架,目前世界上各大石油公司的HSE管理体系都是在该体系框架下建立的。

HSE管理体系标准规定了建立、实施和保持健康、安全与环境管理体系的基本要素,其作用是帮助公司和公司的相关方建立HSE管理体系,实现健康、安全与环境管理目标。SY/T 6276—1997《石油天然气工业健康、安全与环境管理体系》就是ISO/CD14690《石油天然气工业健康、安全与环境管理体系》(标准草案)的等同转化,是一个与国际标准接轨的HSE管理体系标准。要成功地建立和运行HSE管理体系,必须首先深刻理解HSE管理体系标准的基本要素。

由于HSE管理体系标准是一个建立HSE管理体系的框架，并未规定具体的指标和操作步骤，各企业在制定自己的管理体系时，必须结合本企业的具体要求，建立具体细则。HSE管理体系是企业按照健康、安全与环境管理体系标准，结合公司现有的管理方式和管理体系建立的对健康、安全和环境进行管理的体系，主要表现在：

(1)企业HSE管理体系应是按照HSE管理体系标准建立的，即企业的HSE管理体系必须包含管理体系标准的基本思想、基本要素和基本内容。

(2)HSE管理体系是由管理思想、制度和措施联系在一起构成的，这种联系不是简单的组合，而是一种有机的、相互关联和相互制约的联系。HSE管理体系是一个以领导对HSE方针和宏观目标的承诺为核心，以组织机构、资源和文件为支持，以防止事故和降低危害为重点，以持续改进为要求的体系。

(3)企业建立HSE管理体系不是要抛弃企业现存的一套可行和有效的管理方式和体系，而是要把它们有机地结合在一起，以便更好地发挥其作用。建立体系时，应充分考虑现有管理制度、管理方式，充分利用已有的管理体系，或现存的安全管理制度、环境管理制度等，尽可能地把相同的部分结合到一起，避免不必要的重复。

(4)在利用企业现有的管理方法和体系时，要特别注意和识别它与HSE管理体系之间的联系和区别，扬弃旧观念，赋予HSE管理新思想。

(5)考虑到管理体系的持续改进思想，管理体系标准也应不断改进和完善，应允许在保证体系的完整性、科学性和系统性的前提下，进行创新和进一步完善。

第二节　HSE管理体系要素解析

一、SY/T 6276—2010组成结构

为有效、深入地推进我国石油天然气工业的健康、安全与环境管理体系工作，实现健康、安全、环境管理与国际接轨和持续发展，提高石油天然气工业健康、安全、环境管理水平，促进石油企业在国际上的竞争力，特修订SY/T 6276—1997的内容，制定出SY/T 6276—2010《石油天然气工业健康、安全与环境管理体系》，并予以实施。

SY/T 6276—2010《石油天然气工业健康、安全与环境管理体系》参考了ISO/CD14693《石油天然气工业健康、安全与环境管理体系》、APIPublA《环境、健康和安全管理体系模式》，以及GB/T 24001—2004《环境管理体系　要求及使用指南》和GB/T 28001—2001《职业健康安全管理体系　要求》等有关标准的相关技术要求，充分考虑了体系要素的融合。

本节以SY/T 6276—2010《石油天然气工业健康、安全与环境管理体系》标准为依据，参照中国石油天然气集团公司《健康、安全与环境管理体系管理手册》，对管理体系标准的7个要素依次进行简要说明。

在对各要素进行说明之前，应特别指出：

(1)SY/T 6276—2010标准表述了建立、实施和保持健康、安全与环境管理体系所必需的要素，是一个全面的综合性管理框架。

(2)该体系标准的目的是为了帮助公司自身和相关方(如承包商和供应商)实现健康、安全与环境管理目标，而不是要取代公司现存的、有效和可行的管理方式和制度。

(3)本标准没有规定具体的表现准则，但建议公司在制定方针和目标时，要考虑公司的活动可能产生的显著危害和影响。

(4)该体系标准分为 7 个一级要素和多个二级要素，这样划分的目的是为了便于表达和理解，但实际上这些要素之间是紧密相关的，即一个要素有时可能涉及其他几个要素，任何一个要素的改变必须同时考虑对其他要素的影响，绝不能孤立地去理解各个要素。健康、安全与环境管理体系的 7 个一级要素和相应的二级要素见表 7－1。

表 7－1 健康、安全与环境管理体系要素

序 号	一 级 要 素	二 级 要 素
1	领导和承诺	—
2	健康、安全与环境方针	—
3	组织结构、资源和文件	组织结构和职责，管理者代表，资源，能力培训和意识，沟通和参与协商、文件、文件控制
4	策划	对危害因素辨识、风险评价和风险控制的策划，法律、法规和其他要求，目标和指标，管理方案
5	实施和运行	设施的完整性，承包方和(或)供应方，顾客和产品，社区和公共关系，作业许可，运行控制，变更管理，应急准备与响应
6	检查	绩效测量和监视，合规性评价，不符合、纠正和预防措施，事件、事故报告、调查和处理，记录控制，内部审核
7	管理评审	审核，评审

为了更好地理解 HSE 管理体系标准的各个要素，下面以持续改进的戴明模式，用图 7－2 将体系要素及相互关系表示出来，图中实线框部分为一级要素，虚线框部分为贯穿在其他各部分中的内容。

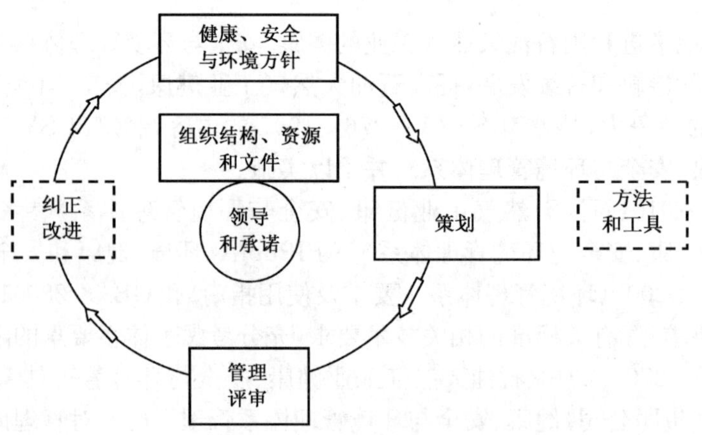

图 7－2 HSE 管理体系要素分析

(一)核心部分

领导和承诺是 HSE 管理体系的核心，承诺是 HSE 管理的基本要求和动力，自上而下的承诺和企业 HSE 文化的培育是体系成功实施的基础。

(二)支持条件部分

组织结构、资源和文件是HSE管理体系中的支持性条件。良好的HSE表现所需的组织结构和职责、资源和文件是体系实施和不断改进的支持条件,其包括7个二级要素。

以上两部分虽然也参与循环,但通常具有相对的稳定性,是做好HSE工作必不可少的重要条件,通常由高层管理者或相关管理人员制订和决定。

(三)循环链部分

HSE管理体系的循环链部分包括HSE方针、策划、实施和运行、检查以及管理评审。

HSE方针是对HSE管理的意向和原则的公开声明,体现组织对HSE的共同意图、行动原则和追求;策划是具体的HSE行动计划,包括了计划变更和应急反应计划,有4个二级要素;实施和运行是对HSE责任和活动的实施和监测,共有8个二级要素;检查是对HSE管理体系中各环节进行检测和监督,并在必要时对所采取的纠正措施进行检查,共有6个二级要素;管理评审是对体系、过程、程序的表现、效果及适应性的定期评价,有2个二级要素。而纠正和改进不作为单独要素列出,而是贯穿于循环过程的各要素中。

循环链是戴明模式的体现,企业的安全、健康和环境方针、目标都通过这一过程来实现。除HSE方针和战略目标由高层领导制定外,其他内容通常由企业的作业单位或生产单位为主体来制定和运行。

(四)辅助方法和工具

HSE体系中的辅助方法和工具是为有效实施管理体系而设计的一些分析、统计方法等。

由以上分析可以看出,各要素有一定的相对独立性,分别构成了核心、基础条件、循环链的各个环节,都是HSE管理体系必不可少的要素;各要素又是密切相关的,特别是计划、监测、改进和审核出现在多个要素中。因此,任何一个要素内容的变更必须考虑到对其他要素的影响,以保证体系的一致性;各要素都有深刻的内涵,大部分有多个二级要素,应深刻理解。

二、SY/T 6276—2010要素简析

(一)领导与承诺

[规范条款]

组织应明确各领导健康、安全与环境管理的责任,保障健康、安全与环境体系的建立与运行。最高管理者应对组织建立、实施、保持和持续改进健康、安全与环境管理体系提供强有力的领导和明确的承诺,建立和维护企业健康、安全与环境文化。各级领导应通过以下活动予以证实:

(1)遵守法律、法规及相关要求。

(2)制定健康、安全与环境方针。

(3)确保健康、安全与环境目标的制定和实现。

(4)主持管理评审。

(5)提供必要的资源。

(6)明确作用,分配职责和责任,授予权力,提供有效的健康、安全与环境管理。

(7)确保健康、安全与环境管理体系有效运行的其他活动。

领导和承诺是指企业自上而下的各级管理层的领导和承诺，是 HSE 管理体系的核心。高层管理者应对健康、安全与环境的责任和管理提供强有力的领导和明确的承诺，并保证将领导和承诺转化为必要的资源，以建立、实施和保持 HSE 管理体系和实现既定的方针和战略目标。组织应明确各级领导的 HSE 管理职责，以保障健康、安全与环境管理体系的建立和运行。通过领导承诺的贯彻，努力创建一种使承诺常驻全体员工心中的企业文化。中国石油天然气集团公司要求：企业的最高层管理者应对 HSE 管理提出明确的承诺，努力创造和维护良好的企业文化，以支持集团公司的 HSE 政策。

高级管理层的领导和承诺是 HSE 管理体系的核心，是体系运转的动力，对体系的建立、运行和保持具有十分重要的意义，管理者对健康、安全与环境管理负有重要的领导责任是不言而喻的。因为无论采用哪种类型的管理体系，如果离开管理者的领导和支持都会寸步难行。

各级主管领导都负有领导和动员全体员工来实现健康、安全与环境的目标和指标的责任，领导的作用是通过展示正确的 HSE 行为、通过确定 HSE 职责和义务、通过提供所需资源、通过考核和审核来不断改善公司的 HSE 表现。

(二)健康、安全与环境方针

[规范条款]

组织的最高管理者应确定和批准组织的健康、安全与环境方针，规定组织健康、安全与环境管理的原则和政策。健康、安全与环境方针应：

(1)包括对遵守法律、法规和其他要求的承诺，以及对持续改进和污染预防、事故预防的承诺等。

(2)适合于组织的活动、产品或服务的性质和规模以及健康、安全与环境风险。

(3)传达到所有在组织控制下工作的人员，旨在使其认识各自的健康、安全与环境方针一致，以提供设定和评审健康、安全与环境目标和指标的框架。

(4)形成文件，付诸实施并予以保持。

(5)可为相关方所获取。

(6)定期评审，以确保其与组织保持相关和适宜。

组织应建立健康、安全与环境战略(总)目标，并应与健康、安全与环境方针相一致，以提供设定和评审健康、安全与环境目标和指标的框架。

健康、安全与环境方针是组织在健康、安全与环境方面的努力方向和行动纲领，是健康、安全与环境管理的意图、行动的原则。改善 HSE 表现的目标，是体系建立和运行的依据和指南。健康、安全与环境管理是密不可分的整体，制定的 HSE 方针不应是相互独立的，而应是综合性的。中国石油天然气集团公司 HSE 管理的方针是“以人为本、预防为主、领导承诺、全员参与、体系管理、持续改进”；战略目标是“追求无事故、无伤害、无损失，努力向国际石油公司先进水平迈进”。

制定健康、安全与环境方针的意义在于：

(1)方针为企业确定了一个总的指导方向，是开展管理工作的指导思想和行为准则，它应体现在企业各层次的管理目标和计划之中。

(2)方针规定了企业在 HSE 管理中所追求的目标及为达到这一目标所遵循的方向和途径，是企业建立具体 HSE 目标和指标的基础方针和战略目标，由集团公司或下属公司的最高管理者制定和发布。方针和战略目标应形成文件,内容应简单明确和具有激励性。战略目标应高度概括高层管理者对 HSE 的要求和期望。

企业应该制定系列有效的程序,提供适用的设施和设备,以保证方针和目标的实现;企业应有一个完善的信息采集、跟踪调查、动态评审系统,以保证方针目标的符合性和有效性。

(三)组织机构、资源和文件

组织机构、资源和文件是体系运行的组织保障和物质基础,是保证 HSE 表现良好的必要条件,应努力实现在人员组织、资源管理和文件管理方面的优化配置,实施 HSE 责任管理,以获得良好的 HSE 表现。该要素包含 7 个二级要素,见表 7-2。

表 7-2 “组织机构、资源和文件”的二级要素

二级要素	要点
组织机构和职责	组织体系及各层次人员的具体职责和权限
管理者代表	管理者代表的职责和权限
资源	提供必要的资源,以完成 HSE 活动和任务
能力、培训和意识	从事 HSE 主要活动和任务的员工所必须具备的能力的考核及必要的培训
沟通、参与和协商	组织、承包商及合作者对 HSE 事务应持有的共同认识,信息交流
文件	以纸或电子等形式,建立和保持 HSE 管理体系文件
文件控制	控制文件的内容及文件的管理

组织机构是指企业管理系统负有 HSE 管理责任的部门和人员的构成及职责,是企业 HSE 管理体系的具体管理机构组织状况。资源主要指可供使用的人力、财力、物力、技术、设备等内部资源,是 HSE 管理体系建立和运行的重要物质保障。文件是于 HSE 管理体系在建立、运行和保持过程中所形成的各种文档,可以是书面的,也可以是电子的。

(四)策划

策划是落实 HSE 风险管理的重要内容,是实施 HSE 计划管理的重要方面。中国石油天然气集团公司 HSE 管理体系要求:HSE 策划是公司整体规划的一部分,应分层次围绕 HSE 目标和表现准则,通过危害和影响管理程序确定降低危害的措施,落实专门资金、必要的设备和资源,形成具有可操作性的规划。该要素包含 4 个二级要素,见表 7-3。

表 7-3 “策划”的二级要素

二级要素	要点
对危害因素辨识、风险评价和风险控制的策划	建立程序来辨识危害,依据法律、法规要求,对已确定的危害和影响进行评价,并进行风险管理
法律、法规和其他要求	获取组织应遵守的健康、安全与环境相关的法律、法规和要求
目标和指标	确定适合组织特点的风险管理的目标和指标
管理方案	确定并实施旨在实现健康、安全与环境管理目标的管理措施

评价和风险管理应该说是策划要素,也是 HSE 管理中最重要的一环,可分为四个阶段,如图 7-3 所示。

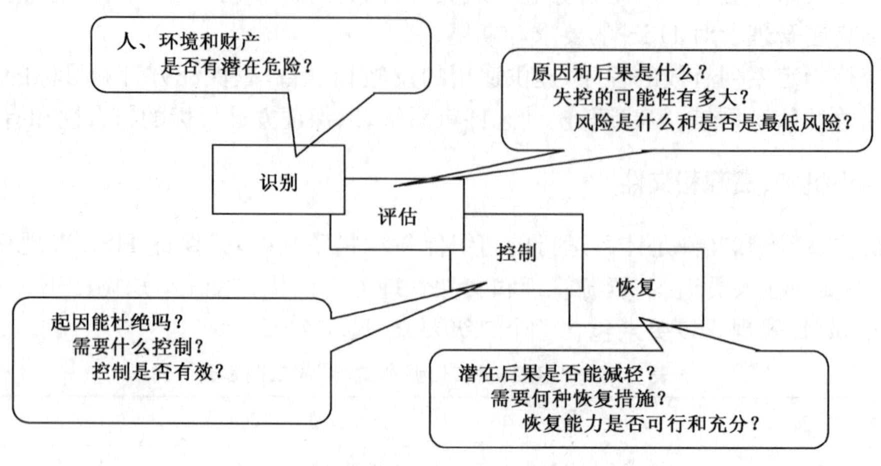

图 7-3　评价和风险管理的基本过程

(五)实施和运行

实施和运行是HSE管理体系实施的关键，是过程控制的体现。中国石油天然气集团公司HSE管理体系要求：员工和承包商在开始接触任何一项工作时，都必须熟悉相关的HSE控制措施，依据规划阶段所建立的程序、作业指南及相关的政策实施工作，并进行监测。该要素包含8个二级要素，见表7-4。

表 7-4　"实施和运行"的二级要素

二级要素	要　点
设施的完整性	工程或关键设施的设计、建造、采购、操作、维护和检查都应符合既定目标和规定的表现准则
承包方和(或)供应方	对承包方或供应方的HSE管理要求
顾客和产品	对提供服务和产品活动过程中的HSE风险控制
社区和公共关系	开展与社区的信息沟通，并取得社区对组织业务活动的支持
作业许可	对活动中的危害因素进行控制与管理
运行控制	各种情况引起的事故的调查
变更管理	对人员、设施、过程和程序等永久性或暂时性变化实施控制措施
应急准备与响应	对突发事件采取防范措施所制定的计划

(六)检查

检查主要负责监督和检查组织是否遵守了所在国家法律法规和工业标准、HSE管理绩效是否达到持续改进、各个岗位员工是否履行其HSE职责、风险是否得到有效控制以及组织的承诺与方针是否能够实现等一系列问题。HSE管理体系还为组织规定了三级监督机制，并为不符合的纠正、事故管理提出了要求。表7-5给出了该要素的6个二级要素。

表 7-5 “检查”的二级要素

二级要素	要点
绩效测量和监视	检测 HSE 表现情况，校准和维护所用到的检测设备，建立、保存响应记录
合规性评价	定期评价组织对法律、法规及其他要求的遵守情况
不符合、纠正和预防措施	不符合情况的确定和不符合的纠正、预防措施
事件、事故报告、调查和处理	记录、报告已经影响或正在影响 HSE 的各类事件、事故及其调查和处理
记录控制	建立并保持必要记录
内部审核	组织定期进行内部审核

(七)管理评审

管理评审是 HSE 管理体系的最后一环，是定期对 HSE 管理体系的表现、有效性和持续适用性所进行的评估，是体系持续改进的必要保证。中国石油天然气集团公司 HSE 管理体系要求：HSE 审核和评审是公司管理应履行的职责，所有现场和生产过程中实施的规范都应定期进行检验和审核，评价 HSE 管理标准和相关法规的遵守情况，提出持续改进的领域。该要素包含 2 个二级要素，见表 7-6。

表 7-6 “管理评审”的二级要素

二级要素	要点
审核	公司自行发起的内部审核或外部审核
评审	公司高层管理者对 HSE 管理体系及其表现的定期评审

第三节　城市燃气应急管理

一、应急救援的基本任务

事故应急救援是一项系统、综合的工作，既涉及科学、技术与管理，又涉及政策、法规和标准。

事故应急救援工作同样应坚持“安全第一、预防为主”的方针，立足防范。要在预防事故发生的前提下，贯彻统一指挥、分级负责、区域单位自救和社会救援相结合的原则。其中，预防工作是事故应急救援工作的基础，除了平时做好事故的预防工作，避免或减少事故的发生外，还应落实好救援工作的各项准备措施，做到有准备，一旦发生事故就能及时实施救援。重大事故所具有的发生突然、扩散迅速、危害范围广的特点，也决定了救援行动必须迅速、准确、有效。

事故应急救援包括事故单位自救和对事故单位以及事故单位周围危害区域的社会救援。其中，工程救援和医学救援是应急救援中最主要的两个方面。工程救援可以在故障、事故发生后，迅速采取相应的技术措施，控制、延缓事态发展，防止事故蔓延，争取抢救时间；医学救援则主要担当伤亡人员的专业救护工作，以最大限度地减少伤亡损失。统计资料表明，有效的应急系统可将事故损失降低到无应急系统的 6%。

事故应急救援的基本任务包括下述几个方面。

(1)组织营救受害人员，组织撤离或者采取其他措施保护危害区域内的其他人员。

抢救受害人员是应急救援的首要任务。在应急救援行动中，快速、有序、有效地实施现场急救与安全转送伤员是降低伤亡率、减少事故损失的关键。当事故发生时，应及时指导和组织群众采取各种措施进行自身防护，并迅速撤离出危险区域或可能受到危害的区域。在撤离过程中，应积极组织群众开展自救和互救工作。

(2)迅速控制危险源，并对事故造成的危害进行检验、监测，测定事故的危害区域、危害性质及危害程度。

迅速控制造成事故的危险源是应急救援工作的重要任务，只有及时控制危险源，防止事故继续扩展，才能及时有效地进行救援。特别对发生在城市或人口稠密地区的事故，应尽快组织工程抢险队与事故单位技术人员一起消除故障及事故，及时控制事故继续扩展。

(3)做好现场清洁，消除危害后果。

针对事故对人体、动植物、土壤、水源、空气造成的实际危害和可能的危害，迅速采取封闭、隔离、清洗等措施。对事故外溢的有毒有害物质和可能对人或环境继续造成危害的物质，应组织人员予以清除，消除危害后果，防止对人的继续危害和对环境的污染。必要时，应请求专业救援、防护单位参与清洁、消除工作。现场清洁、消除工作应及时、有效，拖延和隐瞒可能会引发进一步的危害。

(4)查清事故原因，评估危害程度。

事故发生后，应及时调查事故发生的原因和事故性质，评估事故的危害范围和危险程度，查明人员伤亡情况，作好事故调查。

事故现场处理完毕，不代表事故处理结束。查找、分析事故原因，有利于防止类似事故的再次发生；评估事故损失，明确事故责任，可以帮助企业及受影响人员办理保险理赔，确定事故性质。

二、燃气事故应急救援体系

《中华人民共和国安全生产法》第六十八条规定：县级以上地方各级人民政府应组织有关部门制定本行政区域内特大生产安全事故应急救援预案，建立应急救援体系。

事故应急救援是一项涉及面广、专业性很强的工作，仅靠某一个企业、一个部门是很难完成的，必须把相关各方面力量组织起来，建立应急救援体系。要在指挥部的统一指挥下，企业及安全、救护、公安、消防、环保、卫生及质检等部门密切配合，协同作战，迅速、有效地组织和实施应急救援，尽可能地避免和减少损失。

对于城市燃气事故，需要组织建立专业的救援，建立完整、合理的事故应急救援体系。在安全事故发生后，事故应急救援体系能保证事故应急救援组织的及时出动，并按照事前计划和现场情况，有针对性地采取救援措施，充分利用一切可能的力量，迅速控制事故发展并尽可能排除故障及事故，以防止事故的进一步扩大，将事故对人员、财产和环境的影响破坏减小到最低程度。

城市燃气应急救援应坚持分级负责，区域为主，单位自救与社会救援相结合的原则，充分利用现有的应急救援基础，完善工作体系，建立责任明确、反应灵敏、指挥有力、快速有效的事故应急救援系统。作为城市燃气生产和运营者，应急救援体系应该明确其应急响应组织和详细的响应方案，以完成灾情初期控制、事故报警、救援技术支持、后勤保障以及信息发布等；同时，该应急救援体系需要报政府应急救援办公室批准并备案，以提高协同性以及响应速度。

(一)应急救援体系的内容

1.组织体系

按照国务院关于各类突发事件原则上由当地政府负责处理的精神,一般事故应急救援体系设国家、省(自治区、直辖市)、市、县、企业5级应急救援组织体系,根据事故影响范围和事故后果的严重程度,分别由不同层次的应急救援指挥部门负责救援工作的组织实施。体系依托政府各部门在各级行政区域设立的组织系统,逐级实施领导管理,覆盖全境,责任明确,以适应事故点多、面广,救援工作应急性强,以当地救援为主的特点。县级以上人民政府应设立本辖区事故应急救援委员会,委员会由辖区政府主要领导和安全生产监督管理部门、公安、国防科工委、环保、卫生、交通、财政、邮政、劳动和社会保障等有关部门人员组成。

应急救援委员会的主要职责是:统一领导和协调本辖区内的事故应急救援工作;组织制定本辖区内事故应急救援工作的实施办法等规章;组织制定和实施本辖区事故应急救援计划;指导和协调本辖区重大事故应急救援,及时向上级相关部门汇报事故救援情况。

城市燃气生产和运营者负责企业级应急救援,其组织结构必须包括企业级应急指挥、现场预警、现场指挥、技术支持、应急物资支持、现场保障支持、应急联络;同时还可以有公共关系支持,以对公众和媒体进行信息发布;法律支持对应急行动、事故调查、保险理赔、信息发布等提供法律支持和建议。

2.技术支持体系

技术支持体系为安全管理、事故预防和应急救援提供技术和信息支持。

城市燃气事故技术支持体系包括信息技术支持体系,包括但不局限于场站的建设图纸、处理工艺图纸、火灾及爆炸危险区域设计、危险品储存位置、场站周边环境信息;现场救援技术支持体系,包括但不局限于场站消防人员配备、消防设施配备、关停设备的触发、固定式消防系统的触发;专家库系统等。

3.应急预案系统

各级人民政府负责制定、修订、实施各辖区内的事故应急救援预案,并建立各级事故应急救援预案系统;根据应急预案,定期组织演练。

城市燃气生产和运营企业应在总体应急预案的基础上,根据生产运营现状,有针对性地制定燃气事故专项预案,如中压燃气干管线路泄漏应急预案、压力调节失控应急预案、燃气用户户内泄漏应急预案、火灾应急预案以及爆炸应急预案等。对于总体应急预案和专项预案,都需要制定详细的演练计划,并定期按时组织演练,减小事故发生时的恐慌程度,提高应急反应效率。

4.培训机制

要定期对各级应急指挥人员、管理人员、现场救援人员、企业人员等进行专业培训,对普通民众、在校学生等进行应急知识培训,根据不同培训对象,采用不同的培训材料,进行内容不同的培训。

城市燃气生产运营企业者一般认为,其培训只能在企业内部进行,培训对象只能是现场救援和企业人员,其实好的培训计划和设计应能涉及高级管理人员、社会民众等。培训体系应该将培训的范围扩展到企业生产运营的整个责任区,包括燃气用户;培训形式可以多样化,如对公司领导,可以采用聘请外部专家以讲座的形式进行;对于政府应急部门,因本身就是专家,就需要以沟通交流的形式对事故应急进行分享；对于普通社会民众或者终端用户，可以采用场站参观、上门泄漏检测时进行简短式附带培训等；对于医院、学校等人口密度大的团体，可以灵活地开展讲座、竞赛等。总之，手段可以多样化，目的必须明确且能够完成。

5.法律法规体系

法律法规体系的完善是事故应急救援体系正常运转的基本保证，因此有必要制定不同行业的安全管理、事故应急救援等管理条例。通过条例的制定，建立明确的机构和经费管理机制，规定各方责任，可有效快速地处理事故，确保体系的安全正常运转。

综上所述，对于城市燃气系统，应急救援工作应在各地区人民政府统一领导下，由各市、县（区）燃气行政主管部门，与公安、卫生、消防、民政及燃气企业等多部门配合，及时沟通、密切合作，共同开展应急抢险救援工作。根据同级人民政府和建设厅的燃气重大安全事故应急救援预案及应急体系，建立本地区应急组织体系，由主要负责人担任抢险应急组织体系负责人，并设置应急办公室、专家组、协调组、应急救援组、设备保障组和警卫治安组等机构。

（二）应急组织机构及职责

现阶段我国各种形式的应急机构并存，尚未形成明确统一的、系统的组织形式。根据成立应急机构的部门划分，目前主要有以下几种形式：国家应急救援机构、地方应急救援机构、军队应急救援机构、工业主管部门应急救援机构、医疗部门应急救援机构、企业应急救援机构等。

专业化的应急救援组织机构是保证对事故及时进行专业救援的前提条件，可以有效地避免事故施救过程的盲目性，减少事故救援过程中的伤亡和损失，降低安全事故的救援成本。

尽管存在各种各样的组织机构，其规模、组织形式、职责和水平各有差异，但一般应具备以下构成：应急救援指挥中心、事故现场指挥机构、应急救援专业队伍、支持保障机构、信息管理机构及媒体机构等。

（1）应急救援指挥中心负责指挥协调本地区应急组织各个机构的运作和关系，运筹安排整个应急行动；拟定本地区重大安全事故应急工作制度，指导本地区建立完善应急组织体系和应急救援预案；及时了解掌握本地区安全状况，及时向同级人民政府和建设厅报告事故情况；指导和监督企业应急组织体系和应急预案的建立及落实情况；组织开展应急技术研究、应急知识宣传教育等。

（2）事故现场指挥机构负责事故现场应急的指挥工作，进行应急任务的分配和人员调度，保障应急资源和社会、企业资源的有效利用，指挥、决策现场的应急行动。

（3）应急救援专业队伍包括公安、卫生医疗、消防及其他应急服务机构，应按照各自的职权、职责和管辖范围做好应急救援工作；相关企业应具有专职抢修、抢险技术队伍，具体执行现场应急操作。

（4）支持保障机构提供应急物质资源和人员支持的后方保障。其中，人力资源包括应急救援专业技术人员、故障及事故控制及处理技术人员、事故专家委员会等；物资与设备资源包括抢修、抢险机具、个人防护装备的保障。

（5）信息管理机构负责事故应急所需的一切信息管理、信息服务，在计算机和网络技术的支持下，实现信息的快速传递及共享，为应急工作服务。

（6）媒体机构负责与新闻媒体接触，安排媒体报导、采访、新闻发布会等，以保障事故报道的客观真实、可信和及时，对事故单位、政府部门及公众负责。应尽可能正面报道，注重对公众的警示、引导和教育。

(三)燃气企业的应急组织与职责

燃气企业应根据国家有关法律法规的规定和所在地政府、燃气行政主管部门制定的燃气重大安全事故应急救援预案，结合本企业具体情况，制定燃气重大安全事故应急预案，健全抢险组织机构，成立专业应急抢险队伍，配备完善的抢修、抢险设备、交通通信工具，并定期组织演练，积极组织开展事故应急救援知识培训教育和宣传工作，出现燃气安全事故及时向所在地燃气行政主管部门报告，并立即进行抢险。

1. 燃气企业应急组织

1)应急组织机构

燃气企业应急组织机构由应急领导小组、应急救援办公室、现场应急指挥部和应急保障支持机构组成。其中，应急领导小组、应急救援办公室可作为常设机构；现场应急指挥部和应急保障支持机构可作为非常设机构，在应急状态下立即组成，由应急领导小组指挥，行使相应的职责。当发生重大事故时，以应急领导小组为基础，立即成立现场应急指挥部指挥和协调抢险救援工作。现场应急指挥部一般包括以下五个组成机构：现场抢险组、生产保障组、事故调查处理组、事故善后处理组以及综合组。表 7－7 为某企业的应急组织机构，从中可以看出，该应急组织机构基本包含了现场应急指挥部的所有职能，但还不是很完善，对于生产保障的界定不是太明确，对于应急职责的描述过于简单。完备的应急组织机构需要从企业的现状入手，将职责细致化、明确化，责任到个人，并能将个人的名字体现在组织机构中。随着人员的工作调动，需要对组织机构重新审核并对有应急职责变动的人员进行再培训。

表 7－7　某企业的应急组织机构

职位	责任单位、人员	职责	代理人
总指挥	总经理	事故应急行动的协调与决策	第一代理人：××× 第二代理人：×××
副总指挥	事件发生单位主管 副总经理	应急操作与通信联络	第一代理人：××× 第二代理人：×××
现场指挥	事件发生单位副经理	具体应急指挥	
指挥中心	调度中心主任、当班值班员	应急协调控制中心、信息支持	
技术支持	安全经理、主任工程师、安全员、技术员	应急行动技术支持、危险监控监督、事故调查	
应急物资支持	物资处	提供应急设备、器材，为紧急调拨、采购提供建议	
法律支持	法律顾问	为应急行动、事故调查、保险理赔、信息发布提供法律支持与建议	
公共关系代表	宣传部/党委办公室	公众与媒体联系与信息发布	
后勤保障	公司工会	协调医疗救护、后勤、行政管理，伤亡人员医疗事项及家属接待	

2)现场应急组织机构

现场建立应急组织机构，接受上一级应急领导小组的领导、指挥。现场应急组织机构一般由应急领导小组、生产调度组、现场抢险组、安全保卫组、后勤保障组和通信联络组组成。

2. 应急组织职责

1)领导小组职责

贯彻落实国家及地方有关安全生产事故预防和应急救援的规定；拟定燃气安全事故应急工作制度，制定燃气事故应急救援预案，建立和完善燃气重大事故应急救援组织体系网络；负责指挥、协调和组织燃气重大安全事故的应急救援工作；解决事故应急救援及调查处理工作中的问题，按照应急救援预案有效地开展工作，根据工作实际，检查应急救援预案的落实情况，及时地作出相应的决策；组织对重大燃气事故的调查处理，向上级机关报告事故情况并核发事故通报。

2)应急办公室职责

负责应急救援预案的日常协调工作，指导协调燃气行政主管部门和有关单位按照应急救援预案迅速开展抢险救灾工作，力争把损失减少到最低程度；对事故应急工作中发生的争议和问题提出紧急处理意见和建议，并根据预案实施过程中发生的变化和问题，及时对预案提出调整、修订、补充；指导有关单位做好稳定社会秩序和伤亡人员的善后及安抚工作；传达应急组织体系的各项指令，汇总报告事故情况。

3)协调组职责

负责了解事故发生的基本情况并及时向抢险应急领导小组报告；协调各处、室、办和城市有关部门开展应急救援工作；负责协调公安、消防、医疗救护等单位进行救援工作。

4)专家组职责

事故发生后，专家组应迅速赶赴事故现场，及时提出抢险技术方案；实事求是、公正准确地查清事故原因、性质和责任；总结事故教训，提出科学的、切实可行的整改措施，为领导小组决策提供科学依据。

5)后勤保障组职责

负责提供抢险人员的防护装备和其他所需物资；组织事故现场人员的撤离和受灾群众的安置，联系有关部门提供生活必需品。

三、燃气事故应急预案的编制

事故应急救援预案又称事故应急计划，是事故预防系统的重要组成部分。要保证应急救援系统的正常运行必须事先制定一个应急救援预案，国家在一系列法律、法规中明确要求，应按国家级、省级、城市级和企业级四个级别，分别编制应急救援预案。

事故应急救援预案是在认识危险、了解并评估事故发生的可能性的基础上，通过对事故后果的预测和估计，针对事故特点所制定的预防和应急处理对策，是为应对各种可能发生的事故所需的应急行动而制定的指导性文件。一般要针对具体设备、设施、场所或环境，在安全评价的基础上，根据可能的事故形式、发展过程、危害范围和破坏区域等，为降低事故损失，就事故发生后的应急救援机构、人员、救援的设施、设备、行动步骤和纲领等，预先作出的计划和安排，并编制事故应急救援预案文稿。

事故应急救援预案的总目标是控制紧急事件的发展并尽可能消除事故，将事故对人、财产和环境的损失减小到最低限度。通过安全事故应急救援预案的制定，可以总结本行政区、本行业生产工作的经验和教训，明确安全工作的重大问题和工作重点，提出预防事故的思路和办法。

制定城市燃气事故应急救援预案的目的是为了在发生事故时，能以最快的速度发挥应急资源的效能，有序地实施救援，尽快控制事态发展，降低事故造成的危害，减少事故损失。应急预案的科学性、实用性和权威性决定了应急预案的基本要素一般要包括下列内容：组织机构及其职责；危害辨识与风险评价；通报程序和报警系统；应急设备及设施；应急评价能力与资源；保护措施程序；信息发布与公众教育；事故后的恢复程序；培训与演练；应急预案的维护。通常企业编制事故应急预案应遵循以下步骤：成立预案编制小组；收集资料并进行初始评估；辨识危险源并评价风险；评价能力与资源；建立应急反应组织；选择合适类型的应急计划方案，编制各级应急预案及附属文件；讨论、审定、批准实施预案。

由于自然灾害或人为原因，当事故或灾害不可避免时，有效的应急救援行动是唯一可以抵御事故或灾害蔓延和减缓危害后果的有力措施。所以，如果在事故或灾害发生前建立完善的应急救援系统，制定周密的救援计划，在灾害发生时采取及时有效的应急救援行动，以及灾害后的系统恢复和善后处理，就可以拯救生命、保护财产、保护环境。

(一)事故应急救援预案的编写要求

(1)科学性事故应急救援预案的制定必须以科学的态度，实行领导与专家相结合的方式，全面的调查、科学的分析和论证，目的是制定出严密、完整和科学的应急预案。

(2)实用性事故应急处理预案应符合当地的客观情况，具有实用性，便于操作，起到准确、迅速控制事故的作用。

(3)权威性事故紧急救援工作是一项紧急状态下的应急性工作，所制定的应急救援预案应明确救援工作的管理体系，救援行动的组织指挥权限和各级救援组织的职责、任务等一系列的行政性管理规定，保证救援工作的统一指挥。制定完的应急救援预案应经上级部门批准后才能实施，保证预案具有一定的权威性和法律保障。

(二)事故应急救援预案的编制步骤

(1)成立预案编制小组机构。

(2)收集资料调查研究、收集法律、法规、事故及管理文件等资料，全面分析，对救援力量等进行调查。

(3)辨识危险源并评价风险对危险源、危险度等进行评估，也可以利用已有的安全评价报告。

(4)评价应急能力与资源对应急处置人员、设备、救援力量及资源、抢险及救护能力等进行评价，考查是否满足救援需要。

(5)建立应急反应组织将领导、管理部门、专家、应急救援人员及外部支持力量等协调、组织起来，建立应急反应队伍。

(6)选择合适类型的应急计划方案针对不同系统、场所，分别制订应急计划，明确责任及工作范围、应急措施等。

(7)各级应急预案编写、完成应急预案，并应组织相关部门、专家等进行评议，完善预案。

(三)事故应急救援预案的主要内容

根据《中华人民共和国突发事件应对法》和《危险化学品事故应急救援预案编制导则(单位版)》，燃气事故应急救援预案编制主要包括以下内容：

1)基本情况

主要包括单位的地址、经济性质、从业人数、隶属关系、主要产品、产量(或储量)等内容,周边区域的单位、社区、重要基础设施、道路情况。燃气运输单位运输车辆情况及主要的运输产品、运量、运地、行车路线等内容。

2)危险目标、危险特性及对周围的影响

为确定危险目标、危险特性及其对周围的影响,需确认可能发生的事故类型、地点;确定事故影响范围及可能影响的人数;按所需应急反应的级别,划分事故严重度。此外,还需对城市燃气事故危险性进行科学的预测。关于危险源辨识和危险性评估,应以定性和定量的方法作出风险评估。

通常危害发生的可能性分为:不常发生(一年以上发生一次);有时发生(一月以上、一年以内至少发生一次);经常发生(一月以内至少发生一次)。按照法规的规定或企业以往的惯例,将事故中人员伤害和财产损失的大小分为一般、严重和重大等级别。

结合危害发生的频率和严重程度可以对事故危害性作出分析,见表7-8;并根据事故危险性进行事故应急响应等级划分,见表7-9。

表7-8　某燃气公司事故危险性预测表

级别	类别	出现原因	严重性	易发性	可能后果
一般应急事件	中压分配管穿孔、低压管道断裂或穿孔,调压设施或户内燃气设施轻微泄漏	外力破坏、腐蚀、设备老化、维修不良、密封垫老化	轻度	经常	长时间漏气有引起火灾、爆炸的可能
严重应急事件	中压分配管断裂、中压干管穿孔,户内违章、调压设施或户内燃气设施大量泄漏	外力破坏、腐蚀、设备老化、维修不良、密封垫老化	较严重	有时	已发生火灾、爆炸,影响供气
重大应急事件	中压干管断裂或穿孔较大,超压供气、调压设施或户内燃气设施严重泄漏	外力破坏、腐蚀、设备老化、维修不良、密封垫老化、操作失误	严重	不常	燃气泄漏严重、冲坏燃气表,易发生火灾、爆炸,后果严重,影响供气范围巨大

表7-9　某燃气事故应急响应等级表

响应等级	一级	二级	三级
泄漏程度	中压干管管道断裂或穿孔较大、户内燃气设施严重泄漏	中压分配管断裂、中压干管穿孔、户内燃气设施大量泄漏	中压分配管穿孔、低压管道断裂或穿孔、户内燃气设施轻微泄漏
泄漏现象	距泄漏点一定范围,就能闻到浓烈的天然气中的加臭剂味	无需仪器检测,现场就能闻到气味	用仪器检测或地面积水能观察到有漏气
对周围影响	在漏点周围相当范围,已形成爆炸性混合气体,采取相当范围的火警警戒	在漏点周围的空间已经形成爆炸性气体,采取现场火警警戒	在漏气处可能形成爆炸性混合气体
对供气的影响	需大面积停气,紧急疏散非抢修人员,报火警,采取公司应急抢修手段才能处理	需局部停气,采取公司级应急抢修手段,6至24小时才能处理完毕	小面积停气,或采取措施后可避开用气高峰处理
应急等级	重大	严重	一般

3)危险目标周围可利用的安全、消防、个体防护的设备、器材及其分布

明确可用于应急救援的设施,如办公室、通信设备、应急物资等;列出有关部门,如企业现

场、武警、消防、卫生、防疫等部门可用的应急设备;描述与有关医疗机构的关系,如急救站、医院、救护队等;描述可用的危险监测设备;列出可用的个体防护装备(如呼吸器、防护服等);列出与有关机构签订的互援协议。

4)应急救援组织机构、组织人员和职责划分

组织机构及其职责明确应急反应组织机构、参加单位、人员及其作用;明确应急反应总负责人,以及每一具体行动的负责人;列出本区域以外能提供援助的有关机构;明确政府和企业在事故应急中各自的职责。

5)报警、通信联络方式

确定现场24小时的通告、报警方式,如电话、警报器等;确定24小时与政府主管部门的通信、联络方式,以便应急指挥和疏散居民;明确相互认可的通告、报警形式和内容(避免误解);明确应急反应人员向外求援的方式;明确向公众报警的标准、方式、信号等;明确应急反应指挥中心怎样保证有关人员理解和对应急报警反应。

6)事故发生后应采取的处理措施

这部分应该是应急救援预案的主要内容,需要根据危险目标的危险性以及对周围的影响,现有消防、救援设施等,燃气生产运营工艺条件等,制定出详细、可行的操作步骤,一般以流程图形式为佳。图7-4为某管道公司应急预案中处理措施节选。

7)人员紧急疏散、撤离

明确可授权发布疏散居民指令的负责人;描述决定是否采取保护措施的程序;明确负责执行和核实疏散居民(包括通告、运输、交通管制、警戒)的机构;描述对特殊设施和人群的安全保护措施(如学校、幼儿园、残疾人等);描述疏散居民的接收中心或避难场所;描述决定终止保护措施的方法。

8)危险区的隔离

发生事故后,到达现场的先遣队应在确定的危险区域范围内的主要交通路口,设立警示标志,禁止一切无关人员、车辆等进入危险区域。在空阔地带采取设置绳索、警戒带,撒白灰等方式设置警戒线。隔离的工作可以请求公安、交通等部门完成。

地方政府部门到达现场后,应协助作好现场的隔离工作。根据实际情况,对周围的公路、干道、人行道等进行封闭。必要时,与事发地周围存在的通信、电力、铁路等公共设施所有单位联系,启动其相应的应急预案。

9)检测、抢险、救援及控制措施

针对不同的事故从技术上制定详细的抢修方案,如天然气管道泄漏的检测方法、措施,发现泄漏后如何进行截断、防空,着火时如何防止回火,如何控制火势,火灾成功扑灭后如何进行维修及设备更换等。这部分内容主要以附件内容存在于燃气事故应急预案中,并且要具有针对性。

10)人员现场救护、救治与医院救治

针对人员的中毒防护、中毒人员的看护、火灾受伤人员的现场急救等作出详细计划,计划中应该包括中毒预防的措施、看护人员职责、伤员的急救及送医流程,还应该包括急救设备的配备和使用细则。现场急救的重要性大于医院。

11)现场保护

明确现场保护负责人,制定现场保护计划。现场保护包括事故第一现场的影音记录和事故影响范围的控制。事故发生时,现场保护负责人能第一时间对现场情况进行客观、形象地记

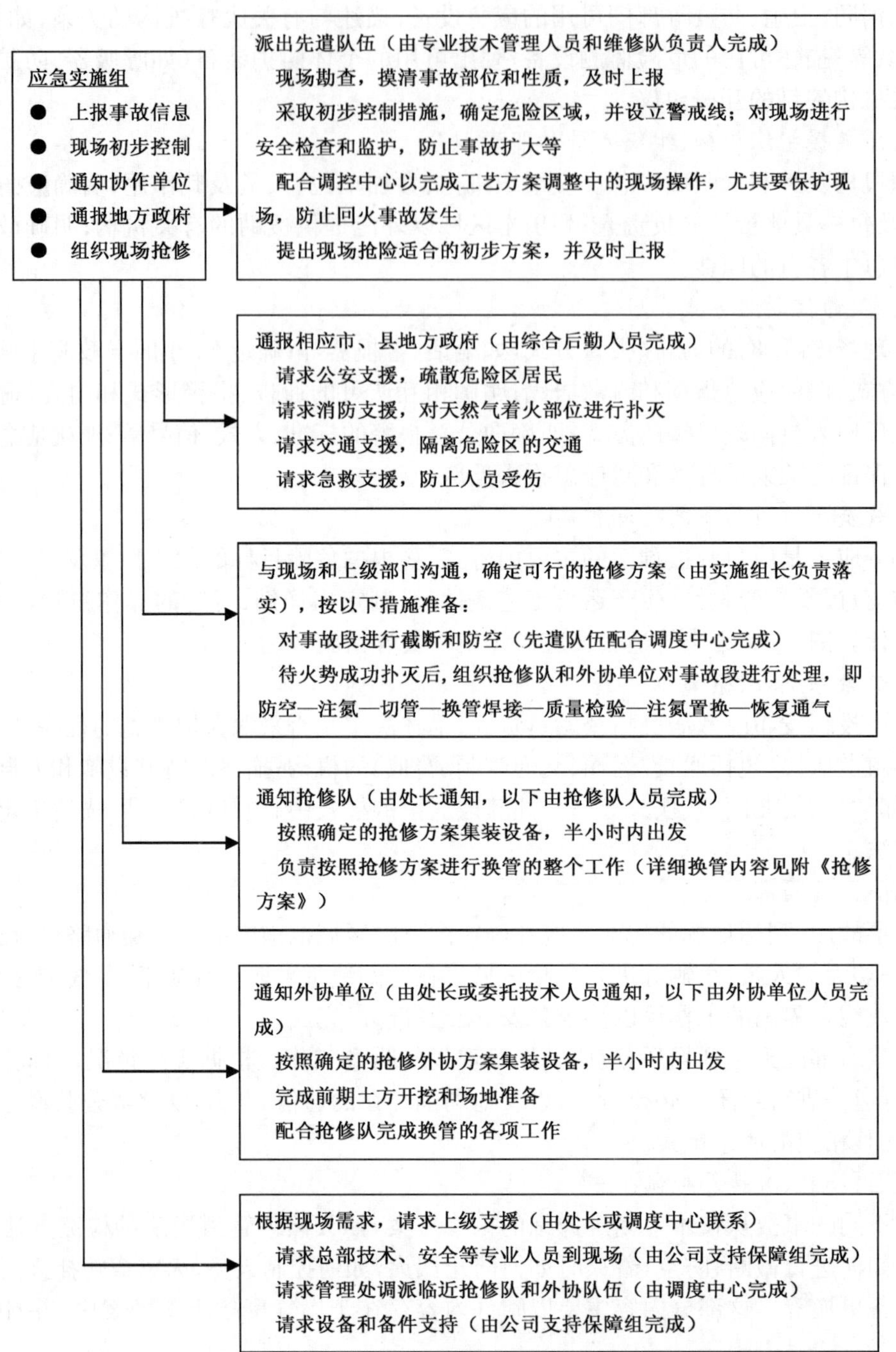

图 7－4　某管道公司输气管道泄漏引发火灾、爆炸事故的处理措施

录，并汇报给应急指挥中心，以便于以后的事故调查和新闻发布，同时控制、封锁、隔离现场，保证无关人员不再进入，避免意外事故的发生。现场保护负责人可以是先遣队伍的负责人或指定记录员等。

12）应急救援保护

明确决定各项应急事件的危险程度的负责人；描述评价危险程度的程序；描述评估小组的

能力;描述评价危险所使用的监测设备;确定外援的专业人员。

13)预案分级响应条件

根据事故危险性分析,制定详细的事故预案分级。准确的预案分级能提高事故救援的效率。

14)事故应急预案终止程序

事故后的恢复程序明确决定终止应急、恢复正常秩序的负责人;描述确保不会发生未授权而进入事故现场的措施;描述宣布应急取消的程序;描述恢复正常状态的程序;描述连续检测受影响区域的方法;描述调查、记录、评估应急反应的方法。

15)应急培训与演练计划

对应急人员进行培训,并确保合格者上岗;描述每年培训、演练计划;描述定期检查应急计划的情况;描述通信系统检测频度和程度;描述进行公众通告测试的频度和程度并评价其效果;描述对现场应急人员进行培训和更新安全宣传材料的频度和程度。

16)附件

包括组织机构名单、值班联系电话、应急救援人员联系电话、外部救援单位联系电话、政府有关部门联系电话、本单位平面布置图、消防设施配置图、周边区域道路交通示意图与交通管制图、疏散路线图、周边区域的单位与社区等重要基础设施分布图、供水供电单位联系方式等。

四、应急预案的培训及演练

由于重大燃气事故往往突然发生,扰乱正常的生产、工作和生活秩序,如果事先没有制定事故应急救援预案,会由于慌张、混乱而无法实施有效的抢救措施;若事先的准备不充分,可能发生应急人员不能及时到位、延误人员抢救和事故控制、甚至导致事故扩大等情况。事故发生前制定各种事故、特别是重大事故的应急方案,可以避免这些现象。但要做到事故突发时能准确、及时地采用应急处理程序和方法,快速反应、处理事故或将事故消灭在萌芽状态,还必须对事故应急预案进行培训和演练,使各级应急机构的指挥人员、抢险队伍、企业职工了解和熟悉事故应急的要求和自己的职责。只有做到这一步,才能在紧急状况时采用预案中制定的抢险和救援方式,及时、有效、正确地实施现场抢险和救援措施,最大限度地减少人员伤亡和财产损失。

(一)应急预案培训及演练的目的

(1)测试应急预案和操作程序的充分程度。

(2)测试紧急装置、设备及物质资源的供应情况。

(3)提高现场内、外应急部门的协调能力。

(4)判别和改正应急预案的缺陷。

(5)提高企业员工及公众的应急意识。

(二)应急预案培训

1. 应急培训的范围

(1)政府主管部门的培训。

(2)社区居民的培训。

(3)企业全员的培训。

(4)应急救援队伍的培训。

应制定应急培训计划，采用各种教学手段和方式，如自学、讲课、办培训班等，加强对各有关人员抢险救援的培训，以提高事故应急处理能力。

2.应急培训的主要内容

应急培训的主要内容包括法规、条例和标准、安全知识、各级应急预案、抢险维修方案、本岗位专业知识、应急救护技能、风险识别与控制、基本知识、案例分析等。

根据培训人员层次不同，教育的内容要有不同的侧重点。

1)安全法规

法规教育是应急培训的核心之一，也是安全教育的重要组成部分。通过教育使应急人员在思想上牢固树立法制观念，明确"有法必依，照章办事"的原则。

2)安全卫生知识

主要包括火灾、爆炸基本理论及其简要预防措施；识别重大危险源及其危害的基本特征：重大危险源及其临界值的概念；化学毒物进入人体的途径及控制其扩散的方法；中毒、窒息的判断及救护等。

3)安全技术与抢修技术

在实际操作中，将所学到的知识运用到抢修工作中，进行安全操作、事故控制抢修、抢险工具的操作和应用、消防器材的使用等。

4)应急救援预案的主要内容

使全体职工了解应急预案的基本内容和程序，明确自己在应急过程中的职责和任务，这是保证应急救援预案能快速启动、顺利实施的关键环节。

3.企业应急培训的对象

1)企业领导和管理人员

企业领导和管理人员要负责企业的安全生产，负责制定和修订企业的事故应急预案，在应急状况下组织指挥抢险救援工作。因此，其培训的重点应放在执行国家方针、政策；严格贯彻安全生产责任制；落实规章制度、标准等方面。

2)企业全体职工

目前，燃气企业的职工中有正式员工、劳务工、属地用工和临时用工等多种成员。由于员工的素质参差不齐，生产技术水平和安全知识、安全技术水平有高有低，必须加强培训，以提高应急反应能力。

对企业职工培训的重点在于树立法律意识，遵章守纪；应急预案的基本内容和程序；严格执行安全操作规程；与燃气有关的安全技术；自救和互救的常识和基本技能等。

所有的员工都应通过培训，熟悉并了解自己工作所在的岗位的应急预案的内容，知道启动应急预案后自己所承担的相应职责和工作，从而能够在实际操作中，应用所学到的知识，提高安全生产操作和处理、控制事故的技能。

3)应急抢险人员

专职应急抢险人员是发生事故时应急抢险的主力军，因此要大力加强技术培训工作。抢险人员要熟悉应急预案每一个步骤和自己的职责，切实做到临危不乱，人人出手过硬。对应急抢险人员培训的主要内容包括：熟悉应急预案的全部内容，各种情况的维修和抢险方案；熟练掌握本单位或部门在应急救援过程中所应用器具、装备的使用及维护，掌握和了解重大危害及事故的控制系统；了解有关安全生产方面的规章制度、操作规程、安全常识；掌握应急救援过程中的自身安全防护知识、防护器具的正确使用；了解本企业所辖的管道线路、场站、阀室、附属设施及周边自然和社会环境的相关信息；能够进行事故案例分析等。

应急抢险人员需要进行定期培训、定期考核，注重培训实效。

4）一般民众

由于各地区的社会、经济和自然环境的条件不同，居民的安全知识和防灾避险意识差异也很大。特别是刚刚开始使用燃气的地区，更需要加强安全宣传教育，使群众了解和掌握一旦发生燃气泄漏等险情后，可能发生的事故和可能引发的次生灾害；了解有关避险方法及逃生技能等。同时，应公布燃气专用报警电话，或与公安的“110”、消防的“119”等建立联动系统，保证一旦发生了险情，当地居民能立即报警，并知道怎样进行紧急疏散和撤离。

4. 应急培训的要求

需要对企业所有员工进行应急预案相应知识的培训，应急预案中应规定每年每人应进行培训的时间和方式，定期进行培训考核。考核应由上级主管部门和企业的人事管理部门负责。学习和考核的情况应有记录，并作为企业管理考核的内容之一。

（三）应急预案的演练

为了保证事故发生时，应急救援组织机构的各部门能够熟练、有效地开展应急救援工作，应定期进行针对不同事故类型的应急救援演练，不断提高实战能力。同时在演练实战过程中，应总结经验，发现不足，并对演练方案和应急救援预案进行充实、完善。

1. 事故应急救援演练的重要性

通过演练，可以检查应急抢险队伍应付可能发生的各种紧急情况的适应性以及各职能部门、各专业人员之间相互支援及协调的程度；检验应急救援指挥部的应急能力，包括组织指挥专业抢险队救援的能力和组织群众应急响应的能力。通过演练，可以证实应急救援预案是可行的，从而增强全体职工承担应急救援任务的信心。应急救援演练对每个参加演练的成员来说，是一次全面的应急救援练习，通过练习可以提高技术及业务能力。

通过演练，还可以发现应急预案中存在的问题，为修正预案提供实际资料，尤其是通过演练后的讲评、总结，可以暴露预案中未曾考虑到的问题和找出改正建议，是提高预案质量的重要步骤。

2. 事故应急救援演练的形式

事故应急救援演练一般可分为室内演练和现场演练两种。

室内演练又称组织指挥演练，它是偏重于研究性质的，主要由指挥部的领导和指挥、生产、通信等部门以及救援专业队队长组成的指挥系统，在各级职能机关、部门的统一领导下，按一定的目的和要求，以室内组织指挥的形式，演练组织各级应急机构实施应急救援任务。室内演练的规模，根据任务要求可以是综合性的，也可以是单一项目的演练，或者是几个项目联合演练。

现场演练即事故模拟实地演练，根据其任务要求和规模又可分为单项训练、部分演练和综合演练三种。

3. 事故应急救援演练的组织

不论演练规模的大小，一般都要有两部分人员组成：一是事故应急救援的演练者，占演练人员的绝大多数，从指挥员至参加应急救援的每一个专业队成员都应该是现职人员，将来可能与事故应急救援有直接关系者；二是考核评价者，即事故应急救援方面的专家或专家组，对演练的每一个程序进行考核评价。进行事故应急救援模拟演练之前应做好准备工作，演练后考核人员与演练者共同进行讲评和总结。不同的演练课目，担任主要任务的人员最好分别承担多个角色，从而能使更多的人得到实际锻炼。

组织工作主要包括：事故应急救援模拟演练的准备工作；针对演练事故类型，选择合适的模拟演练地段；针对演练事故类型，组织相关人员编制详细的演练方案；根据编制好的演练方案，组织参加演练人员进行学习；筹备好演练所需物资装备，对演练场所进行适当布置；提前邀请地方相关部门及本行业上级部门相关人员参加演练并提出建议。

4.编制演练方案应注意的问题

演练项目的内容是根据演练的目的决定的。把需要达到的目的通过演练过程，逐步进行检查、考核来完成的。因此，如何将这些待检查的项目有机地融入模拟事故中是演练方案编制的第一步。为使模拟事故的情况设置逼真而又可分项检查，需要考虑如下几个问题：

(1)事故细节。描述事故的发生有其自身潜在的不安全因素，在某种条件下由某一因素触发而形成，或者是由此形成连锁影响，从而造成更大、更严重的事故。对事故发生和发展、扩大的原因及过程要进行简要的描述，使演练参加者可以据此来理解和叙述执行该种事故的应急救援任务和相应的防护行动。

(2)日程安排。演练时间安排基本应按真实事故的条件进行。但在特殊情况下，也不排除对时间的压缩和延伸，可根据演练的需要安排合适的时间。演练日程安排后，一般要事先通知有关单位和参加演练的个人，以利于做好充分的准备。

(3)演练条件。演练最好选择比较不利的条件，如在夜间，能够说明问题的气象条件下，高温、低温等较严峻的自然环境下进行演练。但在准备不够充分或演练人员素质较低的情况下，为了检验预案的可行性或为了提高演练人员的技术水平，也可选择条件较好的环境进行演练。

(4)安全措施。现场模拟演练要在绝对安全的条件下进行，如安全警戒与隔离、交通控制、防护措施，消防、抢险演练等的安全保障都必须认真、细致地考虑。演练时，要在其影响范围内告知该地区的居民，以免引起不必要的惊慌，要求居民做到的事项要各家各户地通知到每个人。

5.事故应急救援模拟演练的考核与总结

事故应急救援预案通过实践考验，证实该预案切实可行后才能有效地实施。因此，演练中应由专家和考评人员对每个演练程序进行考核与评价。演练后要根据评价的意见进行认真的总结，找出问题并提出修改建议。修改意见要经过进一步的验证，认为确实需要修正的内容，要在最短的时间内修正完毕，并报上级批准。

6.事故应急救援模拟演练的时间

一般应根据事故应急救援预案的级别、种类的不同，对演练的频度、范围等提出不同要求。企业内部的演练可以与生产、运行及安全检查等各项工作结合起来，统筹安排。

(四)应急预案的评估和维护

对应急预案应进行定期评价或评审，特别是在进行了演练和实战后，应及时对应急预案的效果进行评价，并及时进行修改。

一般要求如下：

（1）明确应急预案更新、维护的管理机构和负责人；

（2）明确定期更新和修订应急预案的方法和程序；

（3）根据演练结果完善应急计划。

五、应急预案的启动和终止

（一）应急预案的启动

启动应急预案的程序包括：人员通告，应急指挥中心的启用，现场通信、联络，场外通信、联络，救援设备和技术支持、公众和媒体信息发布、应急级别的确定等。

在任何燃气事故下，24 小时值班人员与应急控制人员、当班操作人员应组成最初应急组织，开展最初应急行动，还应描述最初应急者或最早到达现场的应急控制人员在最初几分钟里需观察、探测、了解的情况，包括紧急情况或事故的类别、危险物质的种类、泄漏、燃烧的位置、估计数量、密封系统的状况、容器损坏的数量和类型，事故影响范围和扩展的可能性，人员伤亡、财产损失情况，是否需要 110、119、120 机构援助及请求的判断标准，如何再次报告等。第一批到达现场的人员根据现场情况，对事故进行初步评估，确定事故是一般、严重或者重大事故。

一旦事故识别并确认，根据事故危险性，立即启动事故应急预案。应急领导小组负责按事故分类分别启动相应的应急预案。如果有人员受伤、失踪或困在建筑物中，就要启动搜救和营救行动，一方面由现场指挥负责组织人员进行营救，请求上级公司医务队进行紧急救护，且报告 120 及 110 进行救援；现场指挥部根据现场情况制订方案，组织人员进行疏散，根据现场区域、重点保护区域建立现场警戒区。对于需要地方支援的事故，应向地方应急组织说明事故发生的地点、事故现场状况、现场即时处理措施等，并说明需要救援的内容，如政府部门现场紧急协调、公安部门紧急围控（安全警戒）和协助居民疏散、消防紧急布控（消防人员数量、消防车类型、人员救护所需设施等的增援）、医护现场救护、交通管制区域及方位等。

（二）应急预案的终止

只有在下述几方面的工作完成之后，才能确定事故应急救援工作的结束：

（1）事故段已经完全恢复，生产及运营设施已经完全恢复正常，终端供气平稳；

（2）事故现场已经基本清理，无漏气和明火，不会对周围环境和人员造成危害；

（3）事故处理完毕，不会对下一步生产运营造成影响或危害。

事故应急救援工作结束后，应对现场进行检测，确认造成事故的各方面因素，以及事故引发的危险因素和有害因素已经达到规定的安全条件，由事故应急领导小组下达终止事故应急预案的指令，通知政府相关部门、上下游企业和用户、附近居民，并完成对修复工程的评估验收，对周围环境进行修复。

◇ 思考题 ◇

1. 什么是 HSE 管理体系？建立和实施 HSE 管理体系的意义？

2. SY/T 6276—2010《石油天然气工业健康、安全与环境管理体系》标准是有哪些要素构成的？请用戴明模式表示它们之间的逻辑关系。

3. 事故应急救援的基本任务是什么？

4. 事故应急救援体系有哪些主要内容？

参 考 文 献

［1］ 中国石油天然气集团公司 HSE 指导委员会. 健康、安全与环境管理体系基础知识. 北京：石油工业出版社，2001.

［2］ Q/CNPC 47—2001 健康、安全与环境管理体系规范.

［3］ SY/T 6272—2010 石油天然气工业健康、安全与环境管理体系.

［4］ 谷丰. 安全生产管理知识. 北京：中国电力出版社，2008.

［5］ 国家安全生产监督管理总局. 安全评价. 北京：煤炭工业出版社，2005.

［6］ 詹淑慧，杨光. 城镇燃气安全管理. 北京，中国建筑工业出版社，2007.

［7］ 董国永，赵朝成. 健康、安全与环境管理体系培训教程，北京：石油工业出版社，2000.

［8］ 戴路. 燃气供应与安全管理. 北京：中国建筑工业出版社，2008.

附录一　A 市城市燃气事故应急预案

1　总则

燃气作为一种清洁、高效的能源，日益广泛地运用于炊事、采暖、制冷、发电、车用以及空调、洗衣、烘干等多个领域，与公众的生活密切相关。同时，随着燃气的广泛运用，在城市中也分布着各类燃气设施，尤其是地下燃气管网，基本覆盖了本市的城区范围。而燃气属于易燃易爆物质，一旦出现燃气无法正常供应或者发生燃气突发事件，将直接影响城市正常运行和人们的生活，威胁社会公共安全和公共利益。因此，必须建立健全燃气突发事件应对机制，做到对燃气供应与使用中可能或正在发生的突发事件早发现、早报告、早处置、早解决。

1.1　指导思想

以邓小平理论和“三个代表”重要思想为指导，牢固树立和落实科学发展观，以构建和谐社会为宗旨，以科学合理供气、保障首都安全用气为出发点，以维护社会稳定为目的，建立“统一指挥、属地管理，以人为本、专业处置，增强意识、预防为主”的燃气突发事件应急体系，全面提高本市应对燃气突发事件的能力。

1.2　编制目的

为及时、有效、妥善地处置本市燃气突发事件，保护人民生命财产安全，并确保在处置过程中能够充分、合理地利用各种资源，建立政府、行业及企业间社会分工明确、责任到位、优势互补、常备不懈的应急体系，提高本市燃气行业防灾、减灾及确保安全稳定供气的综合管理能力和抗风险能力，特制定本预案。

1.3　编制依据

根据《中华人民共和国突发事件应对法》、《中华人民共和国安全生产法》、《危险化学品管理条例》、《生产安全事故报告和调查处理条例》、《城市供气系统重大事故应急预案》等国家法律法规、预案和《A 市安全生产条例》、《A 市燃气管理条例》、《A 市突发公共事件总体应急预案》、《A 市应急委员会工作规则》、《A 市突发公共事件信息管理暂行办法》和《A 市突发公共事件应急预案管理暂行办法》等地方性法规、预案和办法，结合本市燃气工作实际，制定本预案。

1.4　基本原则

1.4.1　“统一指挥，属地管理”原则

为确保本预案的实施，特别是在应对较大以上级别燃气事件的处置中，包括市政府各部门、各区县政府、燃气供应单位等相关单位，都应在市委、市政府的统一领导下和市城市公共设施事故应急指挥部的指挥下，做到明确职责、加强协调、密切配合、信息共享、形成合力。同时，根据事故的地点、影响范围、危害程度，按照专业管理及属地管理的原则和响应程序分区、分级

进行处置，属地政府全力协调配合。

1.4.2 “以人为本，专业处置”原则

在突发事件处置过程中，应坚持以“人民生命财产高于一切”为前提，以尽可能控制事件影响范围，最短时间有效处置事件为目标。在应急响应过程中，燃气供应单位应做到及时发现、准确判断、迅速报告，同时按照本单位应急预案的要求做好先期处置工作，避免事态进一步扩大。当需要启动高一级的应急响应时，应服从上一级指挥机构的统一指挥。属地政府应及时掌握事件影响范围及可能造成的危害程度，协助燃气供应单位快速处置事件，并积极采取有效措施减少突发事件对社会生活的影响。

1.4.3 “增强意识，预防为主”原则

本市燃气行业各有关部门和单位要将预防、预警机制与应急处置有机结合起来，把应急管理的各项工作落实在日常管理中，通过开展全面的风险评估工作，掌握本市燃气风险源的分布，增强燃气供应单位和管理部门对燃气突发事件的预警能力，采取有效措施，及时发现并解决可能引发事件的各种隐患，提高防范水平，力争防止重大燃气事件的发生；要加强对燃气供应单位、用户的宣传工作，提高全民安全用气意识；随时做好处置重大燃气突发事件的一切准备工作；定期或不定期地对各种预案进行演练，做好各种应急准备工作。

1.5 适用范围

本预案适用于本市行政区域内所有与燃气供应及使用有关的突发事件。

1.6 事件等级

根据本市燃气供应和使用情况，按照事件所在燃气供应系统的压力等级、影响的用户性质及数量、事件发生地区对社会造成的危害程度等方面因素，将燃气突发事件等级由高到低划分为特别重大（Ⅰ级）、重大（Ⅱ级）、较大（Ⅲ级）、一般（Ⅳ级）四个级别。

1.6.1 特别重大燃气事件（Ⅰ级）

符合下列条件之一的，为特别重大燃气事件：

(1)长输燃气管线市内部分、城市门站及高压 B(2.5MPa$\geqslant p \geqslant$1.6MPa)以上级别的供气系统、输配站、液化天然气储备基地、液化石油气储备基地发生燃气火灾、爆炸或发生燃气泄漏事故，或导致 30 人以上死亡，或 100 人以上重伤，或造成 1 亿元以上直接经济损失，严重影响燃气供应和危及公共安全。

(2)供气系统发生突发事件，造成 3 万户以上居民连续停止供气 24 小时(或以上)。

(3)燃气突发事件引发的次生灾害，造成铁路、高速公路运输长时间中断，或造成供电、通信、供水、供热等系统无法正常运转，使城市基础设施全面瘫痪。

1.6.2 重大燃气事件（Ⅱ级）

符合下列条件之一的，为重大燃气事件：

(1)次高压以上级别的天然气供应系统、压缩天然气供应站、液化天然气供应站、液化石油气储罐站、液化石油气管网(包括气化或混气方式的供气系统)、瓶装液化气供应站、车用燃气加气站等燃气供应系统及用于燃气运输的特种车辆发生燃气火灾、爆炸或发生燃气泄漏，或导致 10 人以上 30 人以下死亡，或者 50 人以上 100 人以下重伤，或造成 5000 万元以上 1 亿元以下直接经济损失，严重影响局部地区燃气供应和危及公共安全。

(2)供气系统发生突发事件，导致本市大部分地区燃气设施超压运行，且严重影响用户安全用气；或造成1万户以上，3万户以下居民连续停止供气24小时以上；高等院校的公共食堂连续停气24小时以上。

(3)全市天然气供应系统的高压B级管网(2.5MPa≥p≥1.6MPa)出现压力异常，当压力低于1.0MPa时或压力低于1.2MPa在2小时内未恢复正常；液化气储量连续两天低于3000吨。

(4)城市气源或供气系统中燃气组分发生变化，导致无法满足终端用户设备正常使用。

(5)燃气突发事件的次生灾害严重影响到其他市政设施正常使用，并使局部地区瘫痪。

(6)事件发生在重要会议代表驻地、使馆区等敏感部位，可能造成重大国际影响。

(7)造成夏季供电高峰期的燃气电厂停气或供暖期间本市各大集中供热厂停气。

1.6.3　较大燃气事件(Ⅲ级)

符合下列条件之一的，为较大燃气事件：

(1)各级燃气供应系统发生火灾、爆炸导致3人以上10人以下死亡，或者10人以上50人以下重伤，或造成直接经济损失1000万元以上5000万元以下，影响到局部地区燃气供应和危及公共安全，且燃气供应单位通过启动本单位应急预案能够及时处置的。

(2)供气系统发生突发事件，导致本市局部地区燃气设施超压运行，且影响用户安全用气；或造成停气影响的居民用户数量在1000以上10000户以下，且时间在24小时以上。

(3)根据气象预报，未来3天内持续高温或低温，且经过预测3天内的全市天然气日用气负荷均高于上游供气单位日指定计划的5%；全市液化气储量连续3天低于5000吨。

(4)发生在城市主干道上，造成交通中断。

(5)供暖期间造成居民采暖锅炉停气，形成较大供热事件。

(6)在大型公共建筑或人群聚集区，如广场、车站、医院、机场、大型商场超市、重要活动现场、重要会议代表驻地及本市重点防火单位和地区等发生燃气泄漏、火灾、爆炸，造成人员伤亡。

1.6.4　一般燃气事件(Ⅳ级)

符合下列条件之一的，为一般燃气事件：

(1)各级燃气供应系统发生燃气泄漏导致3人以下死亡，或者10人以下重伤，或者造成1000万元以下直接经济损失，影响区域燃气供应和危及公共安全，但燃气供应单位通过启动本单位应急预案能够及时处置的事件。

(2)燃气供气系统发生突发事件，导致本市一定区域内燃气设施超压运行，但未影响用户安全用气的；停气影响1000户以下居民，且24小时内无法恢复，或影响1000户以下居民采暖2小时以上。

2　组织机构与职责

2.1　指挥机构及其职责

在市应急委的领导下，由市城市公共设施事故应急指挥部负责本市燃气突发事件的应对工作。

城市公共设施事故应急指挥部由总指挥、副总指挥和成员单位组成。总指挥由市政府分管副市长担任，负责本市燃气突发事件的领导工作，对全市燃气突发事件应急工作统一指挥。副总指挥由市政府分管副秘书长和市市政管委主任担任。

城市公共设施事故应急指挥部应对燃气突发事件的职责包括：

(1)研究本市应对燃气突发事件的政策措施和指导意见；

(2)负责指挥本市特别重大、重大燃气突发事件的具体应对工作，指导、检查区县开展较大、一般燃气突发事件的应对工作；

(3)分析总结本市燃气突发事件应对工作，制定工作规划和年度工作计划，落实燃气应急保障资金；

(4)负责城市公共设施事故应急指挥部所属专业应急救援队伍的建设和管理；

(5)承担市应急委交办的其他工作。

2.2 办事机构及其职责

城市公共设施事故应急指挥部下设办公室作为常设办事机构，办公室主任由市市政管委主任担任。根据市城市公共设施事故应急指挥部的指示，市城市公共设施事故应急指挥部办公室负责组织、协调、指导、检查本市燃气突发事件的预防和应对工作，并负责具体处置工作。

主要职责包括：

(1)组织落实市城市公共设施事故应急指挥部决定，协调、调动成员单位应对本市燃气突发事件相关工作；

(2)负责协调燃气气源供应保障；

(3)收集、分析和上报有关燃气突发事件信息；

(4)具体负责按程序成立市燃气突发事件应急现场指挥部的相关工作；

(5)负责提出特大、重大燃气突发事件应急处置和抢险救援实施方案；

(6)负责本市燃气事故隐患排查和应急资源管理工作；

(7)负责联系燃气专家顾问组，针对燃气突发事件应急处置和抢险救援提出相应意见；

(8)组织制定(修订)本市燃气突发事件应急预案，指导区县燃气突发事件应急预案的制定、修订和实施；

(9)协调、指导区县政府和燃气供应单位开展燃气突发事件应急处置工作。监督、检查区县政府和燃气供应单位的相关工作；

(10)负责发布和解除蓝色、黄色预警信息，向市应急办提出发布和解除橙色、红色燃气预警信息的建议；

(11)组织排查并协调消除燃气突发事件的事故隐患；

(12)分析总结本市燃气突发事件应急处置工作；

(13)组织建立燃气应急救助体系；

(14)组织建立市级燃气应急队伍、应急指挥技术支撑系统；

(15)开展本市燃气突发事件应急演练、宣传教育和培训工作；

(16)其他与燃气突发事件相关的应急管理工作。

2.3 成员单位及其职责

(1)市委宣传部：按照有关规定，负责组织指导相关单位对较大以上燃气突发事件的新闻发布和宣传报道工作。组织市属新闻单位进行燃气安全知识宣传。

(2)市发展改革委:在突发燃气事故时,负责组织协调电力企业做好电力应急保障及电力系统抢险救援工作。负责承办市城市公共设施事故应急指挥部涉及电力应急保障的其他工作。

(3)市教委:负责安排各高等学校、中等专业学校的教学、作息时间,配合实施燃气供应方案。中小学校等若发生燃气突发事件由相关区县政府应急指挥机构统一指挥处置,重大问题由市教委向市城市公共设施事故应急指挥部办公室报告,给予协调。

(4)市公安局:负责燃气突发事件区域的安全保卫工作,维护现场秩序和社会公共秩序。负责协助燃气专业应急救援队进入现场处置事件。遵照市城市公共设施事故应急指挥部的指令负责协助组织群众疏散,如有必要,协助组织群众进入紧急避险场所,并维护公共秩序。负责组织指挥排爆、案件侦破等工作。发生燃气泄漏等紧急情况时,燃气供应单位必须采取紧急避险措施的,公安机关应当配合燃气供应单位实施入户抢险、抢修作业。

(5)市民政局:负责在特别重大、重大燃气突发事件预警或发生特大、重大燃气突发事件中,配合地方政府做好受灾群众的转移安置工作。负责组织、发放灾民生活救济款物,妥善安排受灾群众的基本生活。

(6)市财政局:为燃气突发事件应对工作提供资金保障,并对资金的使用和效果进行监管和评估。

(7)市建委:负责燃气突发事件中涉及建筑工程方面的抢险工作。

(8)市政管委:具体负责市城市公共设施事故应急指挥部燃气突发事件的预防和应对工作。负责燃气供应系统的运行调度、资源调配、技术支持等相关工作。

(9)市交通委:负责在燃气突发事件中组织协调有关部门做好交通运输保障工作;负责在燃气突发事件中组织协调有关部门恢复本市市管道路、公路、桥梁的抢修与恢复。

(10)市水务局:负责组织抢修与恢复在燃气突发事件中损坏的有关供水、排水等市政管线、设施。负责与河湖水政管理有关的协调工作。

(11)市商务局:负责组织商业燃气用户配合实施燃气应急供应方案。

(12)市卫生局:负责组织A市急救中心(120)和各医院,开展受伤人员现场救治和伤员转院治疗工作。负责燃气突发事件区域的卫生防疫工作。

(13)市质量技术监督局:负责组织或参与压力容器、压力管道等特种设备的抢险和事故调查与处置相关工作。

(14)市安全生产监督管理局:参与燃气突发事件中较大及以上生产安全事故的调查工作,负责燃气突发事件中生产安全事故的信息上报、统计工作。

(15)市旅游局:负责协调旅游星级饭店,配合实施燃气应急供应方案。

(16)市政府外办(市政府港澳办):负责协调燃气突发事件中涉及港澳及外国人员的应急处置工作。

(17)市城管执法局:负责对危害燃气设施安全、违反规定使用燃气等的行为进行查处。

(18)市公安局公安交通管理局:负责燃气突发事件现场及周边道路的交通维护疏导工作。依据现场燃气浓度监测结果,按照现场指挥部确定的警戒范围,采取临时交通管制措施,同时保证救援车辆顺利通行。

(19)市公安局消防局:配合燃气应急救援队实施灭火工作,(在对泄漏燃气进行喷水稀释时应听取专业抢险人员的意见),对燃气突发事件中的被困人员进行救助,并配合燃气供应单位的工程技术人员进行现场侦检及市燃气应急救援队进行器具堵漏、冷却抑爆、关阀断源等工作。

(20)武警A市总队:根据燃气突发事件应急处置和抢险救援实施需要,协助完成抢险救援、现场警戒任务。

(21)市通信管理局:负责组织实施在燃气突发事件中受损通信系统的应急恢复,并为抢险救援指挥系统提供通信保障。

(22)市气象局:组织管理本市行政区域内针对燃气突发事件的气象探测资料的汇总、分发;组织对重大灾害性天气的联合监测、预报工作,及时提出气象灾害防御措施;组织燃气突发事件现场应急观测,提供燃气扩散模拟结果,为决策提供依据。

(23)A市电力公司:负责组织实施在燃气突发事件中引发电力系统事故的抢险救援。为抢险救援及其指挥系统提供用电保障。根据燃气泄漏事故大小和扩散范围,组织相应范围内电力系统的停电及事后恢复工作。

(24)中国石油天然气股份有限公司:负责天然气长输管线安全运行、维护及应急抢险工作。负责调度气源保证城市管网安全压力。协助市燃气供应单位的天然气调度工作。提供相关抢险技术及施工支持。

(25)A市热力集团公司等供热用气单位:制定供气中断情况下的应急供暖计划,配合实施天然气供气计划,提出用气建议。

(26)A市燃气集团公司:负责组建市燃气突发事件应急救援队。负责调度气量平衡,保证供应。负责指挥一般突发事件的应急处置工作。紧急状态下,听从政府指令采取紧急停供措施。负责组织实施辖区内的燃气突发事件现场先期应急处置,协助有关部门实施抢险救援。必要时支援辖区外燃气突发事件抢险救援。作为市政府处置燃气突发事件应急救援队伍及燃气供应接管单位,随时听从政府的调遣。

(27)燃气供应单位(不包括市燃气集团):制定本单位的燃气突发事件应急预案。负责根据本单位经营规模和供气方式组建相应的应急救援队伍。负责按照预案等级处置相应的突发事件。负责组织实施供应区域燃气突发事件先期应急处置。协助有关部门实施非供应区域的抢险救援工作。

(28)各有关区县政府:按照燃气供应属地管理原则,负责保障本辖区燃气安全稳定供应。协调解决供、用气纠纷。制定本辖区相应的燃气突发事件应急预案,负责组织处置一般燃气突发事件,负责协助处置较大以上燃气突发事件,并负责燃气突发事件处置过程的属地保障和善后工作。必要时组织群众疏散,特殊情况下组织群众进入紧急避难场所,避免次生灾害事件发生。

2.4 专家顾问组及其职责

市城市公共设施事故应急指挥部聘请燃气相关专业以及应急救援方面的专家组成专家顾问组,主要职责是为应急抢险指挥调度等重大决策提供指导与建议;协助制定应急抢险方案,对燃气突发事件的发生和发展趋势、抢险救援方案、应急处置方法、灾害损失和恢复方案等进行研究、评估,并提出相关建议。

2.5 现场指挥部组成及其职责

2.5.1 现场指挥部职责

市城市公共设施事故应急指挥部根据需要成立现场指挥部,职责包括:

(1)负责按照各级指挥机构相应的处置程序对燃气突发事件进行应急处置指挥工作；

(2)在应急救援工作中，负责统一协调各成员单位，制定救援抢险方案；

(3)负责协调有关部门组织调配抢险力量，解决抢险当中遇到的重大问题；

(4)负责及时向市城市公共设施事故应急指挥部办公室报告事故情况及应急处置、抢险救援情况；

(5)负责启动和结束应急处置程序。

2.5.2　现场指挥部组成

根据事故等级确定现场指挥部总指挥人选。现场指挥部可由抢险指挥组、社会面控制组、后勤保障组、医疗救护组、宣传信息组、事故调查组和专家顾问组等组成。

3　预测预警

3.1　监测与预测

3.1.1　在市城市公共设施事故应急指挥部的领导下，由市政管委牵头，建立政府部门、燃气供应单位、用户间的信息交流平台，充分利用各种资源优势，搜集、分析各种对燃气供应系统可能产生不利影响的信息，并相互传递与研究分析。

(1)实施对上游燃气供应企业和市内各燃气供应单位以及用气企业生产日报、月报的监控，实现实时监测本市供气动态以及预测燃气资源的供需平衡情况。

(2)对企业的安全管理情况进行监督检查，实施燃气安全供应状况的监测。

(3)建立燃气突发事件信息库，对已发生的各类事件进行记录，将分析和总结的结果存入信息库，并以此为基础不断完善各项安全生产管理制度及应急预案。

(4)加强重大节假日、重要社会活动、灾害性气候和冬季保高峰供应期间的预测预警工作，建立和健全各类信息报告制度，不断提高应急保障管理水平。

3.1.2　各区县燃气主管部门要与各燃气供应单位保持联络畅通，与街道办事处、乡(镇)政府保持密切联系，随时了解掌握供气情况和动态。

3.1.3　燃气供应单位应建立健全燃气供应系统的日常数据监测、设备维护、安全检查等各项生产管理制度；建立用气预测、系统改造等相关信息数据库，必要时将重要信息上报至市城市公共设施事故应急指挥部。对本行业、本地区以外其他渠道传递来的信息，应密切关注，提前做好应急准备。

3.2　预警级别

根据本市燃气供应短缺可能对用户及社会造成影响的严重程度，本市建立燃气供应四级预警指标体系，由低到高分别用蓝色、黄色、橙色、红色四种颜色表示，并分别采用不同预防对策。

3.2.1　蓝色预警

(1)根据气象预报，未来3天内持续高温或低温，且经过预测3天内的日用气负荷均高于上游供气单位日指定计划的5%；

(2)液化气储量连续3天低于5000吨。

3.2.2　黄色预警

(1)本市高压B级管网($2.5\text{MPa} \geqslant p \geqslant 1.6\text{MPa}$)出现压力异常，当压力低于1.0MPa时或

压力低于 1.2MPa 在 2 小时内未恢复正常；

(2)液化气储量连续两天低于 3000 吨。

3.2.3　橙色预警

(1)本市高压 B 级管网(2.5MPa≥p≥1.6MPa)出现压力异常，当压力降至 0.8MPa 以下；

(2)液化气储量低于 2000 吨。

3.2.4　红色预警

(1)当高压 B 级管网(2.5MPa≥p≥1.6MPa)出现压力异常，当压力降至 0.6MPa 以下；

(2)液化气储量低于 1000 吨并造成大面积脱销。

3.3　预警的发布、解除和变更

3.3.1　预警发布和解除

(1)蓝色和黄色预警：燃气供应单位在 1 小时内正式报告市城市公共设施事故应急指挥部办公室，由市城市公共设施事故应急指挥部办公室组织对外发布和解除，并报市应急办备案。

(2)橙色预警：燃气供应单位在半小时内正式报告市城市公共设施事故应急指挥部办公室，由市城市公共设施事故应急指挥部负责确认预警，提出发布橙色预警建议，报告市应急办，经主管副市长批准后，由市应急办或授权市城市公共设施事故应急指挥部办公室负责发布和解除。

(3)红色预警：燃气供应单位立即正式报市城市公共设施事故应急指挥部办公室，由市城市公共设施事故应急指挥部负责确认预警，并提出发布红色预警建议，报市应急办，经市应急委主要领导批准后由市应急办或授权市城市公共设施事故应急指挥部办公室负责发布和解除。

3.3.2　预警变更

根据本市燃气供应短缺可能对用户及社会造成影响的严重程度的变化，燃气供应单位应适时向市城市公共设施事故应急指挥部办公室提出调整预警级别的建议；市城市公共设施事故应急指挥部办公室依据事态变化情况，适时向市应急办提出调整橙色、红色预警级别的建议。

3.4　预警响应

3.4.1　蓝色预警响应

市城市公共设施事故应急指挥部办公室与气象部门建立会商机制，保证预测数据的准确性；与中国石油天然气股份有限公司协商，调整供用气计划，尽可能满足本市需求。

3.4.2　黄色预警响应

(1)市城市公共设施事故应急指挥部办公室做好启动预案的准备工作。燃气供应单位密切监控气量、压力和气温变化，加强值班调度，随时报告情况。

(2)若压力异常是由供气方造成的，应随时与供气方保持联系；若压力异常是由用气方设施造成的，应随时与抢修单位保持联系，并掌握恢复供气时间。

(3)通知大型燃气用户准备停运，随时做好应急准备工作。

3.4.3 橙色预警响应

(1)市城市公共设施事故应急指挥部办公室在接到启动预警响应的同时,启动燃气供应应急处置体系。

(2)通过各种渠道通知可能受到影响的用户,将采取限量供应措施,请相关用户做好停供准备。各工业用户、采暖制冷用户,做好限量用气的准备。

(3)通知属地区县政府,做好居民宣传工作。

3.4.4 红色预警响应

(1)市城市公共设施事故应急指挥部办公室在接到启动预警响应命令的同时,启动一级响应和燃气供应应急处置体系,协调指挥本市所有燃气用户做好限量供应的准备;关闭部分采暖锅炉,限制工业用户用气量,同时通知所有工业、采暖用户做好全面停气的准备。

(2)新闻单位加强相关宣传,对燃气供应形势和工作情况进行报道;广大市民做好采取紧急措施的准备。

4 应急响应

4.1 基本响应

当确认燃气突发事件已经发生时,属地区县政府和市、区县城市公共设施事故应急机构应立即做出应急响应,按照“统一指挥、属地管理、专业处置”的要求,指挥协调各部门开展先期处置。在事件发生的初期,由燃气供应单位快速处置,并将处置情况上报市城市公共设施事故应急指挥部办公室。

4.2 分级响应

4.2.1 一般事件的应急响应(Ⅳ级)

发生一般燃气突发事件时,由区县政府和燃气供应单位按照区县和本单位相关应急预案自行处置并上报处置情况。燃气供应单位没有能力单独处置和控制时,可请求相关区县应急办或市城市公共设施事故应急指挥部办公室协调。

4.2.2 较大事件的应急响应(Ⅲ级)

发生较大燃气突发事件时,由市城市公共设施事故应急指挥部或区县政府负责启动Ⅲ级应急响应,市城市公共设施事故应急指挥部办公室或属地区县政府协调相关区县燃气主管部门及燃气供应单位,成立现场指挥部。市城市公共设施事故应急指挥部办公室根据现场情况协调相关成员单位参与现场抢险工作。

4.2.3 重大事件(Ⅱ级)的应急响应

发生重大燃气突发事件时,市城市公共设施事故应急指挥部办公室报市应急办,启动Ⅱ级响应。成立由相关成员单位和事发区县政府组成的现场指挥部,根据现场情况调度相关成员单位参与现场抢险。

4.2.4 特别重大事件(Ⅰ级)的应急响应

发生特大燃气突发事件时,市城市公共设施事故应急指挥部办公室报市应急办,由市城市公共设施事故应急指挥部启动Ⅰ级响应。成立由相关成员单位和事发区县政府组成的现场指挥部，制定应急处置方案，组织实施应急处置工作。

4.3 扩大应急

当燃气突发事件造成的危害程度已十分严重，超出本市自身控制能力，需要国家有关部门或其他省区市提供援助和支持时，依据《A市突发公共事件总体应急预案》有关规定，及时向国务院报告情况，请求国务院给予支援。

4.4 响应结束

4.4.1 当燃气突发事件处置工作基本完成，次生、衍生等事件危害被基本消除，应急响应工作即告结束。

4.4.2 一般或较大燃气突发事件，由区县政府或市城市公共设施事故应急指挥部确定应急响应结束。

4.4.3 重大和特别重大燃气突发事件，由市城市公共设施事故应急指挥部或市应急办审核，报请总指挥或市应急委主要领导批准后宣布应急响应结束。应急响应结束后，应及时通过新闻媒体向社会发布有关消息。

5 信息管理

5.1 信息报告要求

除已经发生燃气突发事件外，出现下列情况时，各区县政府及燃气供应单位应立即分析判断影响正常供气的可能性，并立即将事件可能发生的时间、地点、性质、影响程度、影响时间以及应对措施报市城市公共设施事故应急指挥部办公室，市城市公共设施事故应急指挥部办公室核实情况后，上报市应急办。

(1)因供气设施、设备发生故障可能影响正常供气；

(2)因燃气资源出现短缺可能影响正常供气；

(3)因供电、供水、通讯系统发生故障可能影响正常供气；

(4)因发现事故隐患可能影响正常供气；

(5)因其他自然灾害可能影响正常供气。

5.2 信息报告程序

5.2.1 一般燃气突发事件信息报告程序按日常值守程序执行。

5.2.2 较大以上燃气突发事件发生后，燃气供应单位和属地区县政府应立即向市城市公共设施事故应急指挥部办公室报告，详细信息最迟不得超过1小时。

5.2.3 发生在敏感地区、敏感时间或事件本身敏感的燃气突发事件信息的报送，不受分级标准限制，要立即上报市城市公共设施事故应急指挥部办公室，并由市城市公共设施事故应急指挥部办公室立即报市应急办。

5.2.4 首报

(1)燃气供应单位到达突发事件现场后，立即口头将情况报市城市公共设施事故应急指挥部办公室，负责核实情况并根据事态进行分析判断。

(2)市城市公共设施事故应急指挥部办公室接到报告后，根据事态情况分析判断。属一般事件的，督促、指导相关区县政府和燃气供应单位进行处置，并备案。

(3)较大程度以上事件的，市城市公共设施事故应急指挥部办公室应立即报市应急办，详细信息不晚于事件发生后2小时上报。同时，市城市公共设施事故应急指挥部办公室组织协调属地区县政府、燃气供应单位和成员单位的应急队伍，做好应急处置工作，同时协调有关单位作好抢修配合工作。

5.2.5 续报

燃气供应单位和属地政府根据事件过程，将事件发生、发展、处置结果等相关情况分阶段逐级向市公共设施事故应急指挥部办公室报告，市城市公共设施事故应急指挥部办公室接到分阶段事件报告后核实并视情况上报市应急办。

5.2.6 总报

(1)燃气供应单位和属地政府在事件处置完毕后24小时内，将事件处置结果及事件情况分析正式报市城市公共设施事故应急指挥部办公室。

(2)市城市公共设施事故应急指挥部办公室审核后立即报市应急办备案。

5.2.7 燃气突发事件中涉及的生产安全事故，应在事故发生后立即上报所在区县安全生产监督管理局，必要时可直接上报市安全生产监督管理局。

5.3 信息报告内容

5.3.1 首报内容

应明确事件发生的时间、地点、原因、事件类别、损失情况和影响范围、发展趋势、初期处置控制措施等信息。

5.3.2 续报内容

应包括事件发展趋势、人员治疗与伤情变化情况、事故原因、已经造成的损失或准备采取的处置措施。

5.3.3 总报内容

应包括事件处理结果、整改情况等。

5.4 信息发布和新闻报道

5.4.1 燃气突发事件的信息发布和新闻报道工作，应遵照国家相关法律法规等文件规定执行。

5.4.2 发生一般燃气突发事件，由市城市公共设施事故应急指挥部或属地区县政府成立宣传信息组，统一组织新闻发布工作。发生较大以上燃气突发事件的信息发布和新闻报道工作，由市城市公共设施事故应急指挥部成立宣传信息组，并指派专人负责新闻发布工作，及时、准确、客观、全面发布有关燃气突发事件的信息。

6 后期处置

6.1 善后处置

6.1.1 现场抢险结束后，由市城市公共设施事故应急指挥部责成相关部门，做好伤亡人员救治、慰问及善后处理工作。根据事件损失情况由区县政府、市人事局、市民政局等部门制定相应补偿办法，尽快恢复受灾群众正常生活。如果发生重大伤亡及财产、经济损失的，按照国家规定的有关处理程序执行。

6.1.2 燃气供应单位及时清理现场，迅速抢修受损设施，尽快恢复正常燃气供应。

6.2 社会救助

发生特别重大、重大燃气突发事件或遇到红色、橙色燃气突发事件预警后，由市城市公共设施事故应急指挥部协调民政部门及相关部门，迅速引导群众转移，安置到指定场所，及时组织救灾物资和生活必需品的调拨，保障群众基本生活。民政部门应组织力量，对损失情况进行评估，并逐户核实等级，登记造册，并组织实施救助工作。

6.3 调查评估

6.3.1 现场指挥部应在事件处置结束 4 天内，将总结报告报市城市公共设施事故应急指挥部办公室，由市城市公共设施事故应急指挥部办公室整理、汇总后，2 天内上报市应急办。

6.3.2 在处置燃气突发事件的同时，由相关部门适时组织有关单位和专家顾问成立事故调查组，进行事件调查，分析事故原因，认定事故责任，提出改进措施建议，并在事故结束后 20 天内将评估报告报市应急委。

6.3.3 各相关单位根据以上报告，总结经验教训，修改应急预案，落实改进工作措施。

7 保障措施

7.1 资金保障

市政府有关部门应在年度部门预算中安排燃气突发事件的应急处置经费。遇有特别重大、重大燃气突发事件，或部门安排的应急处置经费不能满足需要时，由市财政部门按照有关规定动用专项准备资金。

7.2 物资保障

本市各燃气供应单位应当根据本预案以及单位内部的应急预案，在管辖范围内配备必需的紧急设施、装备、车辆和通信联络设备，并保持良好状态。在应急处置中，按现场指挥部要求，可以在本市道路、公路建设养护和各燃气供应单位紧急调用物资、设备、人员和场地。

7.3 应急队伍保障

7.3.1 根据燃气应急救援工作需要，市燃气集团公司燃气突发事件应急救援队、燕化公司消防应急救援队、A 市公共设施抢险大队、B 天然气股份有限公司抢修队是本市燃气突发事件应急救援的专业队伍。

7.3.2 市燃气集团公司燃气突发事件应急救援队负责组织实施辖区内的燃气突发事件现场先期处置，协助有关部门实施抢险救援，听从市城市公共设施事故应急指挥部的指挥。

7.3.3 燕化公司消防应急救援队负责协助处置本市液化石油气大型储气设施的突发事件。

7.3.4 市公共设施抢险大队负责配合燃气供应单位实施燃气突发事件处置过程中的机械开

挖、道路作业等工作。拆除影响燃气突发事件抢险的建筑物。

7.3.5 B天然气股份有限公司抢修队按照市城市公共设施事故应急指挥部的要求，提供城市高压A市燃气管道方面的抢险技术及施工支持。

7.3.6 应急抢修队伍应配备工程抢险车辆，以及焊接、挖掘等抢修装备，并使其保持完好状态。

7.3.7 燃气供应单位应根据供应燃气的性质、设备设施的类型和供应规模建立相应的应急抢修队。城市建成区燃气供应单位须建立保障应急抢修的应急救援值班室。

7.4 技术保障

7.4.1 燃气安全技术保障

本市燃气行业管理部门应关注国内燃气技术的发展趋势，组织科研单位和燃气供应单位，对先进技术进行研究，结合本市的实际需要，适时对现有燃气安全相关的设备、设施及专业抢修装备进行更新，培养高素质的运行管理人员和应急抢修人员，不断提高本市燃气突发事件应急处置能力。

7.4.2 指挥系统技术支撑

加强应急指挥体系建设，以建立集通信网络、调度指挥中心、移动指挥平台为一体的通信指挥体系，提高燃气突发事件应急指挥系统与专业处置队伍的应急通讯质量。

7.5 治安保障

对于发生燃气突发事件的区域，属地公安部门应做好现场秩序和社会公共秩序的维护，为燃气专业应急救援队进入现场处置事件提供保障。

7.6 社会动员保障

7.6.1 按照燃气供应属地管理原则，由各区县政府组织燃气供应单位对燃气用户做好安全用气的宣传工作，提高公众的公共安全意识，鼓励及时报告燃气突发事件的有关信息。

7.6.2 在发生燃气突发事件时，各区县政府要确保本辖区的社会稳定，协调解决供、用气纠纷，组织居民协助燃气供应单位做好应急救援工作，向居民通报燃气突发事件相关情况，以得到理解与支持。

7.7 医疗卫生救援保障

燃气突发事件所引起的直接人员伤亡以及应急救援人员的间接人员伤亡，由市卫生部门负责积极的救治。

8 宣传教育、培训与演练

8.1 宣传教育

由市城市公共设施事故应急指挥部办公室负责，市市政管委组织相关单位以安全用气和保护燃气设施为核心内容，以中、小学生、社区居民及外来人员为对象，通过新闻媒体对燃气的安全使用和防护措施采取形式多样的宣传教育活动，提高公众的安全意识和自救、互救等技能水平。

8.2 培训

由市城市公共设施事故应急指挥部办公室负责，市市政管委组织相关单位制定相关预案培训计划，定期对燃气突发事件涉及的部门、企业、人员进行相关培训。使参与培训的人员掌握相应情况的处置程序和方法，提高处置能力和工作效率。

8.3 演练

8.3.1 由市城市公共设施事故应急指挥部办公室负责，市政管委会同各区县和相关委办局根据实际工作需要，建立演练制度，定期和不定期的组织燃气应急演练，做好各部门之间的协调配合及通信联络，确保燃气紧急状态下的有效沟通和统一指挥，通过应急演练，培训应急队伍，改进和完善应急预案。
8.3.2 各区县有关部门应组织本区域单位和群众开展应对燃气突发事件的演练。
8.3.3 各燃气供应单位应根据国家和本市有关应急预案规定，每年至少组织一次演练，不断提高燃气工作人员的抢险救灾能力，并确保负责急修、抢修的队伍始终保持良好的工作准备状态。

9 附则

9.1 名词术语、缩写语的说明

9.1.1 燃气供应系统：长输燃气管线市内部分、城市门站、输配站、燃气管网及设施、液化天然气储备基地、压缩天然气供应站、液化石油气储备基地、液化石油气储灌站、液化石油气管网(包括气化或混气方式的供气系统)、瓶装液化石油气供应站、车用燃气加气站、用于燃气运输的特种车辆、燃气用户等与燃气生产、输配、运输等燃气设施及相应的管理环节称为燃气供应系统。
9.1.2 燃气供应单位：燃气经营单位和燃气自管单位。
9.1.3 第三方影响：第三方影响是指由自然因素和非自然因素造成对燃气供应系统的影响。

(1)自然因素的影响：

自然因素是指燃气设施因所处环境的自然因素间接对燃气设施的破坏，主要形式有自然灾害、绿化植物对燃气设施造成的应力破坏。

①自然灾害，包括地震、地面自然沉降、洪水等灾害引发的对供气系统产生的外加应力损坏。

②土壤环境恶化，引起化学和电化学腐蚀，造成对地下燃气管网损坏。

③绿化植物的自然生长，其根系、总重量增加对管道造成外力影响，引发管道应力变化。

(2)非自然因素的影响：

非自然因素分为建设施工所造成的燃气设施硬性破坏和违章建筑、重型车辆等造成的管道负载过重破坏。

①城市施工活动的影响，施工单位采取人工挖掘或使用大型挖掘机械进行施工时，对管道造成破坏。

②临时建筑、材料堆放及重型车辆的影响，由于在燃气管道承载上方临时建筑、重型车辆

等的过多重量，造成管道负载过重破坏。

9.2 预案管理

9.2.1 预案的制定

本预案由A市人民政府负责制定，市城市公共设施事故应急指挥部办公室负责解释。参照本预案，各区县政府及相关部门和单位应各自制定相应的应急预案。

9.2.2 预案的审核

本预案由市应急办组织审核。

9.2.3 预案的修订

随着相关法律法规的制定、修改和完善，机构调整或应急资源发生变化，以及应急处置和各类应急演练中发现的问题，适时对本预案进行修订。原则上每3年至少修订1次。

9.2.4 相关预案的制定要求

(1)维持用户最低用气需求预案

本市燃气供应单位应制定保证用户最低需求气量的调配应急预案。

因燃气突发事件可能影响输气管道正常运行，导致全局或部分用户供气中断或降低，燃气供应单位应在保证安全和有利于应急事件处置的前提下，尽力维持用户最低的用气需求。

(2)管线应急处置预案

为了快速响应，在最短时间有效完成抢修处置，必须分析输气管线经由的不同地域及可能发生的各种典型案例，预先制定针对输气管线因本身缺陷或第三方影响可能导致变形、漂管、悬空、泄漏、开裂等突发事件的应急预案，规定具体处置措施。

(3)场站和储气罐应急处置预案

各燃气供应单位应对其所管辖的场、站、储气罐等重点地区和设施做出安全管理预案，保证其安全、稳定运行。

(4)其他应急处置预案

自控、通信、信息系统、燃气报修服务热线和相关应急单位等亦应做出相关应急处置预案。

附录二　某燃气公司综合应急预案(节选)

1　总则

1.1　编制目的

为了提高＊＊天然气有限公司应对突发事件的能力，预防和减少天然气突发事件，对天然气突发事件采取切实可行的措施，最大限度地减轻突发事件造成的危害和损失，保护人民群众生命财产安全，维护社会稳定，支持和保障社会经济发展，特制定本预案。

1.2　编制依据

国家有关的法律、法规、政策、标准。

1.3　适用范围

1.3.1　区域范围

本预案适用于我公司建设、运行、管理的＊＊＊门站、＊＊＊门站、＊＊＊高中压调压站、＊＊＊高中压调压站、高压输气管线、高压储气管线和中压输配管线、中低压调压站(箱、柜)。

1.3.2　适用事故类型

天然气泄漏、火灾、爆炸、突然停气24小时事故、电气灾害、特大暴雨造成的洪涝灾害、雷电灾害、地震灾害。

1.3.3　事故级别

事故等级表

类型 级别	重伤 (人)	死亡 (人)	财产损失 (万元)	停气 (小时)	居民停气 (户)
特大险情(Ⅰ级红色)	≥100	≥30	≥1亿元	≥24	≥3万
重大险情(Ⅱ级橙色)	50≤X＜100	10≤X＜30	5千万≤X≤1亿元	≥24	1万≤X＜3万
较大险情(Ⅲ级黄色)	10≤X＜50	3≤X＜10	1000万≤X＜5000万	≥24	1万≤X＜3万
一般险情(Ⅳ级蓝色)	＜10	＜3	＜1000万	＜24	＜1万

1.3.4　响应级别

根据事故大小启动响应级别的预案。

1.4　应急预案体系

公司应急预案由综合预案、专项预案和现场处置方案三部分组成。

1.5　应急工作原则

应急工作遵循以下原则：以人为本，减少危害的原则。居安思危，预防为主的原则。分级管理，先期处置的原则。统一指挥，专业救援的原则。即报情况，跟踪落实的原则。

2 生产经营单位的危险性分析

2.1 公司基本概况

企业名称：＊＊天然气有限公司。

生产经营范围：天然气输气管网的规划、设计、建设、管道施工；天然气储配、销售、运营、管理、用户设施设计安装；天然气加气站建设、天然气汽车改装及零部件的经销；天然气器具的生产、加工、销售；天然气相关技术咨询及开发研制。

主要安全设施：＊＊＊门站、＊＊＊门站、＊＊＊高中压调压站、＊＊＊高中压调压站、CNG 母站，高、中低压管线。

供气范围：＊＊市区居民用户，工业用户，营业用户，福利用户。

设计供气能力：一期工程设计能力为年供气能力 $6.9\times10^{8}m^{3}$。二期工程实现后，将达到 $9.6\times10^{8}m^{3}/a$。

2.2 危险源与风险分析

2.2.1 重点危险源

＊＊＊门站、＊＊＊高中压、＊＊＊高中压调压站、CNG 压缩天然气母站、高压储气管线、DN200 以上的中压输配管线。

2.2.2 事故因素分析

天然气介质因素、管道沿线自然灾害因素、管道系统潜在的危险因素、场站系统的危险因素、来自自控系统潜在的危险因素、可能受到职业危害的岗位及危害程度。

2.2.3 重点危险源周边环境分析

＊＊＊、＊＊＊、＊＊＊周边无重大危险源。主要危险来自站区内自身危害。南侧是加油站距离为 47m。符合国家规范要求。但是由于加油站属重点危险源，因此小店高中压调压站是防范重点。

高压储气管线沿环城高速公路绿化带敷设，周边空旷，沿线基本无重大危险源。主要危险源来自管道本身和沿线阀门。中压管线主要是调压站与煤气管线相衔接部分。主要危险来自外界野蛮施工、超载车辆碾压和自身腐蚀等原因，造成线路漏气危害。

3 组织机构及职责

3.1 应急抢险组织机构设置

组织机构设置（略）。

3.2 应急抢险组织机构职责

应急抢险组织机构职责

名称	组成成员	职责
应急指挥部	总指挥:总经理 常务副总指挥:生产副总 副总指挥:总工程师、基建副总经理、经理助理 成员:公司各部门部长以及煤气公司管线所所长、管理站站长	全面负责天然气公司的应急抢险工作; 负责审核抢修方案、应急调度、信息上报等事项; 负责组织事故调查、总结、处理和善后工作; 负责专业抢险队伍和外援队伍的协调工作; 召集分析事故发生原因,防范对策及制定改善计划; 在停气、通气过程中与区街委会等相关单位共同做好安全保障工作
	总指挥	1. 全面负责天然气公司应急抢险工作; 2. 负责现场指挥、重大关键事件决策; 3. 批准抢险方案; 4. 负责与上级领导沟通; 5. 负责对外信息发布
	常务副总指挥	1. 严格执行总经理的指示,具体指挥批准后的应急方案; 2. 判断事故影响范围。审定事故期间的天然气生产调度方案; 3. 审核应急抢险方案; 4. 负责调度应急抢险物资; 5. 负责组织事故调查、总结、处理和善后; 5. 负责授权对各类应急人员的培训
	副总指挥	1. 负责事故抢险工作的指挥、协调工作; 2. 负责国际事故可能造成的影响; 3. 负责组织制订抢险方案或多套方案; 4. 负责停气时间与驻地单位沟通、协调工作; 5 负责召集专家组研究抢险方案
应急办公室	主任:生产技术部部长 副主任:综合办主任、总调度长 成员:生产部、综合办、计划企管部、人力资源部、财务部	1. 负责天然气突发事件预防预警信息的收集; 2. 公开天然气报警电话; 3. 负责安排出警工作,落实出险情况; 4. 负责向公司领导汇报接警情况; 5. 负责事故期间的气源调配、电力调度工作; 6. 负责指挥中心信息联络、协调工作
应急抢险组	组长:高压抢险所所长 副组长:门站站长、副站长、CNG站长、机动部部长 成员:门站、CNG 母站、机动部、义务消防队、医疗救护队安监处、计企部全体成员、 应急抢险 1 队(生产组) 应急抢险 2 队(基建组)	1. 负责事故现场抢险行动,保证行动按照计划完成; 2. 负责关闭阀门、放散、带气作业、现场警戒、消防等; 3. 负责各自所辖区域的应急救援工作; 4. 负责落实抢修工作所需资源,若需资源欠缺,及时请求援助; 5. 负责及时、定时向上级汇报事故信息; 6. 负责现场受伤人员救护工作;负责与 120 急救中心对接
技术方案组	组长:生产技术部部长 副组长:安监处处长、总工办主任; 成员:生产部、门站、安监处、机动部、总工办全体成员	1. 负责向事故现场指挥部提供决策咨询、工作建议和现场应急方案; 2. 参与应急现场指挥部应急处置工作,为公众提供突发公共事件有关防护措施的技术咨询; 3. 负责起草应急文件(对临时小型事故可以口头表达); 4. 负责现场资源使用和需求分析; 5. 负责掌握事故紧张情况,及时修改方案,准确向指挥部报告

续表

名称	组成成员	职责
安全警戒组	组长:安监处处长 副组长:党群工作部部长 安监处、党群部全体成员	1.负责平时对各单位应急救援物资的储备检查、调度与管理协调; 2.发生险情时设置应急救援现场安全警戒范围,发放抢险标志牌,控制无关人员进入事故现场; 3.指挥事故区域及周围的交通秩序; 4.若险情有可能危及周围人民生命财产安全,应及时通知人员疏散; 5.配合协调公安、消防部门做好相关工作等
后勤保障组	组长:供应部部长 副组长:行政后勤部部长、财务部长、客户中心主任 成员:财务部、供应部、行政后勤部、客户发展管理中心全体成员	1.负责指挥部全体成员、抢险队伍和相关人员的后勤保障工作; 2.负责一线抢险人员的饮食工作; 3.负责一线抢险人员的帐篷安置工作,妥善安排抢险人员的休息; 4.客户中心负责市民电话解答和安抚工作; 5.负责抢险物资准备、调运和管理工作
宣传通讯组	组长:党群工作部部长 副组长:客服主任 成员:党群部、客服部全体成员	1.负责应急救援相关的后勤保障工作; 2.伤员的紧急救护工作; 3.新闻媒体的接洽、协调及相关信息的提供与发布等工作; 4.应急救援工作所需车辆的调配工作,并配合交警部门做好相关工作; 5.负责市民电话解答和安抚工作
义务消防队	义务消防1组(西温庄组) 义务消防2组(丈子头组) 义务消防3组(CNG组) 义务消防4组(公司组)	1.负责各自管辖区的消防工作; 2.负责检查消防设施设备的完好情况; 3.负责清理管辖区内的消防隐患; 4.接受消防培训,参与消防演习; 5.宣传消防知识

4 预防与预警

4.1 危险源监控

门站和高中压调压站为我公司重点保护范围。预防措施有:甲烷气体监测仪、摄像监视系统、红外线报警系统、应急电源,还有专门设置的天然气放散系统。在工艺区内和控制室内所有接线安装了防雷单元。

应急处置要点:泄漏事故处置方案要点、火灾事故处置方案要点、爆炸事故处置方案要点、人员的安全防护。

4.2 预警行动

公司应急指挥中心确认可能导致安全生产事故灾难的信息后,启动公司突发事件应急预案。必要时请求上级应急救援指挥机构协调。

特别重大供气安全事故Ⅰ级、重大供气安全事故Ⅱ级、较大供气安全事故Ⅲ级发生后,立即向市政府应急中心报告,同时向市建管委、安监局和当地区政府应急指挥中心办公室报告。

一般供气安全事故Ⅳ级，向市建管委、市安监局应急指挥中心报告，同时向当地区政府应急部门报告，依法采取紧急处置措施。

4.3 信息报告与处置

公司应有24小时应急值班电话和内部报告方式，信息处理的基本原则：迅速、准确、直报。并做好应急资料的保管和存档。

5 应急响应

应急响应程序图（略）。

6 保障措施

做好通信与信息保障，应急队伍保障，应急物资与装备保障，经费保障。

7 附则

应急预案由天然气公司安监处、总工办负责组织修改和解释，并做好应急预案备案和维护更新管理

本预案自＊＊＊＊年＊＊月＊＊日起实施。